"十二五"普通高等教育本科国家级规划教材

普通高等教育测控信息技术系列教材

浙江省"十四五"普通高等教育本科规划教材

计量学基础

第 3 版

主　编　郭天太

副主编　李东升　赵　军　孔　明

参　编　陶　容　沈小燕　姚　燕　尹招琴

U0258157

机 械 工 业 出 版 社

本书系统介绍了有关计量学方面的基础知识,以及国际单位制(SI)的最新进展。其主要内容包括:概论(包括计量学研究的意义、我国计量体系的形成与发展,国际计量体系的形成与发展),量和单位,计量法规与法制管理,计量技术机构质量管理体系的建立与运行,测量数据处理,计量检定、校准和检测,计量标准的建立、考核及使用,比对、测量审核和期间核查,物理计量(包括几何量计量、温度计量、力学计量、电磁学计量、光学计量、声学计量、电子学计量、时间频率计量和电离辐射计量),化学计量,计量新领域。各章均附有思考题与习题可供选用。

本书可作为高等院校测控技术与仪器专业的教材,也可作为信息类、管理类和其他相关专业的教材,同时也可供新进入计量测试、质检、标准行业的科技人员使用。

本书配有电子课件,欢迎选用本书作教材的教师发邮件到 jinacmp@163.com 索取,或登录 www.cmpedu.com 注册下载。

图书在版编目(CIP)数据

计量学基础/郭天太主编 . —3 版 . —北京:机械工业出版社,2021.12
(2025.3 重印)

"十二五"普通高等教育本科国家级规划教材 普通高等教育测控信息技术系列教材

ISBN 978-7-111-69778-7

Ⅰ.①计… Ⅱ.①郭… Ⅲ.①计量学 – 高等学校 – 教材 Ⅳ.①TB9

中国版本图书馆 CIP 数据核字(2021)第 248378 号

机械工业出版社 (北京市百万庄大街 22 号 邮政编码 100037)
策划编辑:吉 玲 责任编辑:吉 玲
责任校对:史静怡 张 薇 封面设计:张 静
责任印制:常天培
北京铭成印刷有限公司印刷
2025 年 3 月第 3 版第 6 次印刷
184mm×260mm · 16.75 印张 · 409 千字
标准书号:ISBN 978-7-111-69778-7
定价:49.80 元

电话服务 网络服务
客服电话:010-88361066 机 工 官 网:www.cmpbook.com
010-88379833 机 工 官 博:weibo.com/cmp1952
010-68326294 金 书 网:www.golden-book.com
封底无防伪标均为盗版 机工教育服务网:www.cmpedu.com

普通高等教育
测控信息技术系列教材编审委员会

主任委员	陈光禹	电子科技大学
副主任委员	裴祖荣	天津大学
	蔡萍	上海交通大学
	王祁	哈尔滨工业大学
	梅杓春	南京邮电大学
	韩雪清	机械工业出版社
	童玲（兼秘书长）	电子科技大学
委员	王寿荣	东南大学
	林君	吉林大学
	潘英俊	重庆大学
	赵跃进	北京理工大学
	黄元庆	厦门大学
	吕乃光	北京信息科技大学
	石照耀	北京工业大学
	杨理践	沈阳工业大学
	何涛	湖北工业大学
	梁清华	辽宁工业大学
	赵建	西安电子科技大学
	刘娜	北京石油化工学院
	王保家	机械工业出版社

第3版前言

计量是实现单位统一、量值准确可靠的活动。计量像空气和水一样，可谓"百姓日用而不知"。然而，让更多的人对计量由"不知"变成"知"，一直是我们的心愿。

计量是动态的、发展的。国际单位制（SI）基本单位的量子化定义、《中华人民共和国计量法》与《计量法实施细则》的修订、国家市场监督管理总局的成立、北斗三号全球卫星导航系统星座部署的全面完成以及制造、修理计量器具许可的废除等，都体现了计量的与时俱进。这也是修订出版本书第3版的原因。由于本书第2版自2014年出版以来，使用效果良好，因此对第2版的总体框架未做大的改动。

2018年11月16日，第二十六届国际计量大会正式通过了修改部分国际单位制（SI）定义的决议。根据决议，千克（kg）、安培（A）、开尔文（K）和摩尔（mol）这4个基本单位将全部采用基本物理常数来定义，分别以普朗克常数 h、基本电荷 e、玻尔兹曼常数 k 和阿伏伽德罗常数 N_A 的固定数值来构建新的定义。新定义在2019年5月20日正式生效，这是计量发展史上里程碑式的大事，对计量领域有着深远的影响，在本书中也是重中之重。

《中华人民共和国计量法》与《中华人民共和国计量法实施细则》的修订、国家市场监督管理总局的成立以及制造、修理计量器具许可的废除，是我国法制计量领域的重要进展，也是本书的重点内容。

2020年6月23日，我国北斗三号全球卫星导航系统的星座部署提前半年全面完成，充分展现了我国的科技实力，体现了我国科学技术人员求真务实的科学精神和严谨细致的工作作风，也证明了计量的重要性，所以在本书中也将予以重点介绍。

除了补充计量领域的最新进展，本书在修订中还对第2版的个别文字和内容进行了调整，以方便读者阅读。

本书由中国计量大学郭天太任主编，李东升、赵军、孔明任副主编。本书各章的编写人员和分工为：郭天太（第三章第一、三、四节、第十章第三~五节）、李东升（第一章第一、三节）、赵军（第三章第二节、第七章第四节）、孔明（第一章第二节、第十二章第一节）、陶容（第二章、第七章第一~三节）、沈小燕（第五章，第九章第一、四节、第十章第一节）、尹招琴（第八章、第九章第三节、第十章第二节、第十二章第二节）、姚燕（第四章、第六章、第九章第二节、第十一章）。

王月兵研究员对第十章的声学计量部分进行了审阅并提出了修改意见。硕士研究生张雪冰清、戚一博、吴晓康绘制了部分插图。中国计量大学计量测试工程学院对本书的编写工作给予了大力支持。在此一并表示感谢！

由于作者的水平和学识有限，书中肯定存在缺点和不足之处，恳请广大读者予以批评指正。

编　者

第2版前言

计量测试技术是支撑国家社会经济发展的重要基础。国家越发达，对计量测试技术的依赖程度就越高、投入也越大。高端的计量测试技术属于国家核心竞争力的内容，必须通过自主研发的途径解决。目前，国际计量单位制面临重大变革，将以量子物理学为基础的基本物理常数和原子的物理特性来重新定义新一代的国际计量单位。与此同时，国内传统产业的升级以及战略性新兴产业的发展都需要计量测试技术作为重要支撑，国家还从2011年开始了注册计量师执业资格考试。因此，有许多新的计量科学与技术方面的内容需要补充到教材中去。

本书的第1版由机械工业出版社于2006年7月出版，为"普通高等教育测控信息技术规划教材"。出版后，先后经全国50余所高校使用。在使用中对本书提出了许多中肯的意见。本书在修订中广泛地听取了同行及读者的意见，对原书内容做了较大调整，增加了"计量法规与法制管理""计量技术机构质量管理体系的建立与运行""测量数据处理""计量检定、校准和检测""计量标准的建立、考核及使用""比对、测量审核和期间核查""计量新领域"等内容，突出了计量的法制管理和实际操作。2012年11月，本书入选第一批"十二五"普通高等教育本科国家级规划教材。

本书由中国计量学院李东升任主编，郭天太、赵军任副主编。本书各章的编写人员和分工为：李东升（第一章）、郭天太（第三章第一、三、四节，第十章第三～五节）、赵军（第七章第四节）、陶容（第二章，第七章第一～三节）、沈小燕（第三章第二节，第五章，第九章第一、四节，第十章第一节）、姚燕（第四章、第六章、第九章第二节、第十一章、第十二章第一节）、尹招琴（第八章、第九章第三节、第十章第二节、第十二章第二节）。

王月兵研究员对第十章的声学计量部分进行了审阅并提出了修改意见。硕士研究生吴俊杰、李敏、刘月瑶、周晓雪绘制了部分插图。中国计量学院计量测试工程学院对本书的编写工作给予了大力支持。在此一并表示感谢！

受作者的水平和学识所限，本书肯定存在缺点和不足之处，恳请广大读者予以批评指正。

编　者

第1版前言

　　计量是保证单位统一和量值准确可靠的活动，是国民经济和社会发展的重要技术基础。计量学是研究测量的科学，是所有学科赖以发展的重要支柱之一，也是评价一个国家科学技术水平的重要标志之一。从人们日常的生活到国民经济各领域及国防军工、航空航天领域，都需要计量做保障，离开了计量，就寸步难行。科学要发展，计量需先行。计量学是一个不断挑战极限、追求卓越的学科领域，是一个先导性的学科，对我国经济建设具有重要支撑作用。

　　我国近年来测控信息类专业招生人数大幅度扩张，恰逢国家目前也大力发展计量测试事业，因此，将有相当数量人员毕业后要从事计量测试领域的工作。为此，许多高等学校都开设了计量学方面的课程，为学生进行入门性的教育，也为今后在本领域就业打下一些有益而必要的基础。但苦于缺少适用的教材，因此，为满足当前本科人才培养的需要而编写了本书。

　　本书系普通高等教育测控信息技术规划教材之一，由中国计量学院李东升教授任主编，赵军高级工程师、顾龙方副教授任副主编，由中国计量学院副校长侯宇教授担任本书主审。参加本书编写的人员有：李东升（第一章），赵军（第二章、第三章），顾龙方（第六章），朱维斌（第九章、第十一章、第十三章），陆艺（第四章、第五章、第七章），范伟军（第十二章、第十六章），尹招琴（第八章、第十章），徐立恒（第十五章、第十七章），刘文献（第十四章），硕士研究生王强绘制了部分插图。中国计量学院计测学院对本书的编写工作给予了大力的支持，在此表示衷心的感谢！

　　本书编写中参阅了施昌彦主编的《现代计量学概论》、王立吉编著的《计量学基础》以及国防科工委科技与质量司组织编写的计量系列丛书等28部著作和论文，在此向文献作者表示衷心感谢。

　　由于科学技术的不断发展和编者的水平有限，本书中肯定存在缺点和不足，恳请读者批评指正。

编　者

目 录 Contents

第一章

概 论

第一节 计量学研究的意义

一、社会发展对计量的需求

人类社会每天都进行大量的测量，测量已成为人类获取信息的最重要的途径之一。如果这些信息不能够做到准确可靠，就会直接或间接影响到人们对事物的认识程度以及生活质量的提高。计量工作就是实现准确可靠测量的基本保证。没有计量作为保证，测量结果是没有意义的。

国际上把计量定义为"关于测量的科学"，它涵盖有关测量的理论与实践的各个方面。社会的进步和经济的发展都需要大量繁杂多样的测量技术和方法为其提供支撑和保障。例如，随着汽车保有量的逐年增加，我国每年约有50%的石油及成品油要从国外进口，若这类大宗商品贸易中的测量不确定度在0.5%，则会给我国带来数十亿元的损失；若能使民用"四表"（电能表、水表、燃气表、热量表）的计量准确度从2%降低到1%，我国居民和有关能源部门每年就可以减少数百亿元的损失。由此可见，计量可为保障贸易公平提供重要支撑。受检测手段的制约，我国的许多军工产品还缺乏自动化的生产线，甚至要依靠人工的技术经验获得整机的技术和性能指标，这严重影响了产品的可靠性和互换性，同国外的先进技术相比有较大差距。上述表明计量的核心技术不能通过技术引进途径获得，必须走自主研发的道路。

一个国家对计量的需求规律是非均衡、非线性的。国力越低下，对计量的依赖就越弱；相反，国力越强盛，对计量的要求就越高。这些规律已经为发达国家及我国近年来的发展所证实。计量水平已成为评价一个国家发达程度的重要标志。

二、有关计量、测量、测试的概念

1. 计量

按照中华人民共和国国家计量技术规范 JJF 1001—2011《通用计量术语及定义》，计量的定义为：计量是实现单位统一、量值准确可靠的活动。该定义明确了计量的目的和任务是实现单位的统一和量值的准确可靠，其内容是为实现这一目的所进行的各项活动，这一活动具有十分的广泛性，它不仅包括科学技术和产业领域等各方面，还涉及法律法规、行政管理等内容，并且要通过仪器设备及测量环境控制等手段保证测量数据的准确可靠。通过计量所获得的测量结果已成为人类社会活动的重要信息源。

2. 测量

按照 JJF 1001—2011《通用计量术语及定义》，测量的定义为：通过实验获得并可合理赋予某量一个或多个量值的过程。通常，测量意味着量的比较并包括实体的计数。测量的前提条件包括对与测量结果预期用途相适应的量进行描述、规定测量程序、用于操作的测量系统应经过校准且必须依据测量程序（包括测量条件）进行操作。操作的目的在于确定被测量值的大小，而未对测量范围等加以限定。因此，该定义可用于所有可测的量。

3. 测试

测试是具有试验性质的测量，其过程具有探索性，主要涉及新出现的量的测量以及原有量需要对量程和分辨力进行拓展的测量，测量方法和测量仪器等都需通过实验逐步确定。由此可见，测试工作最重要的意义在于将不可测的量转化为可测的量，然后再形成测量方法和测量仪器，最后才是将该量值的计量列入计量体系的量值传递与溯源链。

从事物发展的时间过程来看，测试为最先开展的工作，之后是测量，最终是计量。

三、计量学

根据 JJF 1001—2011《通用计量术语及定义》，计量学是测量及其应用的科学，它是由物理学的一个分支逐渐发展而形成的一门研究测量理论和实践的综合性学科。计量学研究的对象包含有关测量的各个方面，如：可测的量；计量单位和单位制；计量基准和标准的建立、复现、保存和使用；测量理论和测量方法；测量仪器及其特性；量值传递和溯源；测量人员及其进行测量的能力；测量结果及其测量不确定度的评定；基本物理常数、标准物质及材料特性的准确测定；法制计量及计量管理。

计量学与其他理工类学科最显著的区别在于它同国家法律、法规和行政管理的结合程度非常密切。因此，计量是科学技术与管理的结合体，而且两者相互依存、相互渗透，即计量管理工作中具有较强的技术性，而计量科学与技术中又涉及较强的法制性。

计量学有时也简称为计量，但要注意两者在概念上的区别。

四、计量学主要研究的内容

尽管被测量的对象种类繁多，但计量学的研究内容不外乎以下几个方面。

（1）科学计量

科学计量是计量学的核心内容，它是指基础性、探索性、先行性的计量科学研究。通常是用最新的科技成果精确地定义与复现计量单位（尤其是国际基本计量单位），并为最新的科技发展提供可靠的测量基础。科学计量是国家计量技术机构的主要任务之一，省、地（市）级计量技术机构也在逐渐加强这方面的工作。科学计量包括计量单位与单位制的研究、计量基准与标准的研制、基本物理常数及其精密测量技术的研究、量值传递与溯源系统的研究、量值比对方法与测量不确定度的研究；还包括对测量原理、测量方法和测量仪器的研究，以及动态、在线、综合测量技术的研究；也涵盖计量新方法的探索及误差源的寻找等方面。科学计量的实质在于"追求卓越、挑战极限"。科学计量是实现量值统一、准确可靠的重要保障，可以反映出一个国家的核心竞争力。

（2）法制计量

法制计量是计量学的重要组成部分，是从计量对社会稳定所起作用的角度考虑的。在国民经济和社会生活中，利益的冲突问题是永恒存在的，如何通过法制计量手段化解这些利益冲突、形成共同遵守的法律准则是极其必要的，这是计量学作为一门学科与其他学科的最根本的区别。因此，法制计量的目的是要解决由于不准确、不诚实、不完善测量所带来的危害，维护国家和公民的利益。当前国际社会公认的法制计量领域即为我国《计量法》所规定的贸易结算、安全防护、医疗卫生、环境监测等领域。近年来，各国将资源控制也纳入依法管理的范围，因此，法制计量的领域也随社会的发展而变化。

法制计量研究的内容包括计量立法、统一计量单位、测量方法、计量器具和测量结果的控制、法制计量检定机构及测量实验室管理等。计量立法包括国家计量法的制定、计量法律法规的制定以及各种计量技术规范的制定。统一计量单位要求强制推行法制计量单位。测量方法和计量器具的控制包括计量器具的型式批准、强制检定（首次检定和后续检定）、计量器具的检查等。测量结果和有关计量技术机构的管理包括定量包装商品量的管理、对校准和检测实验室的要求。总而言之，法制计量是政府的行为和职责。

（3）工业计量

工业计量也称工程计量，一般指工业、工程、生产企业中的实用计量，其包括如下：有关能源和材料的消耗、监测和控制，生产过程和工艺流程的监控，生产环境的监测以及产品质量与性能的检测、企业的质量管理体系和测量管理体系的建立与完善，生产技术的开发和创新，企业的节能降耗与环保，统计数据的应用，劳动与生产安全的保障，生产效率的提高等。工业计量的含义具有广义性，并不是单纯指工业领域，而是指除科学计量、法制计量以外的其他计量测试活动，是涉及应用领域的统称。实际上，工业计量已成为国家工业竞争力的重要组成部分，具有广阔的应用前景。

五、计量学研究的新领域——产业计量

1. 产业计量的概念

多年来，计量工作基本围绕传统的"十大计量"进行，各级计量技术机构与用户间的业务联系以计量仪器设备等的量值服务为主，立足于计量器具的检定/校准及相应服务。然而，广大企业界用户最关心的是计量能为产品质量提供怎样的保障、能给他们带来怎样的经济效益，而不是直接关心一台仪器设备的量值是否准确可靠。尽管仪器设备在保障产品质量方面起到了至关重要的作用，但毕竟在产品链中仅是一个点，而产品质量则属于线或面的问题。这当然是认识程度或者观念方面的问题，但已明确告诉我们一个事实：我们已长期徘徊于经济建设的外围地带，而未能有效地介入核心区域，这已经成为制约本领域发展的一个重要因素。

相比于传统的"十大计量"，产业计量是一个有很大创新的概念，是由我国学者朱崇全提出的。所谓产业计量是指服务于各产业经济的计量工作，包括计量器具的检定/校准、产品的终端检测、产品形成过程的量值检测服务、专用及特种检测设备的研究、测量管理体系的建立与有效运行等多个方面，涵盖产品设计、制造、流通、使用、报废的全生命周期过程。由此可见，产业计量是传统计量的拓展，其特点有：

1）实现观念的更新，定位在为产业经济发展服务的位置上，为产业排忧解难。这就可直接介入到产业的核心层，而不仅仅围绕着计量机构熟悉、但不是产业发展最急需的"量值的准确可靠"方面。

2）源于长期计量工作实践经验，采用逆向思维方式，提出新理论，为计量技术机构开展创新工作提供巨大空间。例如，在设计阶段就嵌入计量，实现"可计量性设计"。

3）针对我国产业发展中新出现的大量的量值的溯源路径问题，及时进行深入的研究和探索，为我国传统产业升级、大力发展战略性新兴产业中的量值溯源问题提供新技术、新方法。

2. 新兴产业带来的计量问题

在最近一段时期，我国将大力发展节能环保、新一代信息技术、生物、高端装备制造、新材料、新能源、新能源汽车七大战略性新兴产业。新兴产业的参数具有多样性和复杂性，其中有大量量值在现有的"十大计量"中找不到溯源的路径，必须进行补充与完善，否则将影响新兴产业的正常发展。以能源计量为例，输油管线贸易交接站对原油含水率的测量、天然气的能量（或热值）的测量、居民集中供暖的蒸气能量的测量等都面临急需解决量值溯源路径的难题。

3. 以工业产品为例看计量问题

大量的计量工作是产品形成过程的量值检测服务和产品的终端检测服务，若涉及贸易壁垒，则还要进行商贸检测服务。以工作和生活中常用的设备为例，如电冰箱和空调的核心部件是压缩机，但压缩机还需通过各种阀门才能达到制冷的目的，其中的一种阀门称为电子膨胀阀，我国是全球该类产品的生产基地，因此每年的产量非常大，其装配生产线主要的工序有冷却剂的填充量自动控制（力学计量）、调整螺栓的自动拧紧（力学计量）、密封性自动检测（温度、压力计量）、性能指标综合测试（几何量、力学、时间频率计量）等。上述工序中最重要的是要求动态测量，而传统的专业计量方法已无法满足要求，必须应用产业计量学的理论和方法解决这些日益增多而又急需解决的问题。

第二节　我国计量体系的形成与发展

一、我国计量体系的形成

我国古代有许多令炎黄子孙骄傲自豪的计量文化，耳熟能详的就有秦始皇统一度量衡，郭守敬研制成功简仪、仰仪等，这些计量成就至今仍灿烂辉煌。但令人遗憾的是近代和现代计量学却是在欧洲兴起的。这主要是因为我国古代封建农耕社会体制严重地制约了科学技术的发展，学堂里传授的也是以人文知识为主的知识体系，再加上连续不断的战乱以及闭关锁国的愚民政策，使我国的科学技术与国外相比形成天壤之别。直至新中国成立前，我国的生产力已处于极其低下的程度，计量则几乎处于空白的状态，公制、市制、英制、美制和各种旧制并存。

新中国成立后，1950年在中央财政经济委员会技术管理局设立了度量衡处。1952年向前苏联订购了第一批计量标准仪器。1954年成立了国务院直属的国家计量局。1955年、1957年先后派遣技术人员到国外学习，还聘请有关计量专家来华指导计量工作，培养了我国第一批计量技术骨干。1956年，国家科学规划委员会制定了《1956—1957年国家最重要科学技术规划》，把"统一的计量系统、计量技术和国家标准的建立"列为国家重点发展的项目。1959年，国务院发布《关于统一计量制度的命令》和《统一公制计量单位名称方案》。20世纪60年代起，我国将建立130项计量标准作为国家科研规划的重中之重任务，并立即付诸实施。1961年，研制成功第一项国家计量基准——表面粗糙度基准装置。1965年7月，国家科委将中国计量科学研究院从国家科委计量局分出，独立设置，负责计量科研和量值传递工作，使我国的计量科学研究进入高速发展时期。此后，经过十余年的努力，相继建立了191项国家计量基准和计量标准，基本满足了全国量值传递与溯源的要求。

1985年6月，六届全国人民代表大会常委会第十二次会议审议通过了《中华人民共和国计量法》（简称《计量法》），并于1986年7月1日起实施，政府计量部门全面进入商贸、安全、健康、环保等领域，建立起我国的法制计量体系。《计量法》实施后，全国各行业数十万家企业通过认证升级活动，获得一级计量合格证书的企业有1025个，获得二级计量合格证书的企业有16000余个，获得三级计量合格证书的企业达6400余个。

20世纪90年代起，国家开始对质检机构进行"计量认证"，通过健全量值溯源（传递）体系和检测实验室计量认证体系，全面规范了近万个计量检定、校准和各类检测实验室的测量活动，并基本实现全国量值的准确、一致。

值得说明的是，20世纪后半叶，特别是改革开放以来，我国还陆续加入了米制公约组织、国际法制计量组织（OIML）、国际计量技术委员会（CIPM）、国际标准物质信息库（COMAR）、国际原子能机构/世界卫生组织次级标准剂量实验室网（IAEA/WHO SSDLs）、亚太地区计量规划组织（APMP）和亚太法制计量论坛（APLMF）等，形成了国际交流与合作的新平台。

二、计量在我国的发展

1. 法规体系

目前，我国已形成以《计量法》为核心的计量法规体系，包括《计量法》、国务院计量行政法规8件、国务院计量行政管理部门规章20多件、省（市）地方性计量规章30多件。2005年对《计量法》进行修订，2006年，国务院法制办就《计量法》送审稿征求地方政府和有关部门意见后再次进行修改。2017年12月27日，十二届全国人大常委会第三十一次会议审议通过了新修改的《中华人民共和国计量法》，该法自2017年12月28日起实施。

2. 管理体系

国家市场监督管理总局（简称国家市场监管总局）作为国务院的行政主管部门，统一管理全国的计量工作。地方政府以省（直辖市）、地（市）、县三级质量技术监督局为主，负责组织《计量法》的实施。1999年地方质量技术监督系统实行了省以下垂直管理体制。

根据《计量法》的授权，国防计量工作由国务院和中央军委另行规定。1998年机构改革后，国防计量分为国防科技工业计量和军事计量，分别由国防科学工作委员会（简称国防科工委）和解放军总装备部负责管理。国防科工委于2000年发布了《国防科技工业计量监督管理暂行规定》，中央军委于2003年发布了《中国人民解放军计量条例》。在国防科技工业系统和军队内部分别建立了一批相关计量机构和国防计量标准，独立开展量值传递与溯源工作。最高国防计量标准的量值要溯源到国家计量基准。

3. 量值传递与溯源体系

量值传递与溯源体系主要包括计量基准、计量标准、标准物质、比对、计量技术法规等。

计量基准是为了定义、实现、保存、复现量的单位或者一个或多个量值而建立的测量系统，是国家统一量值的依据。目前，已正式批准国家计量院等10个计量技术机构研制的178项高精密测量系统作为国家计量基准，基本覆盖了十大计量专业技术领域的计量基准工作，还开展了一些新的量子计量基准的前沿研究工作。

计量标准分为社会公用计量标准、部门和企事业单位使用计量标准。社会公用计量标准由各级质量技术监督部门规划、批准，作为统一本地区量值的依据。社会公用计量标准以及部门和企事业单位建立的计量标准要纳入计量管理体系，并对其进行考核和强制检定。计量标准考评员实行国家注册制度。

标准物质也属于计量标准范畴，由国家市场监管总局统一管理，对申报的国家标准物质进行定级鉴定审查和制造许可证考核，合格后颁发制造计量器具许可证和标准物质定级证书，统一规定标号，列入标准物质目录，向全国公布并向国际上通报。

近年来，由中国计量科学研究院代表国家参加的国际物理、化学量关键比对项目共132项，参加其他相关双边、多边国际比对项目30项，绝大多数项目达到了国际等效要求；组织了多项全国计量基、标准国内比对项目。

计量技术法规包括国家计量检定系统表、计量检定规程、计量技术规范。制定计量技术法规采用国际通行做法，即由专家组成专业技术委员会完成起草和审定工作，由国家市场监管总局批准发布。

4. 保障体系

各级计量技术机构是计量保障体系的主体。计量技术机构包括依法设置和依法授权两类。国家制定了《法定计量检定机构考核规范》（JJF 1069），各级计量技术机构按照考核规范的要求编制质量手册、建立质量管理体系。日常管理和定期考核由国家市场监管总局和省级质量技术监督局负责。

计量检定人员是计量保障体系的重要组成部分。计量检定员是指经考试合格、持有计量检定证件、从事计量检定工作的人员。《计量法》规定，依法设置的计量技术机构的计量检定员由同级质量技术监督局组织考核发证，其他单位的计量检定员由其主管部门组织考核。2006年，国家质检总局和人事部联合发布了《注册计量师资格暂行规定》《注册计量师资格考试实施办法》《注册计量师资格考核认定办法》，为计量技术人员的能力考核提供了社会平台。2011年6月18日开展的全国首次注册计量师资格考试工作标志着我国注册计量师的资格考试正式开始并逐渐进入常态化。

此外，国家加强了计量信息化及宣传工作。国家建立了计量法规、计量基准、国家市场监管总局考核的计量标准、计量技术法规、省级以上计量技术机构的数据库，组织建立国家计量基、标准体系信息共享平台；每年都举办"5·20世界计量日"宣传系列活动，有计划地在世界计量日开展各种形式的计量宣传。

5. 法制计量工作

我国国务院于1984年颁布《关于在我国统一实行法定计量单位的命令》，目前已基本采用法定计量单位。我国的法定计量单位包括国际计量单位的基本单位、辅助单位、导出单位、国家选定的非国际单位制单位、由以上单位构成的组合形式的单位、由词头和以上单位构成的十进倍数和分数单位。

依据《计量法》，对计量器具新产品进行管理是法制计量的重要工作。《计量法》规定，凡制造计量器具新产品，必须申请办理计量器具型式批准或样机试验。新近修订的《计量器具新产品管理办法》则按国际通行做法将计量器具的型式批准和定型鉴定、样机试验统一为型式批准和型式评价。

对进口仪器的型式批准要按照《进口计量器具监督管理办法》的要求进行。凡进口或在我国境内销售列入《进口计量器具型式审查目录》内的 18 类计量器具，应申请办理型式批准。办理型式批准的程序与国内计量器具型式批准的程序相同。未经型式批准的计量器具，不得进口或销售。

2005 年修订了《依法管理的计量器具目录》和《进口计量器具型式审查目录》，2006年开始实施。目录共列入计量器具 75 类，适用于国内计量器具型式批准、计量器具许可证的颁发和进口计量器具的检定。

计量检定是法制计量的重要手段。计量检定分为强制检定和非强制检定两种形式。强制检定由指定的计量技术机构定点定期进行，范围包括社会公用计量标准、部门和企事业单位使用的最高计量标准，也包括用于贸易结算、安全防护、医疗卫生、环境监测方面并列入强制检定目录的工作计量器具。此外，凡列入《依法管理的计量器具目录》内的各类进口计量器具，在海关验收后，订货单位必须向所在地的省级质量技术监督局申请检定，检定合格后方可销售。强制检定分为首次检定和周期检定两种方式，检定周期依照相应的检定规程确定。

除对计量器具进行强制检定外，《计量法》还规定了要对计量器具产品质量进行监督检查。对涉及贸易公平、安全防护、医疗卫生等方面的计量器具，每季度都应安排对产品质量的国家级监督抽查，主要对象有水表、电能表、燃气表、加油机、血压计等 24 种重点管理计量器具和医用强制检定计量器具，对与百姓生活密切相关的计量器具进行了跟踪抽查。

定量包装商品、非定量包装商品和散装商品称为商品量，因为在超市或市场经常能够见到这些商品，所以也就与民生密切相关。为此，国家开展了对商品量进行计量监督，即对商品的计量结果的准确性进行强制性管理。

市场的计量专项整治也属于法制计量的内容，国务院发布了关于整顿市场经济秩序的决定，各级计量管理部门已将计量专项整治作为常态化工作。

6. 工程计量工作

由国家各级计量管理部门开展的工程计量工作大概可分为企业计量、C 标志和能源计量等方面。当然，这只是工程计量的顶层部分，而量大面广的工程计量技术方面的工作在我国还处于起步状态，应成为计量工作者近期和未来一段时期的重点工作任务。

国家各级计量管理部门开展了帮助企业完善计量体系的工作。ISO10012 公布后，完善计量体系工作过渡到 GB/T 19022—2003《测量管理体系　测量过程和测量设备的要求》（等同采用 ISO10012），原国家质检总局组织起草了《计量检测体系确认规范》。2005 年发布了《测量管理体系认证管理办法》，在政府推动、企业自愿的原则下，对测量管理体系实行统一的认证制度。

为从源头上加强对商品量的管理，推行了 C 标志制度。国家下发了"定量包装商品生产企业计量保证能力评价规定"，遵循企业自愿的原则，在定量包装生产企业中推行计量保证能力合格标志（即 C 标志）。

为加强能源计量及管理工作，2005 年原国家质检总局与国家发展和改革委员会联合发布了《关于加强重点用能单位计量工作的意见》，起草了《重点用能单位能源计量评价规范》，2006 年又与国家发展和改革委员会等 5 个部门联合下发了《千家企业节能行动实施方案》，组织实施 1008 家重点耗能企业开展节能降耗活动。此外，原国家质检总局还组织修订了强制性国家标准《用能单位能源计量器具配备和管理通则》，2007 年 1 月 1 日起开始实施。

7. 国际交流与合作

（1）积极参加国际计量组织活动

我国每年度都参加国际计量组织和亚太地区计量组织的活动。1999 年在国际计量局框架下签署了 MRA 协议，这是一个非常重要的历史事件。MRA 即"国家计量基（标）准互认和国家计量院签发的校准与测量证书互认协议"。我国还先后担任了 OIML 湿度和气压计两个技术委员会秘书处的工作，2007 年起担任 OIML TC18/SC1 血压计分技术委员会秘书处以及亚太法制计量论坛主席和秘书国的工作。每年都受理国内外仪器制造商提交的有关计量器具的 OIML 证书申请，并组织试验。OIML 计量器具国际证书的发证范围已包括衡器、称重传感器、加油机、电能表和燃气表等品种，已具备对 12 种计量器具进行 OIML 证书试验的技术能力，并正在积极扩大可发证范围。此外，积极开展双边合作，先后与美国、德国、韩国、英国、瑞士、日本、澳大利亚等国签署了计量合作协议或合作备忘录，并积极为发展中国家提供技术援助和服务。

（2）开展 WTO/TBT 通报咨询工作

建立了全国计量行业 WTO/TBT 通报评议工作协调委员会，负责与有关部门、计量技术机构和生产企业的沟通协调。按行业或专业成立了冶金、化工、石油和电能表、水表、燃气表、热量表、加油机、衡器、流量计等专家组，负责对 WTO/TBT 进行通报评议并提出意见。

第三节　国际计量体系的形成与发展

一、国际计量体系的形成

现代计量学的起源可以追溯到 17 世纪前后。当时欧洲的科学发展迅速，物理学已发展成为一门测量科学或者称为实验科学，并已引入"物理量"的概念。对物理量经过实测后进行定义，并在相关的物理量间建立起数学关系，成为描述或定义物理现象的主要方法。在此基础上所创立的科学理论，成为计量学发展的重要基础。到了 18 世纪，以蒸汽机的广泛应用为标志的第一次技术革命催生了计量学中的力学、热学和几何量计量方法。19 世纪以电的应用为标志的第二次技术革命中，电磁计量和无线电计量得到了迅速发展。此时，由于各国科学家表述试验结果时所采用的计量单位杂乱无章，使学术交流困难，也严重制约了科学的发展，统一计量单位成为世界各国科学、文化、经济等交流的迫切要求。

米制的产生成为现代计量学发展的重要里程碑。米制建立于 18 世纪 90 年代，是法国大革命的第一个成果。1790 年，法国成立了计量改革委员会，下设 5 个小组。该委员会在 1791 年提议以地球赤道到北极的子午线的一千万分之一作为基本长度单位——1 米，这个提议被法国议会采纳。1796 年完成了从法国敦刻尔克北边（N51°）到西班牙巴塞罗那南面的福尔门特拉岛（N38.5°）间约 12.5°的地球子午线的测量工作。根据测量结果制作了基准米尺，该米尺于 1799 年被保存到巴黎的共和国档案局里，因而称为"档案局米"。

米制的建立提供了一套准确、稳定且便于使用的共同的计量基准，适应了近代工业、贸易和科学技术迅猛发展的需求。1799 年底，法国政府颁布法令，在法国全国实施米制，但经过了 40 年，也就是 1840 年前后才在法国境内真正实现取代旧制，可见即使是极其先进的科学计量制度在一个国家实现统一使用也是非常困难的。随着米制在法国的成功推广使用，其简单性和科学性逐渐被国际上接受，同时，法国积极向欧美推广米制。1875 年 5 月 20 日，由法国政府出面在巴黎召开了有 17 个国家政府代表参加的会议，正式签署了"米制公约"，公认米制为国际通用计量单位制。会后参照保存在法国档案局的米原器和千克原器制作了一套新的国际原器。在 1889 年举行的第一届国际计量大会上，批准了米和千克的国际原器分别作为长度和质量单位的基准，并且规定了它们同保存在各国的副基准之间的关系。从此，米制就成为一种国际性的计量制度。

1948 年召开的第九届国际计量大会做出决定，要求国际计量委员会（CIPM）创立一种简单而科学的、供所有米制公约组织成员国使用的实用单位制。1954 年，第十届国际计量大会决定采用米（m）、千克（kg）、秒（s）、安培（A）、开尔文（K）和坎德拉（cd）作为基本单位。1960 年，第十一届国际计量大会决定将以这 6 个单位为基本单位的实用计量单位制命名为"国际单位制"，并规定其符号为"SI"。1974 年，第十四届国际计量大会决定增加物质的量的单位摩尔（mol）作为基本单位，至此，国际单位制（SI）共有 7 个基本单位。根据 2018 年 11 月第二十六届 CGPM 通过的决议，SI 基本单位的最新定义是由 7 个精确而不变的常数组成的。完整的单位制可以由这些定义常数的固定值导出，用 SI 的单位表示。SI 基本单位的定义第一次独立于它们的复现方式，这标志着人类已使用上千年的、以实物作为基本单位基准的时代的终结，也开启了计量科学的崭新未来。

SI 的重新定义保障了国际单位制的长期稳定性；基本物理常数不受时空和人为因素的限制，保障了国际单位制的客观通用性；新定义可在任意范围复现，保障了国际单位制的全范围准确性；新定义不受复现方法的限制，保障了国际单位制的未来适用性。

二、国际计量体系及组织机构

1. 米制公约组织（Meter Convention）

国际米制公约组织是按《米制公约》建立起来的国际计量组织。该组织成立于 1875 年，总部设在法国巴黎，是计量领域成立最早、最主要的政府间国际计量组织，以研究发展基础计量科学技术为主，其最高权力机构是国际计量大会。大会设国际计量委员会，常设机构是国际计量局。我国于 1977 年加入米制公约组织。

米制公约组织现在的签约成员包括 56 个 BIPM 成员国和 27 个 CGPM 合作者。费用由各国承担。

2. 国际计量大会（CGPM）

国际计量大会是国际米制公约组织的最高权力机构，通常每 4 年召开一次，由成员国派代表团参加。其任务是：讨论和制定保证国际单位制的推广和发展的必要措施；批准新的基础测试结果，通过具有国际意义的科学技术决议或单位的新定义；通过有关国际计量局的组织和发展的重要决议，如人事、基本建设、经费预算等；必要时，国际计量委员会、国际计量局、各咨询委员会向国际计量大会报告工作。闭会期间，由国际计量局负责日常工作。

3. 国际计量委员会（CIPM）

国际计量委员会是国际米制公约组织的常设领导机构，由计量学专家组成，每年在巴黎召开会议。国际计量委员会对国际计量大会负责，在每届国际计量大会上报告4年来的工作，并以书面形式提出建议或决议草案，经国际计量大会表决通过后，就成为米制公约组织的建议或决议。该组织由18名委员组成，下设10个咨询委员会。

从1979年起我国著名科学家王大珩院士当选为国际计量委员会委员，1995年第二十届CIPM大会上正式改选我国高洁研究员（1999年当选中国工程院院士）为委员。2010年3月，中国计量科学研究院的段宇宁研究员当选为国际计量委员会委员。

CIPM的10个咨询委员会分别为CCEM（电磁）、CCPR（光度学和辐射度）、CCT（温度）、CCL（长度）、CCTF（时间频率）、CCRI（电离辐射）、CCU（单位）、CCM（质量及相关量）、CCQM（物质的量）、CCAUV（声学、超声和振动）。

4. 国际计量局（BIPM）

国际计量局是米制公约组织的常设执行机构，任务是保持或复现7个SI基本单位的最高基准。负责维护质量与相关量、时间、电学、辐射和化学领域的5个实验室。它建在巴黎近郊赛弗尔的一个名为圣·克劳公园的小山上，1875年法国政府已把这块土地赠予国际计量委员会。

我国参加BIPM有如下益处：

1）提供了一个测量科学和技术创新的基础框架。

2）通过国家测量标准的等效性来帮助和支持我国的产品和服务符合国际贸易法规。

3）为我国科学家提供一个共享国际参考设备的途径。

4）以一个政府间的国际组织的形式代表了我国（及其他国家）的需求。

5. 国际法制计量组织（OIML）

国际法制计量组织是按照《国际法制计量组织公约》于1955年11月成立的，其宗旨是建立国际法制计量信息交流中心、制定供各国参考的法制计量一般原则、制定"国际建议"、促进各成员国接受或承认推荐的器具或测量结果、促进各国法制计量机构间的合作。

国际法制计量组织的机构主要有国际法制计量大会（CGML）、国际法制计量委员会（CIML）、主席团理事会、国际法制计量局（BIML）、发展理事会及有关技术工作组织。

我国于1985年4月加入该组织，成为该组织的成员国。我国目前承担了OIML TC17/SC1湿度分技术委员会（国家计量院）、TC10/SC3压力分技术委员会（国家时量院）、TC18/SC1血压计分技术委员会（上海市计量测试技术研究院）3个组织的具体工作。

6. 国际法制计量大会（CGML）

国际法制计量大会是国际法制计量组织的最高权力机构，参加者为成员国代表团，主要负责制定国际法制计量组织的政策、批准国际建议以及财政预算和决算。会议每4年召开一次，会议主席由大会选举产生。表决大会决议时，每个代表团只有一票。

7. 国际法制计量委员会（CIML）

国际法制计量委员会是国际法制计量组织的工作机构和执行机构，负责指导并监督整个国际法制计量组织的工作，批准国际建议草案、国际文件，为国际法制计量大会准备决议草案并负责执行大会决议。其成员为每个成员国的一名代表，并必须是该成员国负责法制计量工作的政府官员。从委员会中选举一位主席和两位副主席，任期为6年。国际法制计量委员会每年开会一次。

8. 国际法制计量局（BIML）

国际法制计量局是国际法制计量组织的常设机构。它的任务是作为国际法制计量组织的秘书机构和信息中心，由1名局长、2名局长助理和数名工作人员组成。局长和局长助理由各成员国提名，在国际法制计量大会上由正式成员国投票批准任命。BIML设在巴黎，其经费来源主要是各成员国的会费，其次是通信成员的资料费及其出版物的销售收入。

BIML在国际法制计量委员会的领导和监督下工作。它的一个主要任务是负责筹备国际法制计量大会和国际法制计量委员会会议、起草会议文件和决议、整理会议记录、宣传会议情况、执行国际法制计量委员会的决议。

BIML作为秘书机构，负责与各成员国和有关的国际组织的联络；负责联络各技术委员会和分技术委员会，并指导它们的工作。作为信息中心，BIML有一个小型图书馆，负责编辑出版国际法制计量组织批准公布的国际建议和国际文件，编辑出版国际法制计量组织的公报。

9. 亚太计量组织

1）亚太计量规划组织（APMP）：于1980年成立，现有来自26个国家或经济体的28个正式成员和5个附属成员。中国计量科学研究院是该组织成员，先后担任主席、执委会主席和技术委员会主席等职务。

2）亚太法制计量论坛（APLMF）：我国于2007年10月的上海大会上接任论坛秘书国，由原国家质检总局副局长蒲长城先生担任主席，秘书处设在国家质检总局计量司（现为国家市场监管总局计量司）。

10. 国际实验室认可合作组织（ILAC）

其前身是国际实验室认可大会，始创于1977年。1996年，国际上44个实验室认可机构在荷兰成立了国际实验室认可合作组织，其宗旨是宣传和推广国际实验室认可活动，讨论、协调和制定共同的程序和有关技术性文件，交流实验室认可活动的进展情况。目前，ILAC共有成员116个，其中正式成员55个，协作成员14个，联络成员20个，区域组织机构5个，国家协调机构1个，利益相关方21个，其中来自45个国家和地区的55个认可机构组织签署了ILAC互认协议。

1996年9月，原中国实验室国家认可委员会（CNACL）和原中国国家进出口商品检验实验室认可委员会（CCIBLAC）成为ILAC的第一批正式全权成员。2000年11月和2001年11月，原CNACL和CCIBLAC分别签署了ILAC多边互认协议（MRA）。2002年7月，在CNACL和CCIBLAC合并基础上成立了国家认可机构中国实验室国家认可委员会（CNAL），2003年2月，CNAL续签了ILAC多边互认协议（MRA）。2006年3月31日，按照《中华人民共和国认证认可条例》的规定，由国家认监委批准设立并授权，在原中国认证机构国家认可委员会（CNAB）、中国实验室国家认可委员会（CNAL）的基础上组建成我国统一的国家认可机构——中国合格评定国家认可委员会（CNAS）。目前，CNAS已取代原中国实验室国家认可委员会（CNAL）继续保持我国认可机构在国际实验室认可合作组织（ILAC）中实验室认可多边互认协议方的地位。

11. 国际认可论坛（IAF）

国际认可论坛（IAF）成立于1993年1月，是由世界范围内的合格评定认可机构和其他有意在管理体系、产品、服务、人员和其他相似领域内从事合格评定活动的相关机构共同组成的国际合作组织，致力于在世界范围内建立一套唯一的合格评定体系，通过确保已认可的认证证书的可信度来减少商业及其顾客的风险。

国际认可论坛（IAF）与国际实验室认可合作组织（ILAC）关系密切。IAF 管理着管理体系认证、产品认证、服务认证、人员认证以及其他类似的合格评定领域的认可机构相互承认协议；ILAC 管理着实验室和检查领域的认可机构相互承认协议。它们同心协力在全世界推动认可及合格评定。IAF/ILAC 联合年会每年召开一次，旨在修订工作文件、讨论认证认可技术问题、协调国际间各组织的关系、解决认证认可工作难题和探讨认可发展的方向。

目前，我国已成为 IAF、ILAC 及亚太区域全部认可多边互认协议的签署方，并积极参与相关活动，推动多边互认机制的建立和发展。作为 ILAC、IAF 的成员，我国积极参与和支持 ILAC、IAF 建设多边互认体系的活动。

12. 国际计量技术联合会（IMEKO）

国际计量技术联合会创始于 1958 年，是从事计量技术与仪器制造技术交流的非政府间的国际计量测试技术组织，主要研究和讨论反映当代计量测试、仪器制造发展动态和趋势的应用计量测试技术。它与联合国教科文组织（UNESCO）具有协商地位，基本宗旨是促进测量与仪器领域中科技信息的国际交流，加强科学家与工程师间的国际合作与交流。

三、校准和测量证书的互认协议（MRA）

为支持国际贸易，1999 年由 CIPM 成立了 Mutual Recognition Arrangement（MRA），其全称是"国家计量基（标）准互认和国家计量院签发的校准与测量证书互认协议"，简称"互认协议"，其目的在于通过信任措施（国家计量基准的符合）在国际上达到互认来拆除贸易壁垒，建立开放、透明的综合性全球计量体系。目前，MRA 成员国创造了世界上贸易额的90% 以上。目前有 74 个国家计量院、122 个指定实验室参加，包括 47 个 BIPM 成员、两个国际组织、25 个 CGPM 的附属成员。

（一）MRA 的核心内容

在 BIPM 的主持下，由 CIPM 的 10 个咨询委员会（CIPM/CC）负责，并由 6 个区域计量组织（RMO）配合，有计划地开展国家计量基、标准的国际比对（包括关键比对和辅助比对），从而给出各国计量基、标准的等效度。在此基础上，各国计量院向所在区域的 RMO 提交其校准和测量能力（CMCS），经 RMO 组织的评审后，提交区域计量组织和国际计量局联合委员会（JCRB）审查，经批准后方可进入 BIPM 编制的关键比对数据库（KCDB），获得承认。

（二）MRA 的实施步骤

（1）计量基、标准的关键比对

由 CC、BIPM、RMO 选定并组织开展各技术领域的主要技术和方法的比对，内容涵盖从基本单位到实物标准。

（2）计量基、标准的辅助比对

上述关键比对未涵盖的，但有特定需求的比对。

（3）国家计量院质量管理体系和能力验证

国家计量院应建立一个能维护计量基、标准正常运行的质量管理体系，并具备实施校准与测量管理所需的组织机构、程序、过程和资源。

（三）MRA 的要点

（1）目标

建立国家间的计量标准的等效度，提供计量院签发的校准和测量证书的互认，为国际贸易和法律事务提供可靠的技术基础。

（2）过程

计量标准的国际比对（关键比对）、辅助性国际比对、国家计量院的质量体系和能力验证。

（3）结果

在 BIPM 编制的网上发布的数据库中公布各国计量院的测量能力。

（4）保证

国家计量院院长经本国主管部门批准后签署 MRA 并作承诺。

（5）免责

由国家计量院签署并承担相关责任。

（四）MRA 的组织结构

BIPM 在 CIPM 的授权下负责总体协调。CIPM 咨询委员会和区域计量组织负责实施关键比对和辅助比对。

区域计量组织和 BIPM 的联合委员会（JCRB）负责分析国家计量院所宣称的校准和测量能力，并将经过审查的项目输入数据库。区域计量组织发挥着非常重要的作用。

（五）MRA 的最终结果

MRA 的最终结果是 BIPM 关键比对和校准数据库（KCDB），以及如下附录：

1）附录 A：签署本协议的有关国家计量院的名单。

2）附录 B：关键和辅助比对结果。

3）附录 C：校准和测量能力——CMCs。

4）附录 D：关键和辅助比对目录（目前比对总数为 369 项，其中，274 项为关键比对）。

签订者从 CIPM MRA 协议签订开始就必须遵守以下规章：

1）接受由 CIPM MRA 指定的程序，建立关键比对数据库 KCDB。

2）承认 KCDB 内的关键和补充比对结果。

3）承认数据库内其他国家计量院的校准测量能力（CMCs）。

参与的国家计量院须满足：

1）有从事计量的技术能力。

2）参加比对。

3）有颁布的质量体系。

国际 MRA 体系中包含了多于 21000 个对各国国家计量实验室验证的校准测量能力，多于 650 个来自维护质量体系的实验室的关键比对，为校准者提供了一个可以了解所有能校准该项目的实验室情况，以及能达到的准确度的平台。

四、国际计量体系的最新进展

国际计量体系并非一成不变，会随着现代科学技术的发展而与时俱进。随着量子理论和技术的发展，20 世纪 60 年代以来，时间单位秒、长度单位米等逐步由实物基准转变为量子基准，也带动了其他计量单位的量子化变革，不断催生蓬勃的科技革命。

国际计量委员会（CIPM）于 2005 年一致同意全面进行国际单位制（SI）基本单位的量子化变革，使其直接定义在自然界"恒定不变"的基本物理常数之上。

2007 年召开的第二十三届国际计量大会（CGPM）决议指出，科学技术的发展对国际单位制（SI）自身的提高和完善提出了迫切的要求。即将发生的 SI 的两个重大变化将对计量产生巨大的影响：一是采用基本物理常数重新定义千克等 SI 基本单位；二是新一代高准确度"光钟"可能将被纳入国际时间量值传递与溯源体系。本次大会的决议是建议各个国家计量院和 BIPM 继续进行相关实验，一旦实验结果令人满意并满足用户需求，就可以向第二十四届国际计量大会提出改变这些定义的正式建议；同时要求相关工作组开展相应的活动，并准备相关文件，用最适当的方法向用户宣传、解释新定义，并认真讨论这些新定义及其实际复现可能产生的技术和立法影响。

2011 年召开的第二十四届国际计量大会讨论和审查了国际单位制的改进等事项，对最新基本计量学测定的结果进行了认可。这次会议确定了未来 4 年科学计量的重点发展方向。关于国际单位制的重新定义，本次会议认为重新定义国际单位制的时机已逐渐成熟，但尚不能对千克、安培、开尔文和摩尔的基本量定义做出最终报告，其主要原因是第二十三届国际计量大会决议中的要求没有完全实现，但可以对目前已经提出的建议做出清晰而详细的解释。会议正式批准用普朗克常数 h 重新定义质量单位千克（kg），用基本电荷 e 重新定义电流单位安培（A），用玻尔兹曼常数 k 重新定义温度单位开尔文（K），用阿伏加德罗常数 N_A 重新定义物质的量的单位摩尔（mol）。

2015 年，第二十五届国际计量大会通过了若干决议，涉及国际计量的一系列重大改革。关于国际单位制（SI）的未来修订，认为目前用普朗克常数 h、基本电荷 e、玻尔兹曼常数 k 和阿伏加德罗常数 N_A 重新定义千克、安培、开尔文和摩尔的工作已取得显著成果，所需数据已基本满足 SI 重新定义的要求。其中最困难的、用于"千克"重新定义的普朗克常数测量也已取得阶段性进展：不仅使得基于两种不同方法的测量结果的不确定度进一步降低，还使不同结果间的一致性程度得到了明显的改善。大会认可了当前工作的显著进展，但由于实验数据尚不完全满足 SI 修订的需要，大会鼓励国家计量院、BIPM 和相关学术机构继续开展研究，以期在 2018 年第二十六届 CGPM 会议上通过关于 SI 修订的决议。

2018 年 11 月 16 日，第二十六届国际计量大会正式通过了修改部分国际单位制（SI）定义的决议。根据决议，千克（kg）、安培（A）、开尔文（K）和摩尔（mol）这 4 个基本单位将全部采用基本物理常数来定义，分别以普朗克常数 h、基本电荷 e、玻尔兹曼常数 k 和阿伏加德罗常数 N_A 的固定数值来实现新的定义。从此，国际计量体系第一次全部建立在不变的常数之上，保证了国际单位制（SI）的长期稳定性。

从 2019 年 5 月 20 日起，"国际单位制 7 个基本单位全部由基本物理常数定义"正式生效，量值的实现进入了量子化时代。这是国际测量体系有史以来第一次全部建立在不变的物理常数上，保证了 SI 的长期稳定性和环宇通用性。就像 1967 年"秒"定义的修订使我们拥有了现在的 GPS 和互联网技术一样，新 SI 将在未来对科学、技术、贸易、健康、环境以及更多领域产生深远的影响。可以说，SI 的修订是科学进步的一座里程碑。

这次 SI 的重新定义对于大多数科研人员以及产业发展和人们的日常生产、生活来说，不会直接造成大的改变，原有的测量结果仍将是连续和稳定的。但从专业角度观察，SI 的重新定义将改变国际计量体系和现有计量格局。SI 的重新定义将实现量值溯源链的扁平化，使量值溯源链更短、速度更快、测量结果更准确和稳定；将催生新的测量原理、测量方法和测量仪器，不受环境干扰、无需校准的实时测量以及众多物理量、化学量和生物量的极限测量等将成为可能；SI 的重新定义和量子测量技术的发展将使得计量基准可随时随地复现，精准测量，将直接促进市场公平交易、实现精准医疗、改善环保节能等，惠及人类生产生活的方方面面。

值得一提的是，中国计量科学研究院从 2005 年起开展了旨在应对 SI 修订的基本物理常数测量研究项目，在玻尔兹曼常数、普朗克常数、阿伏加德罗常数、精细结构常数的测定方面取得了令人瞩目的成果，研究水平居于世界前列。其中，玻尔兹曼常数的测定采用了声学共鸣法和噪声法两种不同的方法，均获得令人满意的结果，并被 CODATA2017 收录，为该常数的国际定值做出了重要贡献；要实现对阿伏加德罗常数的精确计算，必须对硅球中硅 −28 的实际含量进行准确测量，并确定硅的摩尔质量，中国计量科学研究院对于高浓缩硅球中硅 −28 摩尔含量和摩尔质量含量的测量结果在参与比对的 8 个国家中最好，且是唯一一个采用两种方法实现最佳测量结果的国家计量院，为 SI 基本单位摩尔的重新定义奠定了重要基础。

我国目前获得国际互认的校准和测量能力已跃居全球第三、亚洲第一。我国自主可控的国家时间基准、长度量子基准都跻身世界先进行列。随着国际合作的进一步加强，中国计量与世界的联系越来越紧密，也必将发挥更大的作用。

思考题与习题

1. 计量、测量、测试这三个概念有何区别和联系？

2. 计量学的主要研究内容是什么？

3. 有哪些国际计量组织？BIPM 的职责有哪些？我国参加 BIPM 的意义是什么？

4. CIPM 下设哪些咨询委员会？我国在 CIPM 中处于怎样的地位？

5. 什么是 MRA？MRA 的实施步骤有哪些？我国加入 MRA 有什么意义？

6. 国际计量单位制发生了怎样的重大变革？这一变革有何影响？

7. 什么是产业计量？试述开展产业计量的意义。

8. 简述国际计量大会的职责。

9. 第 25 届国际计量大会提出了哪些任务？

10. IMEKO 的宗旨是什么？

11. 简述世界计量日的由来。

12. 通过信息查询了解注册计量师制度及考试科目等内容。

13. 我国的何种计量机构与 ILAC 进行对接合作？

14. 某仪器仪表厂与某高校联合开展科研工作，对家用燃气表内部流场中误差源进行数值模拟研究。这项工作按计量学的分类可以归结为哪种计量？

15. 某省计量科学研究院对一空调制冷阀部件的装配生产线进行技术升级，在相关工位安装了制冷剂自动称重充装仪、电磁阀密封性在线测试仪等设备。请问这项工作属于何种计量？

第二章

量 和 单 位

在计量学中，最先涉及的两个重要概念是"量"和"单位"。量用来表征现象、物体或物质的特性。单位是定量表示同种量大小的特定量。

第一节 量 和 量 值

一、量

（一）量的概念

自然界的任何现象、物体或物质通常是由一定的"量"构成及体现的。量（quantity）是指现象、物体或物质的特性，其大小可用一个数和一个参照对象表示。量可指一般概念的量（长度、电阻等）或特定量（一张桌子的长度、一个质子的电荷等），而参照对象可以是测量单位、测量程序、标准物质或它们的组合。

计量学中的量是指可以测量的量，这种量可以是广义的，如长度、质量、温度、电流、时间等，这类量称为广义量；也可以是特指的，如一个人的身高、一辆汽车的自重等，把这类量称为特定量。

在计量学中把可以直接相互进行比较的量称为同种量，如宽度、厚度、周长等。某些同种量组合在一起称为同类量，如功、热量、能量等。人类对自然界的认识过程就是不断把不可测量的量转化为可测量的量，再上升为可计量的量。

（二）量的表示

1. 量的表达式

计量学中的量都是由一个数值和一个测量单位的特殊约定组合来表示的。

通常量 A 可以表达为

$$A = \{A\} \cdot [A] \tag{2-1}$$

式中 $\{A\}$ ——以测量单位 $[A]$ 表示时量 A 的数值；

$[A]$——量 A 所选用的测量单位。

物理量一般具有可作数学运算的特性，可用数学公式表示。同一种物理量可以相加减，得到的仍是同种量。几种不同的物理量间又可以相乘除。

1）同一种量可以相加：$A_1 + A_2 = \{A_1 + A_2\} \cdot [A]$

2）同一种量可以相减：$A_1 - A_2 = \{A_1 - A_2\} \cdot [A]$

3）不同的量可以相乘：$AB = \{A\}\{B\} \cdot [A][B]$

4）不同的量可以相除：$\dfrac{A}{B} = \dfrac{\{A\}}{\{B\}} \cdot \dfrac{[A]}{[B]}$

2. 量的符号

量的符号通常是单个拉丁字母或希腊字母，如面积的符号 A、力的符号 F、波长的符号 λ 等。一个给定符号可表示不同的量。

量的符号都必须用斜体表示，如质量 m、电流 I 等，这一点很容易被忽视，特别是在科技论文、著作的写作中要引起充分的注意。

3. 量的符号的下标

在某些情况下，会用相同的符号表示不同的量，而对同一个量有不同的应用或要用来表示不同的值时，可采用下标予以区分。如电流与发光强度是两个不同的量，电流用符号 I 表示，发光强度用 I_v 表示。又如：对于 3 个不同大小的长度，可以分别表示为 l_1、l_2、l_3。

量的符号的下标可以是单个或多个字母，也可以是阿拉伯数字、数学符号、元素符号、化学分子式等。

下标字体的表示原则为：除了用物理量的符号以及用表示变量、坐标和序号的字母作为下标时，字体用斜体字母外，其他下标用正体。

例如：c_p 的下标 p 是压力量的符号；F_x 的下标 x 是坐标 x 轴的符号，L_i、L_k 的下标 i 和 k 以及 x_n、y_m 的下标 n 和 m 是序号的字母符号，都应为斜体。

当下标是阿拉伯数字、数学符号、元素符号、化学分子式时，用正体表示。例如：U_{95} 表示置信水平为 0.95 的扩展不确定度；i_1、i_2、i_3 分别表示第一、第二、第三次谐波分量；ρ_{Cu} 表示铜的电阻率，下标 Cu 是铜元素的符号；当下标用 //、⊥、∞ 等数学符号时，用正体。

其他下标如：相对标准不确定度 u_r 的下标 r 表示相对，有效自由度 v_{eff} 的下标 eff 表示有效，半周期 $T_{1/2}$ 的下标 1/2 表示一半，动能 E_k 的下标 k 表示动，C_g 的下标 g 表示气体，标准重力加速度 g_n 的下标 n 表示标准，B 点的场强 E_B 的下标 B 表示 B 点位置，最大电压 U_{max} 的下标 max 表示最大，这些下标都是用正体表示。

（三）基本量和导出量

计量学中的量，可分为基本量和导出量。

基本量（base quantity）是指在给定量制中，约定选取的一组不能用其他量表示的量。例如在国际单位制中，基本量有 7 个，即长度、质量、时间、电流、热力学温度、物质的量和发光强度。

导出量（derived quantity）是指在量制中由基本量定义的量。如国际单位制中的速度是导出量，它是由基本量长度除以时间来定义的。力、压力、能量、电位、电阻、摄氏温度、频率等都属于导出量。

二、量值

1. 量值的概念

一个量的大小可以用量值来表示。量值（quantity value）的全称为量的值（value of a quantity），简称值（value），它是用数和参照对象一起表示的量的大小。

根据参照对象的类型，量值有以下几种表示形式：

1）一个数乘以计量单位。例如，3m、15kg、30s、20℃、220V 等都属于量值，其中 3、15、30、20、220 为数值，m（米）、kg（千克）、s（秒）、℃（摄氏度）、V（伏）为测量单位。

2）当量纲为 1，测量单位为 1 时，通常不表示。例如，铜材样品中镉的质量分数可表示为 $3\mu g/kg$ 或 3×10^{-9}。

3）一个数和一个作为参照对象的测量程序。例如，给定样品的洛氏 C 标尺硬度（150kg 负荷下）：43.5 HRC（150kg）。

4）一个数和一个标准物质。例如，在给定血浆样本中任意镥亲菌素的物质的量浓度（世界卫生组织国际标准 80/552）：50 国际单位/ I。

需要注意以下几点：

1）数可以是复数。例如，在给定频率上给定电路组件的阻抗为 $(7 + 3j)\Omega$，其中 j 是虚数单位。

2）一个量值可用多种方式表示。例如，一张课桌的长度量值可以表示为 2m 或者 200cm。

3）对向量或张量，每个分量有一个量值。例如，作用在给定质点上的力用笛卡儿坐标分量表示为 $(F_x；F_y；F_z) = (-31.5；43.2；17.0)$ N。

4）量值应该正确表示，特别在表达某个量值范围时，如 18℃～20℃ 或 （18～20）℃、160V～240V 或（160～240）V，不能表示为 18～20℃、160～240V，因为 18 和 160 是数字，不能与量值 18℃和 160V 等同使用。

2. 量值统一

"量值统一"这个术语在我国经常使用，比较确切的用语应该是量值准确、一致，即在单位量值的传递过程中，使用的各级标准计量器具以及由它们检定和校准的计量器具量值，都可溯源到国家计量基准，它们的量值在规定的不确定度或允许误差范围内保持一致。所以，为了在全国范围内实现量值统一，保证计量结果的准确可靠，必须满足以下要求：

1）用国家法律形式或行政命令办法发布国家法定计量单位，统一全国计量单位制度。

2）建立复现计量单位的国家计量基准和传递所需的各级计量标准，是确立量值准确一致的技术基础。

3）制定相应的计量检定系统和计量检定规程、计量标准规范等技术法规，以确定被认可的被检项目、设备、方法和环境条件等。

此外，计量人员必须经过严格的培训和考核，有良好的技术素质，能正确完成计量过程，这也是保证量值准确一致的必备条件。

第二节　量制和量纲

一、量制

在科学技术领域使用着多种量，所以出现了不同的量制。所谓量制（system of quantities）是指彼此间存在着确定关系的一组量。也可以说，量制是在科学技术领域中约定选取的基本量和与之存在确定关系的导出量的特定组合。通常以基本量符号的组合作为特定量制的缩写名称，如基本量为长度（l）、质量（m）和时间（t）的力学量制的缩写名称为 l、m、t 量制。

每个学科在建立、发展的同时，也在逐渐形成自己的量制，在电学和磁学领域，由于选择不同的基本量，在历史上出现过多种量制，如实用量制、静电量制、电磁量制和高斯量制等。

二、量纲

量纲（dimension of a quantity）是指给定量与量制中各基本量的一种依从关系，它是以给定量制中的基本量的幂的乘积表示某量的表达式。量纲定性表示量与量之间的关系。

1. 基本量的量纲

在国际单位制中，7 个基本量的量纲见表 2-1。

表 2-1　国际单位制中基本量的量纲

基 本 量	长 度	质 量	时 间	电 流	热力学温度	物质的量	发光强度
基本量量纲	L	M	T	I	Θ	N	J

2. 量纲的表示

量 Q 的量纲表示为 dim Q。量纲都以大写的正体拉丁字母或希腊字母表示。

量纲的一般表达式为

$$\dim Q = L^{\alpha}M^{\beta}T^{\gamma}I^{\delta}\Theta^{\varepsilon}N^{\zeta}J^{\eta} \tag{2-2}$$

式中　　　dim Q——量 Q 的量纲符号；

L，M，T，…，J——基本量的量纲；

α，β，γ，…，η——量纲指数，可以是正数、负数或零。

基本量量纲的约定符号用单个大写正体字母表示。例如，在国际单位制中，长度的量纲 dim l = L，质量的量纲 dim m = M，时间的量纲 dim t = T。

导出量量纲的约定符号用定义该导出量的基本量的量纲的幂的乘积表示。例如，在国际单位制中：

速度 $v = l/t$ 的量纲 dim v = dim l/dim t = L/T = LT^{-1}

加速度 $a = v/t$ 的量纲 dim a = dim v/dim t = LT^{-1}/T = LT^{-2}

力 $F = ma$ 的量纲 dim F = dim m dim a = LMT^{-2}

压力 $p = F/l^2$ 的量纲 dim p = dim F/dim l^2 = $L^{-1}MT^{-2}$

动能 $E = \frac{1}{2}mv^2$ 的量纲 dim E = dim m dim v^2 = $M(LT^{-1})^2$ = L^2MT^{-2}

功 $W = Fl$ 的量纲 dim W = dim F dim l = L^2MT^{-2}

3. 量纲的意义

量纲的意义在于定性地表示量与量之间的关系，尤其是基本量和导出量之间的关系。量纲是一个量的表达式，任何科技领域中的规律、定律都可以通过各有关量的函数式来描述，而所有量都具有一定的量纲。所以，量纲可以反映出各有关量之间的关系，从而使它们所描述的科技规律、定律获得统一的表示方法。

通过量纲可以得出任何一个量与基本量之间的关系，以及检验量的表达式是否正确。如果一个量的表达式正确，则其等号两边的量纲必然相同，通常称为"量纲法则"。利用这个法则可以来检查物理公式的正确性。例如冲量 $Ft = m(v_2 - v_1)$，其等号左边的量纲为 $\dim(Ft) = LMT^{-1}$，等号右边的量纲是 $\dim[m(v_2 - v_1)] = LMT^{-1}$，两边具有相同的量纲，表明上述公式是正确的。但需要注意的是，只满足"量刚法则"是不够的，还需要考虑量之间关系的系数。

4. 量和量纲之间的关系

量纲仅表明量的构成，而不能充分说明量的内在联系。在给定量制中，同种量的量纲一定相同，但具有相同量纲的量却不一定是同种量。如在国际单位中，功和力矩的量纲相同，都是 L^2MT^{-2}，但它们却是完全不同性质的量。

5. 量纲一的量

量纲一的量也称无量纲量，是指在其量纲表达式中与其基本量相对应的因子的指数均为零的量。这些量并不是没有量纲，只不过它的量纲指数皆为零。量纲一的量的测量单位和值均是量，但是这样的量表达了更多的信息。

某些量纲一的量是以两个同类量之比定义的，如平面角、摩擦系数、折射率等。

实体的数也是量纲一的量，如线圈的圈数、给定样本的分子数等。

第三节　测量单位和单位制

一、测量单位

（一）测量单位的概念

为了定量表示同种量的大小，就必须选取一个数值为 1 的特定量作为单位，以便作为比较的基础。

测量单位也称计量单位，简称单位（unit），它是指根据约定定义并采用的量，任何其他同类量可与其比较，使两个量之比用一个数表示。

测量单位的定义并不是一成不变的，它随着科学技术的发展而重新定义，体现着现代计量学的成就和水平。测量单位定义的变更不等于单位量值的变化，而是在保持量值一致的前提下，提高其实现的准确度。

（二）测量单位的符号

每个测量单位都具有根据约定赋予的名称和符号。为了方便世界各国统一使用，国际计量大会有统一的规定，并把它叫作国际符号。如在国际单位制中，长度测量单位米的符号是 m，力的测量单位牛顿的符号为 N；我国选定的非国际单位制单位吨的符号为 t，平面角单位度的符号为"°"等。

量纲一的量的测量单位是数。在某些情况下这些单位有专门名称，如弧度、球面度和分贝；或表示为商的形式，如微克每千克等于 10^{-9}。

测量单位的中文符号通常由单位的中文名称的简称构成。如电压单位的中文名称是伏特，简称为伏，则电压单位的中文符号就是伏；若单位的中文名称没有简称，则单位的中文符号用全称，如摄氏度温度单位的中文符号为摄氏度；若单位由中文名称和词头构成，则单位的中文符号应包括词头，如压力单位的中文符号为千帕等。

（三）测量单位和量值

同一个量可以用不同的测量单位来表示，但无论何种量，其量值与所选择的测量单位无关，即一个量的量值大小不随测量单位的改变而改变，但数值却会随测量单位的不同选择而表现各异。如一张桌子的长度为 1.20m，也可以认为桌子的长度为 120cm。这是量的基本特性，也是各种单位制相互换算的基础。

（四）基本单位和导出单位

1. 基本单位

基本单位是指对于基本量约定采用的测量单位。建立单位制时，基本单位的确定是最重要的，这是因为实现、复现基本单位的方法和实体（计量基准）的准确度，将决定所有导出单位计量基准的准确度。

国际单位制中的基本单位有 7 个，它们的名称分别为米、千克、秒、安培、开尔文、摩尔和坎德拉。

2. 导出单位

导出单位是指导出量的测量单位。导出单位是由基本单位按一定的函数关系构成新的测量单位，如速度单位米/秒是由长度单位和时间单位相除而得到的。

（1）导出单位的构成

导出单位的构成可以有多种形式：

1）由基本单位和基本单位组成，如速度单位米/秒。

2）由基本单位和导出单位组成，如力的单位牛［顿］为千克·米/秒^2，其中千克为基本单位，而米/秒^{2}为导出单位。

3）由基本单位和具有专门名称的导出单位组成，如功、热的单位焦［耳］为牛·米，其中牛为具有专门名称的导出单位，米为基本单位。

4）由导出单位和导出单位组成，如电容单位法［拉］为库/伏，其中库和伏均为导出单位。

（2）具有专门名称的导出单位

为了表示方便，对有些导出单位给予专门的名称和符号，称它们为具有专门名称的导出单位，如压力单位帕［斯卡］（Pa）、电阻单位欧［姆］（Ω）、频率单位赫［兹］（Hz）等。

3. 一贯导出单位和倍数单位

（1）一贯导出单位

一贯导出单位是指对于给定量制和选定的一组基本单位，由比例因子为 1 的基本单位的幂的乘积表示的导出单位。如在国际单位制中，所有 SI 导出单位都是一贯单位，如力的单位牛［顿］，$1N = 1kg \cdot m \cdot s^{-2}$；功、能的单位焦［耳］，$1J = 1N \cdot m$；电压单位伏［特］，$1V = 1\Omega \cdot A$ 等。采用一贯导出单位的好处，是在构成导出单位时不必再考虑其系数。

（2）倍数单位与分数单位

由于科技领域的不同或被测对象的不同，因此一般都要选用大小适当的测量单位，如机械加工时，加工余量用米表示则太大，一般采用毫米或微米表示；若要测量两个城市之间的直线距离，用米表示又太小，应该用千米。在计量实践中，人们往往从同一种量的许多单位中选择某一个单位作为基础，将其称为主单位，如米、千克、秒、安、牛、伏等。

为了便捷地表达一个量的大小，仅有一个主单位显然很不方便。1960 年第十一届国际计量大会上对国际单位制构成中的十进倍数和分数单位进行了命名。它是在主单位前加上一个符号，使它成为一个新的测量单位。

倍数单位是指给定测量单位乘以大于1的整数得到的测量单位，例如，千米是米的十进倍数单位，小时是秒的非十进倍数单位。

分数单位是指给定测量单位除以大于1的整数得到的测量单位。例如，毫米是米的十进分数单位，而对于平面角，秒是分的非十进分数单位。

在实际选用倍数单位与分数单位时，一般应使量的数值在 $0.1 \sim 1000$ 范围以内，如 $0.007\,58\mathrm{m}$ 可以写成 $7.58\mathrm{mm}$；$15\,263\mathrm{Pa}$ 可以写成 $15.263\,\mathrm{kPa}$；$8.91 \times 10^{-8}\mathrm{s}$ 可以写成 $89.1\mathrm{ns}$。但真空中的光速一般采用 $299\,792\,458\mathrm{m/s}$ 的表达方式，其目的是为了在实际应用中方便对照。

4. 制外测量单位

制外测量单位简称制外单位，是指不属于给定单位制的测量单位。我国法定测量单位中，国家选定的非国际单位制单位，对国际单位制而言就是制外单位。有一些单位在传统生产和生活中具有重要作用，而且使用广泛，如时间单位分（min）、时（h）、天（日）（d）以及体积单位升（L）和质量单位吨（t）等，根据我国计量法的规定，一直沿用至今。

二、单位制

（一）单位制

单位制又称计量单位制，是指对于给定量制的一组基本单位、导出单位及其倍数单位和分数单位，以及使用这些单位的规则。

同一个量制可以有不同的单位制，因基本单位选取不同，单位制也就不同。如力学量制中基本量是长度、质量和时间，而基本单位可以选用长度单位米、质量单位千克、时间单位秒，则称为米·千克·秒制（MKS制）。若选用长度单位厘米、质量单位克、时间单位秒，则称为厘米·克·秒制（CGS制）。

（二）一贯单位制

一贯单位制是指在约定量制中，每个导出量的测量单位均为一贯导出单位的单位制，如国际单位制中的SI单位、力学中的CGS制等。这种单位制使用方便，单位之间换算简捷。

在建立单位制时，确定基本单位最为重要，因为复现基本单位的方法和实体（计量基准）的准确度，决定了该单位体系全部计量基准的准确度。

三、国际单位制

国际单位制是由国际计量大会（CGPM）批准采用的基于国际量制的单位制，包括单位名称和符号、词头名称和符号及其使用规则。

国际单位制是当前最先进的计量单位制，它集中了世界各国的科学研究成果，反映了当代科学技术发展的最高水平，并已被世界各国普遍承认和广泛采用。

（一）国际单位制的形成

米制是18世纪末由法国科学家建立的一种计量单位制度，也是人类历史上第一个国际性的计量单位制度。国际单位制是在米制的基础上发展起来的。

随着科学技术和社会经济的发展，一些新的测量单位不断出现，形成了适用于各个领域的单位制。例如，厘米·克·秒制、米·千克·秒制、绝对静电单位制、绝对电磁单位制和高斯单位制等。这些单位制之间往往不能交叉使用，以至出现了一个物理量存在多个单位的局面，例如，压力就有千克力每平方米、达因每平方米、标准大气压、毫米汞柱和巴等。为了进一步统一计量制度，1948 年召开的第九届国际计量大会要求国际计量委员会创立一种简单、科学、通用的实用单位制。1954 年第十届国际计量大会决定采用米、千克、秒、安培、开尔文和坎德拉作为基本单位。1960 年第十一届计量大会决定将以上 6 个单位为基本单位的实用计量单位制命名为"国际单位制"，并规定其国际符号为"SI"，取自法文 Le Système International d'Unités 的字头。1971 年第十四届国际计量大会决定将物质的量的单位摩尔增加为基本单位。目前国际单位制共有 7 个基本单位。

（二）国际单位制的特点

当今世界大多数国家、绝大多数国际组织和学术机构都采用国际单位制，主要原因是它具有突出的优点和广泛的适用范围，并将随着科学、经济和社会的发展而进一步完善。

1. 科学性

国际单位制的单位是根据科学实验所证实的物理规律严格定义的，它明确和澄清了很多物理量与单位的概念，废弃了一些旧的不科学的习惯概念、名称和用法。例如：过去长期把千克（俗称公斤）既作为质量单位，又作为重力单位；在国际单位制里，明确了质量单位是千克，重力的单位是牛顿，区分了质量和重力两个不同的概念。

2. 通用性

国际单位制包括了各种理论科学与应用科学领域中的测量单位，适用于科学技术、工农业生产、文化教育、经济贸易和人民生活等各个领域，使各行业所使用的测量单位都统一在一个单位制中；国际单位制的每个单位都有明确规定的专用符号，不受国度、种族、语言和文字的限制，易于在全世界范围内实现测量单位的通用。

3. 简明性

国际单位制取消了相当数量的各种单位，坚持一个量只有一个 SI 单位的原则，避免了许多不同单位之间换算而引起的误差或者可能出现的错误。例如，用 SI 单位帕斯卡（Pa）就可以代替千克力/厘米^2、标准大气压、毫米汞柱等所有压力单位，也避免了同类量存在不同量纲以及不同类量具有相同量纲的矛盾。

4. 实用性

国际单位制由基本单位和导出单位（包括辅助单位）构成，它的基本单位和大多数导出单位的主单位量值都比较实用。国际单位制还包括数值范围很广的词头，并构成十进倍数单位和分数单位，可以使单位大小在很大范围内调整，适用于大到宇宙、小到微观粒子的各类研究领域。

5. 精确性

国际单位制的 7 个基本单位，目前基本上都能以当代科学技术所能达到的最高准确度来复现和保存。目前我国 7 个 SI 基本单位复现的不确定度情况见表 2-2。

表 2-2　我国 7 个 SI 基本单位复现的标准不确定度

单 位 名 称	复现不确定度
米	2×10^{-11} m
千克	优于 1×10^{-8} kg

（续）

单位名称	复现不确定度
秒	5×10^{-15}s
安培	1×10^{-6} A
开尔文	0.16mK
坎德拉	2×10^{-3} cd
摩尔	我国暂未复现此单位

（三）国际单位制的构成

国际单位制是由 SI 基本单位、SI 导出单位和 SI 单位的倍数单位及分数单位组成。SI 导出单位又分为具有专门名称的 SI 导出单位（包括辅助单位）以及各种组合形式的 SI 导出单位。

在实际应用中，基本单位、导出单位以及它们的倍数单位和分数单位可以单独、交叉或组合使用，从而构成了可以覆盖整个科学技术领域的测量单位体系（见图 2-1）。

国际单位制（SI）
- SI 基本单位（7 个）
- SI 导出单位
  - 包括 SI 辅助单位在内的具有专门名称的 SI 导出单位（21 个）
  - 组合形式的 SI 导出单位
- SI 单位的倍数单位和分数单位

图 2-1 国际单位制构成示意图

在应用单位时需要注意：①单位符号除来源于人名的单位符号的首字母要大写外，其余均为小写字母（升的符号 L 例外）；②不应在组合单位中同时使用单位符号和中文符号，如速度单位不能写成 km/小时；③单位符号必须是正体。

1. SI 基本单位

国际单位制选择了彼此独立的 7 个量作为基本量，即长度、质量、时间、电流、热力学温度、发光强度和物质的量。对每一个量分别定义了一个单位，称为基本单位，SI 基本单位见表 2-3。其中，圆括号（）中的名称或符号是它前面的名称或符号的同义词。方括号［ ］中的字在不致引起混淆、误解的情况下可省略。去掉方括号中的字即为其名称的简称。

表 2-3 SI 基本单位

基本量的名称	量的符号	单位名称	国际符号	中文符号
长度	l, h, r, x	米	m	米
质量	m	千克	kg	千克
时间	t	秒	s	秒
电流	I, i	安[培]	A	安
热力学温度	T	开[尔文]	K	开
发光强度	I_v	坎[德拉]	cd	坎
物质的量	n,（ν）	摩[尔]	mol	摩

2. SI 导出单位

SI 导出单位是按一贯性原则，由 SI 基本单位通过函数关系表示的单位。SI 导出单位由两部分组成：一部分是包括 SI 辅助单位在内的具有专门名称的 SI 导出单位（见表2-4）；另一部分是组合形式的 SI 导出单位。

表 2-4　具有专门名称的 SI 导出单位

量的名称	单位名称	单位符号	用 SI 基本单位和 SI 导出单位表示
［平面］角	弧度	rad	$1\,\text{rad} = 1\,\text{m/m} = 1$
立体角	球面度	sr	$1\,\text{sr} = 1\,\text{m}^2/\text{m}^2 = 1$
频率	赫［兹］	Hz	$1\,\text{Hz} = 1\,\text{s}^{-1}$
力	牛［顿］	N	$1\,\text{N} = 1\,\text{kg} \cdot \text{m} \cdot \text{s}^{-2}$
压力，压强，应力	帕［斯卡］	Pa	$1\,\text{Pa} = 1\,\text{N} \cdot \text{m}^{-2}$
能［量］，功，热量	焦［耳］	J	$1\,\text{J} = 1\,\text{N} \cdot \text{m}$
功率，辐［射能］通量	瓦［特］	W	$1\,\text{W} = 1\,\text{J} \cdot \text{s}^{-1}$
电荷［量］	库［仑］	C	$1\,\text{C} = 1\,\text{A} \cdot \text{s}$
电压，电动势，电位（电势）	伏［特］	V	$1\,\text{V} = 1\,\text{W} \cdot \text{A}^{-1}$
电容	法［拉］	F	$1\,\text{F} = 1\,\text{C} \cdot \text{V}^{-1}$
电阻	欧［姆］	Ω	$1\,\Omega = 1\,\text{V} \cdot \text{A}^{-1}$
电导	西［门子］	S	$1\,\text{S} = 1\,\Omega^{-1}$
磁通［量］	韦［伯］	Wb	$1\,\text{Wb} = 1\,\text{V} \cdot \text{s}$
磁通［量］密度，磁感应强度	特［斯拉］	T	$1\,\text{T} = 1\,\text{Wb} \cdot \text{m}^{-2}$
电感	亨［利］	H	$1\,\text{H} = 1\,\text{Wb} \cdot \text{A}^{-1}$
摄氏温度	摄氏度	℃	$1\,℃ = 1\,\text{K}$
光通量	流［明］	lm	$1\,\text{lm} = 1\,\text{cd} \cdot \text{sr}$
［光］照度	勒［克斯］	lx	$1\,\text{lx} = 1\,\text{lm} \cdot \text{m}^{-2}$
［放射性］活度	贝可［勒尔］	Bq	$1\,\text{Bq} = 1\,\text{s}^{-1}$
吸收剂量	戈［瑞］	Gy	$1\,\text{Gy} = 1\,\text{J} \cdot \text{kg}^{-1}$
剂量当量	希［沃特］	Sv	$1\,\text{Sv} = 1\,\text{J} \cdot \text{kg}^{-1}$
催化活性	卡塔尔	Kat	$1\,\text{Kat} = 1\,\text{mol} \cdot \text{s}^{-1}$

（1）具有专门名称的 SI 导出单位

包括 SI 辅助单位在内的具有专门名称的 SI 导出单位共有 22 个（见表2-4）。由于 SI 导出单位中有的量的单位名称太长，读写都不方便，所以国际计量大会决定对常用的 19 个 SI 导出单位给予专门名称，这样读写很方便。这些专门名称大多数是以科学家名字命名的。

1984 年我国公布法定计量单位时，将平面角弧度（rad）和立体角球面度（sr）称为 SI 辅助单位。1990 年国际计量委员会规定它们是具有专门名称的 SI 导出单位的一部分。我国国家标准 GB 3100—1993《国际单位制及其应用》也已将平面角弧度和立体角球面度列入了具有专门名称的 SI 导出单位。

（2）组合形式的 SI 导出单位

除上述由 SI 基本单位组合成具有专门名称的 SI 导出单位外，还有用 SI 基本单位通过函数关系构成的，或者 SI 基本单位和具有专门名称的 SI 导出单位的组合通过函数关系构成的，但没有专门名称的 SI 导出单位。如加速度单位 $\text{m} \cdot \text{s}^{-2}$、面积单位 m^2、力矩单位 $\text{N} \cdot \text{m}$、表面张力单位 N/m 等。

3. SI 单位的倍数单位

SI 单位的倍数单位是指由 SI 词头加在 SI 基本单位或 SI 导出单位的前面所构成的单位，如千米（km）、吉赫（GHz）、毫伏（mV）、纳米（nm）等。但千克（kg）除外。

SI 词头一共有 20 个，从 $10^{-24} \sim 10^{24}$，其中 4 个是十进位的，即百（10^2）、十（10^1）、分（10^{-1}）和厘（10^{-2}），其他 16 个词头都是千进位的。用于构成十进倍数的 SI 词头见表 2-5。

表 2-5　用于构成十进倍数的 SI 词头

因　　数	词 头 名 称		符　　号	
	中文名称	英文名称	中文符号	国际符号
10^{24}	尧它	yotta	尧［它］	Y
10^{21}	泽它	zetta	泽［它］	Z
10^{18}	艾可萨	exa	艾［可萨］	E
10^{15}	拍它	peta	拍［它］	P
10^{12}	太拉	tera	太［拉］	T
10^{9}	吉咖	giga	吉［咖］	G
10^{6}	兆	mega	兆	M
10^{3}	千	kilo	千	k
10^{2}	百	hecto	百	h
10^{1}	十	deca	十	da
10^{-1}	分	deci	分	d
10^{-2}	厘	centi	厘	c
10^{-3}	毫	milli	毫	m
10^{-6}	微	micro	微	μ
10^{-9}	纳诺	nano	纳［诺］	n
10^{-12}	皮可	pico	皮［可］	p
10^{-15}	飞母托	femto	飞［母托］	f
10^{-18}	阿托	atto	阿［托］	a
10^{-21}	仄普托	zepto	仄［普托］	z
10^{-24}	幺科托	yocto	幺［科托］	y

4. SI 制外单位

制外单位是不属于给定单位制的测量单位。从理论上讲，国际单位制已经覆盖了科学技术的所有领域，可以取代其他所有的单位制。但在实际应用中，由于历史原因或在某些领域的重要作用，一些国际单位制以外的单位还在继续使用。因此，国际计量大会在公布国际单位制的同时，还确定了一些允许与 SI 并用的单位和暂时保留的非 SI 单位。

（1）与 SI 并用的单位

时间单位日（d）、时（h）、分（min）、平面角单位度（°）、［角］分（′）、［角］秒（″）、体积单位升（L，l）、质量单位吨（t）等属于应用范围很广泛的单位。质量单位的原子质量单位（u）、能的单位电子伏（eV）等则属于在某些领域中具有重要作用的单位。这 10 种单位被国际计量大会确定为可与国际单位制并用的单位，见表 2-6。

表 2-6　与国际单位制单位并用的非 SI 单位

单 位 名 称	单 位 符 号	用 SI 单位表示的值
分	min	$1\text{min} = 60\text{s}$
[小]时	h	$1\text{h} = 60\text{min} = 3600\text{s}$
日，（天）	d	$1\text{d} = 24\text{h} = 1440\text{min} = 86400\text{s}$
度	°	$1° = (\pi/180)\ \text{rad}$
[角]分	′	$1′ = (1/60)° = (\pi/10800)\ \text{rad}$
[角]秒	″	$1″ = (1/60)′ = (\pi/648000)\ \text{rad}$
升	L，（l）	$1\text{L} = 1\text{dm}^3 = 10^{-3}\text{m}^3$
吨	t	$1\text{t} = 10^3\text{kg}$
电子伏	eV	$1\text{eV} \approx 1.602177 \times 10^{-19}\text{J}$
原子质量单位	u	$1\text{u} \approx 1.660540 \times 10^{-27}\text{kg}$

（2）与 SI 暂时并用的单位

考虑到一些国家以及某些领域内测量单位使用的现状，国际计量委员会提出了一些可以暂时并用的非 SI 单位，见表 2-7。这些单位是考虑历史和习惯的原因而保留的，今后应逐渐减少它们的使用，直至完全不用。

表 2-7　与国际单位制暂时并用的非 SI 单位

单 位 名 称	单 位 符 号	用 SI 单位表示的值
海里	n mile	$1\text{n mile} = 1852\text{m}$
节	kn	$1\text{kn} = 1\text{n mile/h} = (1852/3600)\ \text{m/s}$
埃	Å	$1\text{Å} = 0.1\text{nm} = 10^{-10}\text{m}$
公亩	a	$1\text{a} = 1\text{dam}^2 = 10^2\text{m}^2$
公顷	ha	$1\text{ha} = 1\text{hm}^2 = 10^4\text{m}^2$
靶恩	b	$1\text{b} = 100\text{fm}^2 = 10^{-28}\text{m}^2$
巴	bar	$1\text{bar} = 0.1\text{MPa} = 10^5\text{Pa}$
伽	Gal	$1\text{Gal} = 1\text{cm/s}^2 = 10^2\text{m/s}^2$
居里	Ci	$1\text{Ci} = 3.7 \times 10^{10}\text{Bq}$
伦琴	R	$1\text{R} = 2.58 \times 10^{-4}\text{C/kg}$
拉德	rad	$1\text{rad} = 1 \times 10^{-2}\text{Gy}$
雷姆	rem	$1\text{rem} = 1 \times 10^{-2}\text{Sv}$

第四节　国际单位制基本单位简介

一、长度单位——米（m）

国际单位制中长度的基本单位是米，其国际符号为 m，中文符号为米。

长度是人们最早认识和使用的一个物理量。自米制建立至今，米的定义经历了 4 个阶段：

第一阶段，米的定义为"地球子午线长的四千万分之一"。这是建立米制时最早提出的米的定义。

为了方便使用，法国科学家利用测得的子午线长度数据，用铂板制作了一根基准米尺，即"档案局米"。

第二阶段，1889 年 9 月 20 日，第一届国际计量大会根据"档案局米"制造的米原器，给米的定义是"0℃时，巴黎国际计量局的截面为 X 形的铂铱合金尺两端刻线记号间的距离"。这是米的实物基准（见图 2-2）。

第三阶段，在 1960 年 10 月的第十一届国际计量大会上给出了米的第三次定义："米等于氪-86 原子 $2p_{10}$ 和 $5d_5$ 能级间跃迁所对应的辐射在真空中的 1650763.73 个波长的长度"，以自然基准代替了实物基准，这是计量科学的一次重要革命。用光波波长定义米的主要优点是稳定、不受环境的影响，只要符合定义规定的物理条件，就能复现。但由于需要特殊的技术条件，氪-86 用起来很困难，在用了 23 年之后就被淘汰了。

图 2-2 存放于法国巴黎国际
计量局的 X 形米原器

第四阶段，就是基于基本物理常数的米的定义。1983 年第十七届国际计量大会定义："米为光在真空中（1/299792458）秒的时间间隔内所经路径的长度"。因为光速在真空中是永远不变的，因而基准米就更加精确了。

米定义的每次变化，都使得其复现的不确定度进一步减小。例如，第二阶段米定义的复现不确定度为 1×10^{-7}，第三阶段米定义的复现不确定度为 1×10^{-9}，第四阶段米定义的复现不确定度为 1×10^{-11}。

根据 2018 年 11 月第二十六届国际计量大会通过的决议，米的定义不变，但进行了新的表述：国际单位制中的长度单位，符号 m。当真空中光速 c 以单位 $\mathrm{m \cdot s^{-1}}$ 表示时，将其固定数值取为 299792458 来定义米，其中秒用铯频率 $\Delta\nu_{\mathrm{Cs}}$ 定义。

也就是说，米是由真空中光速 c 的固定数值 $299792458\mathrm{m \cdot s^{-1}}$ 来定义：

$$1\mathrm{m} = \frac{c}{299792458}\mathrm{s}$$

此定义表示 1 米等于光在真空中行进（1/299792458）s 时间的路径长度。

二、质量单位——千克（kg）

国际单位制中质量的基本单位是千克，其国际符号为 kg，中文符号为千克。

质量单位千克的定义在 1791 年制定长度单位的同时就确定了：1 立方分米的水在最大密度（4℃）时的质量为 1 千克。

在国际单位制基本单位中，千克是最后一个实现量子基准取代实物基准的单位。1883 年法国采用 90% 的铂和 10% 的铱所组成的铂铱合金，制造了直径和高度都为 39mm 的圆柱体千克原器，并于 1889 年被第一届国际计量大会所承认，在1901 年第三届国际计量大会上被正式定义。该原器一百多年来一直保存在国际计量局的地下室里，被精心地安置于有三层钟罩保护的托盘上（见图 2-3）。在国际千克原器诞生后，千克的定义是："千克是质量单

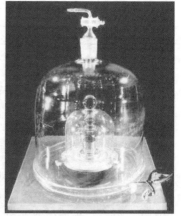

图 2-3 存放于法国巴黎国际
计量局的千克原器

位，等于国际千克原器的质量。"

实物千克基准的比对不确定度约为 10^{-9} 量级。由于千克是实物基准，它的缺点是易磨损，表面也会受腐蚀和污染，这些都会造成千克原器质量的不稳定。因此，科学家们试图用自然基准来取代这一实物基准。经过不懈的努力，科学家们终于达到了这一目标。

根据 2018 年 11 月第二十六届 CGPM 通过的决议，千克的最新定义是：国际单位制中的质量单位，符号 kg。当普朗克常数 h 以单位 J·s，即 $kg \cdot m^2 \cdot s^{-1}$ 表示时，将其固定数值取为 $6.62607015 \times 10^{-34}$ 来定义千克，其中米和秒用光速 c 和铯频率 $\Delta\nu_{Cs}$ 定义。

也就是说，取普朗克常数的固定数值 $h = 6.62607015 \times 10^{-34}$，普朗克常数的单位等效于 $kg \cdot m^2 \cdot s^{-1}$，把这个关系反过来，就得到了千克的精确表达式：

$$1kg = \frac{h}{6.62607015 \times 10^{-34}} m^{-2} \cdot s$$

千克原来的定义确定了国际千克原器的质量值 m 恰好等于 1 千克，普朗克常数 h 的值必须通过实验来确定，而目前的新定义准确地确定了 h 的数值，原来的国际千克原器的质量则需要通过实验来确定。

三、时间单位——秒（s）

国际单位制中时间的基本单位是秒，其国际符号为 s，中文符号为秒。

时间单位秒的定义是："秒是铯-133 原子基态的两个超精细能级之间跃迁相对应的辐射的 9192631770 个周期的持续时间。"

时间单位秒最初是根据地球自转一周，即太阳日的 1/86400 来定义的。后来发现地球的自转运动并非等速进行，于是就以地球绕太阳公转周期（回归年）作为确定时间单位的基础，1960 年第十一届国际计量大会正式承认，以回归年的 1/31556925.9747 为秒。这时的不确定度已达 10^{-9} 量级，相当于三十万年仅差一秒。由于回归年仍有变化，为了减小秒的复现不确定度，1967 年第十三届国际计量大会决定采用原子时。秒的复现不确定度进一步减小，达到 10^{-15} 量级，相当于三千万年只差一秒，是目前所有测量单位中复现准确度最高的。

根据 2018 年 11 月第二十六届国际计量大会通过的决议，秒的定义不变，但进行了新的表述：国际单位制中的时间单位，符号 s。当铯频率 $\Delta\nu_{Cs}$，也就是铯 - 133 原子不受干扰的基态超精细跃迁频率以单位 Hz 即 s^{-1} 表示时，将其固定数值取为 9192631770 来定义秒。

也就是说，秒的最新表述是由铯 - 133 原子不受干扰的基态超精细跃迁频率 $\Delta\nu_{Cs} = 9192631770Hz$ 的固定值来定义：

$$1s = \frac{9192631770}{\Delta\nu_{Cs}}$$

此定义表示 1 秒等于 9192631770 个辐射周期的持续时间，对应于铯 - 133 原子不受干扰的基态的两个超精细能级之间的跃迁。

四、电流单位——安培（A）

国际单位制中电流的基本单位是安培，其国际符号为 A，中文符号为安。

在 1948 年以前，很长时期一直采用的"国际安培"定义为"当恒定电流通过硝酸银水溶液时，每秒钟能析出 0.001118 克银的恒定电流强度值"。虽然在 1933 年第八届国际计量大会上一直要求采用所谓"绝对"单位来代替国际安培，但直到 1948 年的第九届国际计量大会才正式废除国际安培，并批准这一新的定义："在真空中，截面积可忽略的两根相距 1 米的无限长平行圆直导线内通以等量恒定电流时，若导线间相互作用力在每米长度上为 2×10^{-7} 牛，则每根导线中的电流为 1 安培。"

这一安培定义是一个理论上的定义，实际上要用这个定义来复现安培会遇到难以克服的困难。所以，原来一直是用约瑟夫森效应保持电压伏特基准（不确定度为 1×10^{-13}），用霍尔效应（或称克里青效应）保持电阻欧姆基准（不确定度为 1×10^{-10}），再利用欧姆定律实现电流基准。

2011 年第二十四届国际计量大会的决议中指出，如果能够将普朗克常数与千克基准相关联，并使用电子电荷 e 来重新定义安培的话，则所有 SI 电学单位的不确定度都会大大减小。现在，这一目标已经实现了。

根据 2018 年 11 月第二十六届国际计量大会通过的决议，安培的最新定义是：国际单位制中的电流单位，符号 A。当基本电荷 e 以单位 C，即 A·s 表示时，将其固定数值取为 $1.602176634 \times 10^{-19}$ 来定义安培，其中秒用铯频率 $\Delta \nu_{Cs}$ 定义。

也就是说，安培是由固定数值元电荷的量 $e = 1.602176634 \times 10^{-19}$ A·s 来定义：

$$1A = \frac{e}{1.602176634 \times 10^{-19}} s^{-1}$$

这个定义表示 1 安培是对应于每秒流过 $1/(1.602176634 \times 10^{-19})$ 基本电荷的电流。

五、热力学温度单位——开尔文（K）

国际单位制中热力学温度的基本单位是开尔文，其国际符号为 K，中文符号为开。

热力学温度单位开尔文是在 1954 年第十届国际计量大会上正式定义的，当时称为"开氏度"（°K）。1967 年第十三届国际计量大会上决定改为开尔文（K）。

除热力学温度外，还有华氏温度（°F）、摄氏温度（℃）等。华氏温标由德国人华伦海特于 1710 年提出，1942 年建立：规定水的冰点为 32°F，水的沸点为 212°F，两点之间等分为 180 格，每格为一个华氏度（°F）。摄氏温度（℃）常用于日常生活，作为单位，它与开尔文相等，即 1℃ = 1K。但由于摄氏温度是以水的冰点的热力学温度（$T_0 = 273.15$K，与水三相点的热力学温度相差 0.01K）为零度，故摄氏温度 t 与热力学温度 T 的数值关系为 $t = T - T_0$。

2011 年第二十四届国际计量大会的决议中指出，以后有可能利用具有精确值的玻耳兹曼常数 k 来重新定义热力学温度单位开尔文。现在，这一目标也已实现。

根据 2018 年 11 月第二十六届国际计量大会通过的决议，开尔文的最新定义是：国际单位制中的热力学温度单位，符号 K。当玻耳兹曼常数 k 以单位 J·K^{-1} 即 kg·m^2·s^{-2}·K^{-1} 表示时，将其固定数值取为 1.380649×10^{-23} 来定义开尔文，其中千克、米和秒分别用普朗克常数 h、光速 c 和铯频率 $\Delta \nu_{Cs}$ 定义。

也就是说，开尔文是由玻尔兹曼常数 k 的固定数值 1.380649×10^{-23} J·K^{-1} 来定义：

$$1K = \frac{1.380649 \times 10^{-23}}{k} kg·m^2·s^{-2}$$

六、物质的量的单位——摩尔（mol）

国际单位制中物质的量的基本单位是摩尔，其国际符号为 mol，中文符号为摩。

1971 年第十四届国际计量大会决定把摩尔作为一个基本单位列入国际单位制中，它的定义是："摩尔是一个系统的物质的量，该系统中所包含的基本单元（原子、分子、离子、电子及其他粒子，或是这些粒子的特定组合）数与 0.012kg 碳-12 的原子数目相等"。0.012kg 碳-12 含有的原子数目是 6.022045×10^{23} 个（相对标准不确定度为 5.1×10^{-6}），这个数目叫作阿伏加德罗常数。

在确定摩尔之前，一直用"克原子""克分子"等单位来表示化学元素或化合物的量。这些单位与"原子量""分子量"有着直接的联系。所谓"原子量"，最初是以氧的原子量为标准（定为 16）。后来分离出了各种同位素，物理学只将其中之一定为 16；而化学则将 3 种同位素（16、17、18）的混合物，即天然氧元素定为 16。于是出现了两种不同的原子量标准，即物理原子量和化学原子量。为结束这种不一致的局面，国际理论与应用物理协会和国际理论与应用化学协会于 1960 年达成协议，一致同意将碳同位素 12 的值定为 12，以其为标度去定出相对原子质量的数值，并提议定义一个物质的量的单位——摩尔。1971 年第十四届国际计量大会通过这一提议，并定义了现行的物质的量的单位摩尔。1980 年国际计量委员会批准了单位咨询委员会第七次会议提出的"在这个定义中还应指明，碳-12 是非结合的、静止的且处于其基态的原子"。

2011 年第二十四届国际计量大会的决议中指出，以后有可能通过具有精确值的阿伏加德罗常数 N_A 来对摩尔进行重新定义。现在，这一目标也已实现。

根据 2018 年 11 月第二十六届国际计量大会通过的决议，摩尔的最新定义是：国际单位制中的物质的量的单位，符号 mol。1mol 精确包含 $6.02214076 \times 10^{23}$ 个基本单元，该数称为阿伏加德罗数，为以单位 mol^{-1} 表示的阿伏加德罗常数 N_A 的固定数值。

也就是说，摩尔是由阿伏伽德罗常数 N_A 的固定数值 $6.02214076 \times 10^{23}$ 来定义：

$$1mol = \frac{6.00214076 \times 10^{23}}{N_A}$$

此定义表示，1 摩尔正好含有 $6.02214076 \times 10^{23}$ 个基本单元。

决议还特别说明："一个系统的物质的量，符号 n，是该系统包含的特定基本单元数的量度。基本单元可以是原子、分子、离子、电子及其他任意粒子或粒子的特定组合。"

七、发光强度单位——坎德拉（cd）

国际单位制中发光强度的基本单位是坎德拉，其国际符号为 cd，中文符号为坎。

发光强度是表示光源发光强弱程度的量。光是能量的一种形式，发光体就是以光辐射的形式把能量向外发射和传播的。发光强度单位最初是用蜡烛（或其他火焰）来定义的，称它为"烛光"。

后来逐渐采用黑体辐射原理对发光强度单位进行研究，并于 1948 年第九届国际计量大会采用处于铂凝固点温度的黑体作为发光强度的基准，定名为坎德拉，曾一度称为新烛光。1967 年第十三届国际计量大会又对坎德拉做了更加严密的定义，但由于用该定义复现的坎德拉误差较大，1979 年第十六届国际计量大会决定采用新的定义，即"坎德拉是一光源在给定方向上的发光强度，该光源发出频率为 540×10^{12} Hz 的单色辐射，且在此方向上的辐射强度为（1/683）W/sr"。其中频率 540×10^{12} Hz 的辐射波长为 555nm，是人眼感觉最灵敏的波长。

2011 年第二十四届国际计量大会的决议中指出，虽然坎德拉的现行定义没有直接与基本物理常数相关联，但仍可被视为与自然界中的一个不变量相关联。

根据 2018 年 11 月第二十六届国际计量大会通过的决议，坎德拉的定义不变，但进行了新的表述：国际单位制中的沿指定方向发光强度单位，符号 cd。当频率为 540×10^{12} Hz 的单色辐射的光视效能 K_{cd} 以单位 lm·W^{-1}，即 cd·sr·W^{-1} 或 cd·sr·kg^{-1}·m^{-2}·s^3 表示时，将其固定数值取为 683 来定义坎德拉，其中千克、米、秒分别用普朗克常数 h、光速 c 和铯频率 $\Delta\nu_{Cs}$ 定义。

也就是说，坎德拉是由频率为 $\nu = 540 \times 10^{12}$ Hz 的单色辐射光视效能的固定数值 $K_{cd} = 683$cd·sr·kg^{-1}·m^{-2}·s^3 的确切关系来定义：

$$1\mathrm{cd} = \left(\frac{K_{cd}}{683}\right) \mathrm{kg} \cdot \mathrm{m}^2 \cdot \mathrm{s}^{-3} \cdot \mathrm{sr}^{-1}$$

此定义表示 1 坎德拉是指在指定方向上，发射频率为 540×10^{12} Hz 的单色辐射源的发光强度，并且在该方向上的辐射强度为（1/683）W·sr^{-1}。

第五节　我国法定计量单位

法定计量单位是指国家法律、法规规定使用的计量单位。

各个国家都根据实际情况规定本国的法定计量单位。我国的法定计量单位的依据是 1984 年 2 月 27 日由国务院发布的《国务院关于在我国统一实行法定计量单位的命令》。我国法定计量单位在《计量法》中已做出了规定，并以政府令发布，在中国境内任何地区、任何机构和任何个人都必须依法遵照执行。

一、我国法定计量单位的构成

《中华人民共和国计量法》规定，我国的法定计量单位是以国际单位制为基础，结合我国的具体情况适当选用一些制外单位构成的：

1）国际单位制的基本单位。

2）国际单位制的辅助单位。

3）国际单位制中具有专门名称的导出单位。

4）国家选定的非国际单位制单位（见表 2-8）。

5）由以上单位构成的组合形式的单位。

6）由国际单位制词头和以上单位所构成的十进倍数和分数单位。

表 2-8　我国法定计量单位中的非 SI 单位

量 的 名 称	单 位 名 称	单 位 符 号	换算关系和说明
时间	分	min	1min = 60s
	[小]时	h	1h = 60min = 3600s
	天（日）	d	1d = 24h = 1440min = 86400s

（续）

量 的 名 称	单 位 名 称	单 位 符 号	换算关系和说明
［平面］角	［角］秒 ［角］分 度	" ' °	$1''=(\pi/648000)\,\mathrm{rad}$ $1'=60''=(\pi/10800)\,\mathrm{rad}$ $1°=60'=(\pi/180)\,\mathrm{rad}$
旋转速度	转每分	r/min	$1\mathrm{r/min}=(1/60)\,\mathrm{s}^{-1}$
长度	海里	n mile	$1\mathrm{n\ mile}=1852\mathrm{m}$ （只用于航行）
速度	节	kn	$1\mathrm{kn}=1\mathrm{n\ mile/h}=(1852/3600)\,\mathrm{m/s}$ （只用于航行）
质量	吨 原子质量单位	t u	$1\mathrm{t}=10^3\mathrm{kg}$ $1\mathrm{u}\approx1.660540\times10^{-27}\mathrm{kg}$
体积	升	L，（l）	$1\mathrm{L}=1\mathrm{dm}^3=10^{-3}\mathrm{m}^3$
能	电子伏	eV	$1\mathrm{eV}\approx1.602177\times10^{-19}\mathrm{J}$
级差	分贝	dB	—
线密度	特［克斯］	tex	$1\mathrm{tex}=10^{-6}\mathrm{kg/m}$
面积	公顷	hm²	$1\mathrm{hm}^2=10^4\mathrm{m}^2$

注：1. 圆括号（）中的名称或符号，是它前面的名称或符号的同义词。

2. 方括号［］中的字，在不致引起混淆、误解的情况下，可省略。

3. 平面角单位度、分、秒的符号，在组合单位中应采用（°）、（′）、（″）的形式。例如，不用 1°/s，而用（1°）/s。

4. 升的符号中，小写字母 l 为备用符号。

5. 公顷的国际通用符号为 ha。

二、我国法定计量单位的特点

我国与世界上大多数国家一样，法定计量单位都是以国际单位制单位为基础，参照了其他一些国家的做法，结合我国的国情，选定了 16 个非国际单位制单位，其中有 10 个是国际计量大会认可、允许与 SI 并用的单位，其余 6 个也是各国普遍采用的单位。对于国际上有争议的或只是部分国家采用的单位，我国一概没有选用，这样有利于与国际接轨和交流。同时，也适当考虑了我国人民的习惯，把公斤和公里作为法定单位的名称，可与千克和千米等同使用。

我国法定计量单位的特点：简单明了、科学性强、完善具体、留有余地；完整系统地包含了国际单位制，使我国的计量单位与国际上采用的计量单位更加协调。

三、我国法定计量单位和词头的使用

在使用法定计量单位和词头时，需注意如下事项：

1）单位与词头的名称一般只宜在叙述性文字中使用。单位和词头的符号在公式、数据表、曲线图、刻度盘和产品铭牌等需要简单明了表示的地方使用，也可用于叙述性文字中。应优先采用符号。

2）单位的名称或符号必须作为一个整体使用，不得拆开。例如：摄氏温度单位"摄氏度"表示的量值 20℃应写成并读成"20 摄氏度"，摄氏度是一个整体，不得写成并读成

"摄氏20度"。又如：30km/h 应读成"三十千米每小时"，不应读成"每小时三十千米"。

3）选用 SI 单位的倍数单位或分数单位，一般应使量的数值处于 0.1～1000 范围内。例如：$1.2 \times 10^4 N$ 可以写成 12kN，0.00394m 可以写成 3.94mm，11401Pa 可以写成 11.401kPa，$3.1 \times 10^{-8}s$ 可以写成 31ns 等。

需要说明的是，某些场合习惯使用的单位可以不受上述限制。例如：大部分机械制图使用的长度单位可以用"mm（毫米）"；导线截面积使用的面积单位可以用"mm^2（平方毫米）"。而在同一个量的数值表中或叙述同一个量的文章中，为对照方便而使用相同的单位时，数值不受限制。

词头 h、da、d、c（百、十、分、厘）一般用于某些长度、面积和体积的单位中，但根据习惯和方便也可用于其他场合。

4）有些非法定单位，可以按习惯用 SI 词头构成倍数单位或分数单位。如 mCi、mGal、mR 等。但法定单位中的摄氏度以及非十进制的单位，如平面角单位"度"、"［角］分"、"［角］秒"与时间单位"分"、"时"、"日"等，不得用 SI 词头构成倍数单位或分数单位。

5）词头不得重叠使用。例如：应该用 nm，不应该用 mμm；应该用 pF，不应该用 μμF。

6）亿（10^5）、万（10^4）等是我国习惯用的数词，仍可使用，但不是词头。习惯使用的统计单位，如万公里可记为"万 km"或"10^4km"；万吨公里可记为"万 t·km"，或"10^4t·km"。

7）只是通过相乘构成的组合单位在加词头时，词头通常加在组合单位中的第一个单位之前。例如：力矩的单位 kN·m，不宜写成 N·km。

8）只通过相除构成的组合单位或通过乘和除构成的组合单位在加词头时，词头一般应加在分子中的第一个单位之前，分母中一般不用词头。但质量的 SI 单位 kg，不作为有词头的单位对待。例如：kJ/mol 不宜写成 J/mmol。

9）当组合单位分母是长度、面积或体积单位时，按习惯与方便，分母中可以选用词头构成倍数单位或分数单位。例如：密度的单位可以选用 g/cm^3。

10）一般不在组合单位的分子和分母中同时采用词头，但质量单位 kg 不作为有词头对待。例如：电场强度的单位不宜用 kV/mm，而是 MV/m。

11）倍数单位和分数单位的指数，指包括词头在内的单位的幂。例如：$1cm^2 = 1 \times (10^{-2}m)^2 = 1 \times 10^{-4}m^2$；而 $1cm^2 \neq 10^{-2}m^2$；$1\mu s^{-1} = 1 \times (10^{-6}s)^{-1} = 10^6 s^{-1}$。

12）在计算中，建议所有量值都采用 SI 单位表示，词头应以相应的 10 的幂代替（kg 本身是 SI 单位，故不应换成 10^3g）。

13）将 SI 词头的部分中文名称置于单位名称的简称之前构成中文符号时，应注意避免与中文数词混淆，必要时应使用圆括号。例如：体积的量值不得写为"2 千米^3"，如要表示"二立方千米"，则应写为"2（千米）^{3}"，此处"千"为词头；如要表示"二千立方米"，则应写为"2千（米）^{3}"，此处"千"为数词。

四、我国法定计量单位的适用范围

凡从事下列活动，需要使用计量单位的，必须使用法定计量单位：

1）制发公文、公报、统计报表。

2）编播广播、电视节目，传输信息。

3）出版、发行出版物。

4）制作、发布广告。

5）生产、销售产品，标注产品标志，编制产品使用说明书。

6）印制票据、票证、账册。

7）出具证书、报告等文件。

8）制作公共服务性标牌、标志。

9）国家规定应当使用法定计量单位的其他活动。

由于特殊原因需要使用非法定计量单位的，应当经省级以上人民政府计量行政部门批准。如果违反使用规定，国家将予以处罚。

思考题与习题

1. 什么是量、量值和计量单位？

2. 什么是基本量和基本单位？

3. 什么是导出量和导出单位？什么是一贯导出单位？

4. 什么是单位制？什么是一贯单位制？

5. 什么是国际单位制？国际单位制如何构成？

6. 在应用单位时需注意哪些事项？

7. 国际单位制中的基本单位有哪些？它们的名称和符号是什么？

8. 简述国际单位制中基本单位定义的最新进展。

9. 量的符号的下标怎样表示？

10. 量值有哪几种表示形式？

11. 量制和量纲两者有何区别？

12. 量纲的作用是什么？动能 $E = \frac{1}{2}mv^2$ 的量纲是什么？

13. 什么是"量纲法则"？它有何作用？

14. 什么是倍数单位与分数单位？它们是怎样表示的？

15. SI 中的词头有哪些？应如何使用？

16. 什么是法定计量单位？我国的法定计量单位由哪几部分组成？

17. 在一段关于雷达测速仪的文字中，介绍其性能的文字如下："其固定测速误差为 ±1Km/h，运动测速误差为 ±2Km/h，测速距离一般在 200~800m。"请指出这段文字中的错误之处。

18. 写出以下量值的读法：1）"150℃"；2）60m/s；3）40km³；4）1.2J/（kg·K）。

19. 飞机在高空飞行时，显示室外温度是 −72℉，请将其用摄氏度和开尔文表示。

20. 以下计量单位表示是否正确？如果不正确，应如何正确表示？

1）长度单位 mμm；2）电容单位 μμF；3）加速度单位 m/s/s；4）速度单位 km/时；5）质量单位 Mkg。

21. 某电视广告对一台空调机的节能效果描述为"每天一度电"是否正确？

22. "亿"和"万"是不是国际单位制中的词头？

第三章

计量法规与法制管理

计量是一种特殊的行业领域，它的发展不仅依赖于科技进步，还必须依靠计量法规体系来保障计量工作的实施。

计量法规体系是建立国家计量体系的根本，也是实施法制计量管理的具体指导和保障。完善的计量法规体系伴随着法制计量工作的具体实施，有利于提高全社会的法制计量意识。

第一节　我国的计量法规体系及法制管理

根据《中华人民共和国计量法》（简称《计量法》），我国计量立法的宗旨为：加强计量监督管理，保障国家计量单位制的统一和量值的准确可靠，有利于生产、贸易和科学技术的发展，适应社会主义现代化建设的需要，维护国家、人民的利益。

计量立法将我国的计量工作纳入了法制管理的轨道，使得计量专业技术人员从事计量检定及其他计量专业技术工作有了明确的行为准则。计量检定人员不仅要通过计量工作来确保计量单位的统一和量值的准确可靠，更要通过计量活动来履行服务经济建设、促进科技发展、维护国家和人民利益的根本职责。

一、我国的计量法规体系

法规体系是指由母法及从属于母法的若干子法所构成的有机联系的整体。计量法规体系则是指以《计量法》为基础和核心，由其引申出的一批说明性、程序性、操作性、技术性的法规文件按一定结构、层次所组成的有机整体。

《计量法》是经济法群中的一种管理法，为经济法群中的一个子法，要受到其他法（如民法、商法）的影响。另外，由于计量法律法规的执法部门为各级政府计量行政部门，因此又受制于行政法。

按照审批的权限、程序和法律效力的不同，我国的计量法规体系可分为三个层次：①计量法律；②计量行政法规；③计量规章。目前，我国已形成了以《计量法》为基本法，若干计量行政法规、规章以及地方性计量法规、规章为配套的计量法规体系。部分计量法律法规见本书的附录。

（一）计量法律

《计量法》由全国人大常委会批准，于 1985 年 9 月 6 日颁布，1986 年 7 月 1 日起实施。其内容包括 6 个部分：①总则；②计量基准器具、计量标准器具和计量检定；③计量器具管理；④计量监督；⑤法律责任；⑥附则。自从《计量法》实施以来，我国的社会、经济环境已经发生了很大的变化。为了更好地适应这一变化，《计量法》进行了修改。2017 年 12

月 27 日，十二届全国人大常委会第三十一次会议审议通过了新修改的《中华人民共和国计量法》，自 2017 年 12 月 28 日起实施。

作为国家管理计量工作的基本法，《计量法》是实施计量监督管理的最高准则。制定和实施《计量法》是我国完善计量法制、加强计量管理的需要，也是我国计量工作纳入法制化轨道的标志。

《计量法》第二条说明了《计量法》适用的地域和调整对象：在中华人民共和国境内，建立计量基准器具、计量标准器具，进行计量检定，制造、修理、销售、使用计量器具，都必须遵守《计量法》的规定。

根据我国的实际情况，《计量法》侧重调整的是关系到国家计量单位制的统一和量值的准确可靠，以及影响社会经济秩序、危害国家和人民利益的计量问题，而不是计量工作中的所有问题都要立法。例如，教学示范中使用的计量器具或家庭自用的部分计量器具，量值准确与否对社会经济活动没有太大的影响，就不必立法进行调整。

（二）计量行政法规

计量行政法规是由国务院依据《计量法》的规定，制定、批准和颁布的关于计量工作中一些重要问题的计量管理规范性文件。例如，由于《计量法》是原则性的指导文件，对其如何实施不可能做出详尽规定。为此，1987 年 1 月 19 日国务院批准了《中华人民共和国计量法实施细则》，1987 年 2 月 1 日由原国家计量局发布，主要对《计量法》中有关计量基准器具和计量标准器具、计量检定、计量器具的销售和使用、计量监督、产品质量检验机构的计量认证、计量调解和仲裁检定、费用及法律责任等进行了细化。随着我国国民经济和计量技术的发展，《中华人民共和国计量法实施细则》的内容也在与时俱进。为依法推进简政放权、放管结合、优化服务改革，国务院于 2016 年 2 月、2017 年 3 月和 2018 年 3 月分别对其进行了三次修订，对其中的部分条款予以修改或删除，以提高依法行政的有效性，更好地维护国家和人民的利益。

计量行政法规还包括《国务院关于在我国统一实行法定计量单位的命令》《全面推行我国法定计量单位的意见》《中华人民共和国强制检定的工作计量器具检定管理办法》《中华人民共和国进口计量器具监督管理办法》《国防计量监督管理条例》《关于改革全国土地面积计量单位的通知》等。

此外，县级以上人民政府及计量行政部门也制定了一些地方性计量法规。

（三）计量规章

计量规章包括国务院计量行政部门制定的各种全国性的有关计量工作的管理办法、技术法规，国务院计量行政部门制定的在特定部门实施的计量管理办法，国家市场监管总局制定的各种规定、办法、实施细则等规范性文件，地方人民政府颁布的地方计量规章等。例如，《中华人民共和国计量法条文解释》《中华人民共和国强制检定的工作计量器具明细目录》《中华人民共和国依法管理的计量器具目录（型式批准部分）》《计量基准管理办法》《计量标准考核办法》《标准物质管理办法》《法定计量检定机构监督管理办法》《计量器具新产品管理办法》等，都属于计量规章。

此外，按照立法的规定，一些省、自治区、直辖市人大和政府，以及较大城市人大也根据需要制定了一批地方性计量法规和规章。

在我国的计量法律、计量行政法规和计量规章中，对我国计量监督管理体制、法定计量检定机构、计量基准和计量标准、计量检定、计量器具产品、商品量的计量监督和检验、产品质量检验机构的计量认证等计量工作的法制管理要求，以及计量法律责任都做出了明确规定。

二、我国的计量监督管理体制

（一）计量监督管理的概念

计量监督是计量管理的一种特殊形式。计量监督管理体制是指计量监督工作的具体组织形式，它体现国家与地方各级计量行政部门之间以及各主管部门、各企业、事业单位之间在计量监督中的关系。

我国的计量监督管理实行按行政区统一领导、分级负责的体制。全国的计量工作由国务院计量行政部门负责实施统一监督管理。县级以上地方行政区域内的计量工作由当地计量行政部门负责实施监督管理，县级以上计量行政部门是本行政区域内的计量监督管理机构，要监督本行政区域内的机关、团体、部队、企事业单位和个人遵守与执行计量法律、法规。中国人民解放军的计量工作按照《中国人民解放军计量条例》实施。各有关部门设置的计量行政机构负责监督计量法律、法规在本部门的贯彻实施。

计量行政部门所进行的计量监督是纵向和横向的行政执法性监督；部门计量行政机构对所属单位的监督则属于行政管理性监督，一般只对纵向发生效力。从全国来讲，国务院计量行政部门和其他各部门的计量监督是相辅相成的，各有侧重，相互配合，互为补充，构成一个有序的计量监督网络。从法律实施的角度讲，部门和企事业单位的计量机构不是专门的行政执法机构，因此，对计量违法行为的处理，部门和企事业单位或者上级主管部门只能给予行政处分；而县级以上地方计量行政部门对计量违法行为则可依法给予行政处罚，因为计量行政处罚是由特定的具有执法监督职能的计量行政部门行使的。

（二）我国的计量监督管理体系

根据《计量法》第四条的规定，国务院计量行政部门对全国计量工作实施统一监督管理，县级以上地方人民政府计量行政部门对本行政区域内的计量工作实施监督管理。

《计量法实施细则》第二十三条进一步明确规定，国务院计量行政部门和县级以上地方人民政府计量行政部门监督和贯彻实施计量法律、法规的职责是：①贯彻执行国家计量工作的方针、政策和规章制度，推行国家法定计量单位；②制定和协调计量事业的发展规划，建立计量基准和社会公用计量标准，组织量值传递；③对制造、修理、销售、使用计量器具实施监督；④进行计量认证，组织仲裁检定，调节计量纠纷；⑤监督检查计量法律、法规的实施情况，对违反计量法律、法规的行为，按照本细则的有关规定进行处理。

1998年2月，国务院批准《质量技术监督管理体制改革方案》，对质量技术监督管理体制实行重大改革，质量技术监督系统实行省以下垂直管理体制。原国家质量技术监督局对省、自治区、直辖市质量技术监督局（为同级人民政府的工作部门）实行业务领导。

省、自治区、直辖市质量技术监督局的主要职责是：领导省以下质量技术监督部门正确执行国家有关质量技术监督的法律法规和方针政策，履行法定职责规定的质量技术监督职能。

2001年6月，为适应完善社会主义市场经济体制的要求，进一步加强市场执法监督，维护市场秩序，国务院决定将原国家质量技术监督局、原国家出入境检验检疫局合并，组建国家质量监督检验检疫总局（简称国家质检总局）和认证认可监督管理委员会（简称认监委）、标准化管理委员会（简称标准委），认监委和标准委由国家质检总局实施管理。2018年3月，根据第十三届全国人民代表大会第一次会议批准的国务院机构改革方案，将国家质检总局的职责进行整合，组建中华人民共和国国家市场监督管理总局（简称"国家市场监管总局"）；将国家质检总局的出入境检验检疫管理职责和队伍划入海关总署；将国家质检总局的原产地地理标志管理职责整合，重新组建中华人民共和国国家知识产权局；不再保留中华人民共和国国家质检总局。2018年4月10日，国家市场监督管理总局正式挂牌。国家市场监督管理总局负责统一管理计量工作，推行法定计量单位和国家计量制度，管理计量器具及量值传递和比对工作，规范、监督商品量和市场计量行为。

目前，我国的各级质量技术监督部门及法定计量技术机构的关系如图3-1所示。

（三）我国的计量技术机构体系

按照《计量法》第二十七条的规定，县级以上人民政府计量行政部门可以根据需要设置计量检定机构或者授权其他单位的计量检定机构，执行强制检定和其他检定、测试任务。

《计量法实施细则》第二十五条进一步明确指出：县级以上人民政府计量行政部门依法设置的计量检定机构为国家法定计量检定机构。在第二十七条中又明确规定：县级以上人民政府计量行政部门可以根据需要，采取以下形式授权其他单位的计量检定机构和技术机构，在规定的范围内执行强制检定和其他检定、测试任务：①授权专业性或区域性计量检定机构，作为法定计量检定机构；②授权建立社会公用计量标准；③授权某一部门或某一单位的计量检定机构，对其内部使用的强制检定计量器具执行强制检定；④授权有关技术机构，承担法律规定的其他检定、测试任务。

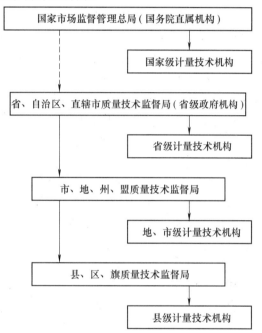

图3-1 各级质量技术监督部门及法定计量
技术机构的关系
注：图中实线箭头为直属关系

因此，各级人民政府计量行政部门下设的计量技术机构包括两种：①县级以上人民政府计量行政部门依法设置的计量检定机构，为国家法定计量检定机构；②县级以上人民政府计量行政部门可以根据需要，授权专业性或区域性计量检定机构，作为法定计量检定机构。

此外，还有一些其他的计量检定机构和技术机构。它们虽然不是法定计量检定机构，但是经过政府计量行政部门的授权，可以承担建立社会公用计量标准，对其内部使用的强制检定计量器具执行检定或承担法律规定的其他检定、测试任务。

国家级计量技术机构中包括中国计量科学研究院和国家市场监管总局授权的国家专业计量站等机构；省、市、县三级计量技术机构中包括了依法设置的国家法定计量检定机构和依法授权的计量技术机构。除了各级人民政府计量行政部门依法设置和授权的计量技术机构外，还有国务院有关主管部门和省级人民政府有关主管部门根据本部门的特殊需要建立的计量技术机构，以及广大企事业单位根据本单位的需要建立的计量技术机构或计量实验室。

三、法定计量检定机构的监督管理

法定计量检定机构是计量行政部门依法设置或授权建立的计量技术机构，是保障我国计量单位制的统一和量值的准确可靠，为计量行政部门依法实施计量监督提供技术保证的技术机构。为了加强对法定计量检定机构的监督管理，在《计量法》《计量法实施细则》和《法定计量检定机构监督管理办法》中对法定计量检定机构的组成、职责和监督管理等做出了明确的规定。

（一）法定计量检定机构的组成

按照《计量法》第二十七条的规定，县级以上人民政府计量行政部门可以根据需要设置计量检定机构，或者授权其他单位的计量检定机构，执行强制检定和其他检定、测试任务。

《计量法实施细则》第二十五条进一步明确规定：县级以上人民政府计量行政部门依法设置的计量检定机构，为国家法定计量检定机构。第二十七条第一款规定：授权专业性或区域性计量检定机构，作为法定计量检定机构。

1989年由原国家技术监督局发布的《计量授权管理办法》第四条对计量授权的4种形式做出了具体规定，可以授权有关部门或单位的专业性或区域性计量检定机构，作为法定计量检定机构。1991年原国家技术监督局发布了《专业计量站管理办法》。2001年原国家技术监督局发布了《法定计量检定机构监督管理办法》，其中第二条明确规定：法定计量检定机构是指各级质量技术监督部门依法设置或者授权建立并经质量技术监督部门组织考核合格的计量检定机构。

各级质量技术监督部门依法设置的计量检定机构是法定计量检定机构的主体，主要承担强制检定和其他检定、测试任务。专业计量站是根据我国生产、科研需要而产生的一种授权形式，在授权项目上，一般选定专业性强、跨部门使用、急需的专业项目。根据需要，国务院计量行政部门设立大区计量测试中心为法定计量检定机构。地方政府计量行政部门也可以根据本地区的需要，建立区域性的计量检定机构作为法定计量检定机构，承担政府计量行政部门授权的有关项目的强制检定和其他计量检定、测试任务。这些授权的专业和区域计量检定机构是全国法定计量检定机构的一个重要组成部分，在确保全国量值的准确可靠方面发挥了积极作用。

（二）法定计量检定机构的职责

按照《计量法实施细则》第二十五条的规定，国家法定计量检定机构的职责为：负责研究建立计量基准、社会公用计量标准，进行量值传递，执行强制检定和法律规定的其他检定、测试任务，起草技术规范，为实施计量监督提供技术保证，并承办有关计量监督工作。

《法定计量检定机构监督管理办法》第四条规定：法定计量检定机构应当认真贯彻执行国家计量法律、法规，保障国家计量单位制的统一和量值的准确可靠，为质量技术监督部门依法实施计量监督提供技术保证。按照《法定计量检定机构监督管理办法》第十三条的规定，法定计量检定机构根据计量技术监督部门授权履行下列职责：①研究、建立计量基准、社会公用计量标准或者本专业项目的计量标准；②承担授权范围内的量值传递，执行强制检定和法律规定的其他检定、测试任务；③开展校准工作；④研究起草计量检定规程、计量技术规范；⑤承办有关计量监督中的技术性工作。

（三）法定计量检定机构的行为准则

《法定计量检定机构监督管理办法》第十四条明确规定，法定计量检定机构不得从事下列行为：①伪造数据；②违反计量检定规程进行计量检定；③使用未经考核合格或者超过有效期的计量基准、计量标准开展计量检定工作；④指派未取得计量检定证件的人员开展计量检定工作；⑤伪造、盗用、倒卖强制检定印、证。

按照《计量法实施细则》第二十八条的规定，被县级以上人民政府计量行政部门授权、在规定的范围内执行强制检定和其他检定、测试任务的单位，应当遵守下列规定：①被授权单位执行检定、测试任务的人员，必须经授权单位考核合格；②被授权单位的相应计量标准，必须接受计量基准或者社会公用计量标准的检定；③被授权单位承担授权的检定、测试工作，必须接受授权单位的监督；④被授权单位成为计量纠纷中当事人一方时，在双方协商不能自行解决的情况下，由县级以上有关人民政府计量行政部门进行调解和仲裁检定。

（四）对法定计量检定机构的监督管理

《法定计量检定机构监督管理办法》明确规定了对法定计量检定机构实施监督管理的体制、机制、内容和法律责任。

法定计量检定机构的监督管理体制，根据省级以下质量技术监督系统实施垂直管理体制的要求，对法定计量检定机构的管理实施两级管理的模式。《法定计量检定机构监督管理办法》第三条明确规定：国家质量技术监督局对全国法定计量检定机构实施统一监督管理。省级质量技术监督部门对本行政区域内的法定计量检定机构实施监督管理。

对法定计量检定机构监督管理的机制，主要是实施考核授权制度。《法定计量检定机构监督管理办法》明确规定了法定计量检定机构应当具备的条件、组织考核方式、计量授权证书的颁发、复查换证、对新增项目进行授权和终止承担的授权项目。法定计量检定机构必须经质量技术监督部门考核合格，经授权后才能开展相应的工作。

四、产品质量检验机构的计量认证

计量认证是指由政府计量行政部门对产品质量检验机构的计量检定、测试能力和可靠性进行的考核和证明。

按照《计量法》第二十二条的规定，为社会提供公证数据的产品质量检验机构，必须经省级以上人民政府计量行政部门对其计量检定、测试能力和可靠性考核合格。《计量法实施细则》第二十九条规定：为社会提供公证数据的产品质量检验机构，必须经省级以上人民政府计量行政部门计量认证。

计量认证考核内容包括：①计量检定、测试设备的性能；②计量检定、测试设备的工作环境和人员的操作技能；③保证量值统一、准确的措施及检测数据公正可靠的管理制度。

属全国性的产品质检机构，向国务院计量行政部门申请计量认证；属地方性的产品质检机构，向所在地的省、自治区、直辖市人民政府计量行政部门申请计量认证。

经考核合格，由接受申请的省级以上政府计量行政部门审查批准，发给计量认证合格证书，并同意使用统一的计量认证标志。合格证的有效期为5年，5年后要重新申请，复查换证。在5年有效期内要进行若干次定期和不定期的监督。考核不合格，未取得计量认证合格证书的，不得开展产品质量检验。

五、计量检定的法制管理

计量器具（测量仪器）的检定简称计量检定或检定，是指查明和确认计量器具符合法定要求的活动，包括检查、加标记和/或出具检定证书。也就是说，计量检定是为评定计量器具的计量性能是否符合法定要求、确定其是否合格所进行的全部工作。它是计量检定人员利用计量基准、计量标准对新制造的、使用中的、修理后的和进口的计量器具进行一系列实际操作，以判断其准确度等计量特性及其是否符合法定要求，是否可供使用。因此，计量检定在计量工作中具有非常重要的作用。

计量检定具有法制性，其对象是法制管理范围内的计量器具。它是进行量值传递和溯源的重要形式，是保证量值准确一致的重要措施，是计量法制管理的重要环节。

（一）强制检定计量器具的管理和实施

实施计量器具的强制检定是《计量法》的重要内容之一，它既是计量行政部门进行法制监督的主要任务，也是法定计量检定机构和被授权执行强制检定任务的计量技术机构的重要职责。属于强制检定的工作计量器具涉及社会的各个领域，关系到人民群众身体健康和生命财产的安全，关系到广大企业的合法权益以及国家、集体和消费者的利益。

《计量法》第九条明确规定："县级以上人民政府计量行政部门对社会公用计量标准器具，部门和企业、事业单位使用的最高计量标准器具，以及用于贸易结算、安全防护、医疗卫生、环境监测方面的列入强制检定目录的工作计量器具，实行强制检定。未按照规定申请检定或者检定不合格的，不得使用。"强制检定是由县级以上人民政府计量行政部门指定的法定计量检定机构或者授权的计量技术机构实行定点、定期的检定。使用单位必须按规定申请检定，这是法律规定的义务。

强制检定的范围包括强制检定的计量标准和强制检定的工作计量器具。由于强制检定的计量标准是根据用途决定的，作为社会公用计量标准、部门和企事业单位各项最高等级的计量标准才属于强制检定的计量标准；不做上述用途的，就不属于强制检定的计量标准。对于强制检定的计量器具，按《计量法》规定，应制定强制检定工作计量器具目录，以明确需强制检定的范围。1987年4月15日，国务院发布了《中华人民共和国强制检定的工作计量器具检定管理办法》，附《中华人民共和国强制检定的工作计量器具目录》，共55项111种。例如：出租汽车里程计价表、酒精计、燃气表、水表、燃油加油机、定量包装机、轨道衡、瓦斯计、水质污染监测仪等。

1991年8月6日原国家技术监督局公布了《强制检定工作计量器具实施检定的有关规定（试行）》，附《强制检定的工作计量器具强检形式及强检适用范围表》，进一步推动了强制检定工作的深入开展。

随着经济的发展和社会的进步，强制检定目录也做了补充和调整。1999年1月20日，国务院计量行政部门发文新增了电话计时计费装置、棉花水分测量仪、验光仪、验光镜片组、微波辐射与泄漏测量仪5种；2001年10月26日发文新增了燃气加气机、热能表2种；2002年12月27日发文取消了汽车里程表。国家市场监管总局于2020年10月26日发布了《市场监管总局关于调整实施强制管理的计量器具目录的公告》，对实施强制检定的计量器具目录进行了调整。纳入强制检定的工作计量器具从调整前的60项117种调整为40项62种。

（二）非强制检定计量器具的管理和实施

对属于非强制检定的计量标准器具和工作计量器具，《计量法》第九条规定："使用单位应当自行定期检定或者送其他计量检定机构检定。"

《计量法实施细则》第十二条明确规定："企业、事业单位应当配备与生产、科研、经营管理相适应的计量检测设施，制定具体的检定管理办法和规章制度，规定本单位管理的计量器具明细目录及相应的检定周期，保证使用的非强制检定的计量器具定期检定。"本单位不能检定的，送有权对社会开展量值传递工作的其他计量检定机构进行检定。

1999 年 3 月 19 日，原国家质量技术监督局以第 6 号公告发布了《关于企业使用的非强检计量器具由企业依法自主管理的公告》，其中规定："非强制检定计量器具的检定周期，由企业根据计量器具的实际使用情况，本着科学、经济和量值准确的原则自行确定。"有关非强制检定的计量器具的检定方式，公告规定："非强制检定计量器具的检定方式，由企业根据生产和科研的需要，可以自行决定在本单位检定或者送其他计量检定机构检定、测试，任何单位不得干涉。"

2020 年 10 月 26 日，国家市场监管总局发布了《市场监管总局关于调整实施强制管理的计量器具目录的公告》，其中规定：列入《实施强制管理的计量器具目录》且监管方式为"强制检定"和"型式批准、强制检定"的工作计量器具，使用中应接受强制检定，其他工作计量器具不再实行强制检定，使用者可自行选择非强制检定或者校准的方式，保证量值准确。

（三）计量仲裁检定的实施和管理

《计量法》第二十一条规定："处理因计量器具准确度所引起的纠纷，以国家计量基准器具或者社会公用计量标准器具检定的数据为准。"

因计量器具准确度所引起的纠纷，称为计量纠纷。由县级以上人民政府计量行政部门用计量基准或者社会公用计量标准所进行的以裁决为目的的计量检定、测试活动，统称为仲裁检定。仲裁检定以计量基准或者社会公用计量标准检定的数据作为处理计量纠纷的依据，具有法律效力。

（四）计量检定印、证的管理

《计量检定印、证管理办法》第二条规定："凡法定计量检定机构执行检定任务和县级以上人民政府计量行政部门授权的有关技术机构执行规定的检定任务，出具检定证或加盖检定印，均须遵守本办法。"计量器具经检定机构检定后出具的检定印、证，是评定计量器具的性能和质量是否符合法定要求的技术判断，是评定该计量器具检定结果的法定结论，是整个检定过程中不可缺少的重要环节。经计量基准、社会公用计量标准检定出具的检定印、证，是一种具有权威性和法制性的标记或证明，在调解、审理、仲裁计量纠纷时，可作为法律依据，具有法律效力。

（五）计量检定人员的管理

计量检定人员作为计量检定的主体，在计量检定中发挥着重要的作用。计量检定人员出具的计量检定证书，用于量值传递、裁决计量纠纷和实施计量监督等，具有法律效力。计量检定人员所从事的计量检定工作是一项法制性和技术性都非常强的工作，尤其是作为法定计量检定机构的计量检定人员，不仅要承担计量检定任务，还要受计量行政部门的委托承担为计量执法提供计量技术保证的任务。因此，计量检定人员不仅应全面掌握与所从事的计量检定有关的专业技术知识和操作技能，也应全面掌握有关的计量法律法规知识，并认真遵守有关计量法制管理的要求，为此必须加强对计量检定人员的管理。

在计量领域实行职业资格准入制度，是为了进一步规范全社会计量专业技术人员的管理，提升计量专业技术人员的素质，以适应国民经济发展对计量技术人才提出的新要求。2006 年 4 月 26 日，原人事部和国家质检总局联合发布了《注册计量师制度暂行规定》《注册计量师资格考试实施办法》和《注册计量师资格考核认定办法》。根据《注册计量师制度暂行规定》的要求，国家对从事计量技术工作的专业技术人员实行职业准入制度，并纳入全国专业技术人员职业资格证书制度统一规划。注册计量师制度的实施，将有利于整合行业考试资源，为计量专业技术人员的能力考核提供一个社会平台，实现计量专业技术人员资质管理的社会化和分层次管理。

随着注册计量师制度的推出，计量检定人员的管理模式也发生了相应的变化。

原国家质检总局于 2007 年 12 月制定发布了《计量检定员管理办法》，2013 年 5 月制定发布了《注册计量师注册管理暂行规定》。

2016 年 6 月，国务院公布《关于取消一批职业资格许可和认定事项的决定》，取消了计量检定员资格核准，与注册计量师合并实施。

2017 年，人力资源社会保障部发布《关于公布国家职业资格目录的通告》（人社部发〔2017〕68 号），注册计量师列入 36 项准入类职业资格制度之一。

2019 年 10 月，国家市场监督管理总局、人力资源和社会保障部联合发布了《注册计量师职业资格制度规定》《注册计量师职业资格考试实施办法》。

为加强对计量专业技术人员的职业准入管理，进一步规范注册计量师管理权责，促进注册计量师队伍建设和发展，市场监管总局于 2020 年 7 月 13 日废止了《计量检定人员管理办法》。

六、测量标准的建立及法制管理

测量标准是指具有确定的量值和相关联的测量不确定度，实现给定量定义的参照对象。这里所用的"实现"是按一般意义说的。"实现"有三种方式：一是根据定义，物理实现测量单位，这是严格意义上的实现；二是基于物理现象建立可高度复现的测量标准，它不是根据定义实现的测量单位，所以称"复现"，如使用稳频激光器建立米的测量标准，利用约瑟夫森效应建立伏特测量标准或利用霍尔效应建立欧姆测量标准；三是采用实物量具作为测量标准，如 1kg 的质量测量标准。

测量标准经常作为参照对象，用于为其他同类量确定量值及测量其不确定度，并通过其他测量标准、测量仪器或测量系统对其自身进行校准，确立其计量溯源性。给定量的定义可通过测量系统、实物量具或有证标准物质来复现。

在我国，测量标准按其用途分为计量基准和计量标准。

（一）计量基准的建立原则和法制管理

《计量法》第五条明确规定："国务院计量行政部门负责建立各种计量基准器具，作为统一全国量值的最高依据。"

计量基准是指经国家市场监管总局批准，在中华人民共和国境内为了定义、实现、保存、复现量的单位或者一个或多个量值，用作有关量的测量标准定值依据的实物量具、测量仪器、标准物质或者测量系统。全国的各级计量标准和工作计量器具的量值，都应直接或者间接地溯源到计量基准。计量基准又称国家测量标准，简称国家标准。

国家建立计量基准的原则如下：①要根据社会、经济发展和科学技术进步的需要，由国家市场监管总局负责统一规则，组织建立；②属于基础性、通用性的计量基准，建立在国家市场监管总局设置或授权的计量技术机构；属于专业性强、仅为个别行业所需要，或工作条件要求特殊的计量基准，可以建立在有关部门或者单位所属的计量技术机构。

计量基准是统一全国量值的最高依据，故对每项测量参数来说，全国只能有一个计量基准，由国务院计量行政部门统一安排，其他部门和单位不能随意建立计量基准。2007 年 6 月 6 日国家质检总局修订并发布的《计量基准管理办法》，对计量基准的法制管理，如计量基准的建立、保存、维护、改造、使用、废除以及法律责任等都做出了具体规定。

（二）计量标准的建立和法制管理

计量标准处于国家计量检定系统表的中间环节，起着承上启下的作用，即将计量基准所复现的单位量值，通过检定逐级传递到工作计量器具，从而确保工作计量器具量值的准确可靠，确保全国计量单位制和量值的统一。

为了使各项计量标准能够在正常的技术状态下进行工作，保证量值的溯源性，按《计量法》规定，县级以上计量行政部门建立的社会公用计量标准和部门、企事业单位建立的各项最高计量标准都要依法考核，合格后才有资格进行量值传递。这是保障全国量值准确一致的必要手段。考核的目的是确认其是否具有开展量值传递的资格。考核的内容主要包括计量标准设备、环境条件、检定人员以及管理制度四个方面。

（1）社会公用计量标准

社会公用计量标准是指经过政府计量行政部门考核、批准，作为统一本地区量值的依据，在社会上实施计量监督、具有公证作用的计量标准。在处理计量纠纷时，只有以计量基准或社会公用计量标准仲裁检定后的数据才能作为依据，并具有法律效力。其他单位建立的计量标准，要想取得上述法律地位，必须经有关政府计量行政部门授权。

《计量法》第六条规定："县级以上地方人民政府计量行政部门根据本地区的需要，建立社会公用计量标准器具，经上级人民政府计量行政部门主持考核合格后使用。"社会公用计量标准由各级政府计量行政部门根据本地区的需要组织建立，但必须履行法定的考核程序，经考核合格后才能使用。下一级政府计量行政部门建立的最高等级的社会公用计量标准，须向上一级政府计量行政部门申请技术考核；其他等级的社会公用计量标准，属于哪一级政府的，就由哪一级地方政府计量行政部门主持考核。经考核合格符合要求并取得计量标准考核证书的，由建立该项社会公用计量标准的政府计量行政部门审批并颁发社会公用计量标准证书。不符合上述要求的，不能作为社会公用计量标准使用。

（2）部门计量标准

按照《计量法》第七条规定："国务院有关主管部门和省、自治区、直辖市人民政府有关主管部门，根据本部门的特殊需要，可以建立本部门使用的计量标准器具，其各项最高计量标准器具经同级人民政府计量行政部门主持考核合格后使用。"部门最高计量标准经同级人民政府计量行政部门考核取得合格证的，由有关主管部门批准使用，作为统一本部门量值的依据。

（3）企业、事业单位计量标准

按照《计量法》第八条规定："企业、事业单位根据需要，可以建立本单位使用的计量标准器具，其各项最高计量标准器具经有关人民政府计量行政部门主持考核合格后使用。"企业、事业单位有权根据生产、科研和经营管理的需要建立计量标准，在本单位内部使用，作为统一本单位量值的依据。国家鼓励企业、事业单位加强技术设施的建设，以适应现代化生产的需要，尽快改变企业、事业单位计量基础薄弱的状况。因此，只要企业、事业单位有实际的需要，就可以自行决定建立与生产、科研和经营管理相适应的计量标准。为了保证量值的准确可靠，《计量法》规定：建立本单位使用的各项最高计量标准，须经与企业、事业单位的主管部门同级的人民政府计量行政部门考核，考核合格且取得标准考核证书后，才能在本单位内开展非强制检定。乡镇企业应由当地县级（市、区）人民政府计量行政部门主持考核。

（三）标准物质的法制管理

按照《计量法实施细则》第五十六条规定，用于统一量值的标准物质属于计量器具。根据《计量法实施细则》的规定，原国家计量局于1987年7月10日发布了《标准物质管理办法》。

《标准物质管理办法》适用于统一量值的标准物质，包括化学成分分析标准物质、物理特性与物理化学特性测量标准物质和工程技术特性测量标准物质。凡向外单位供应的标准物质的制造以及标准物质的销售和发放，必须遵守《标准物质管理办法》。

按照《标准物质管理办法》的规定，企业、事业单位制造标准物质，必须具备与所制造的标准物质相适应的设施、人员和分析测量仪器设备，并向国务院计量行政部门申请办理《制造计量器具许可证》。企业、事业单位制造标准物质新产品，应进行定级鉴定，并经评审取得标准物质定级证书。

2018年3月，修订版《中华人民共和国计量法实施细则》（国务院令第698号修订），取消"制造计量器具许可证核发（标准物质）"审批事项。取消"制造计量器具许可证核发（标准物质）"是落实国务院"放管服"改革精神、深化标准物质供给侧结构性改革的重要举措旦，通过加强事中事后监管、优化服务，为标准物质研制（生产）单位营造良好公平的发展环境，激发标准物质研制（生产）单位创新创业活力，提高国家标准物质质量和覆盖面。

取消"制造计量器具许可证核发（标准物质）"后，标准物质研制（生产）单位制造用于统一量值的标准物质时，只需向市场监管总局申请"标准物质定级鉴定"，取得《国家标准物质定级证书》和编号，符合生产条件要求后即可投入生产。

七、计量器具产品的法制管理

纳入法制管理的计量器具产品的范围是指列入《中华人民共和国依法管理的计量器具目录（型式批准部分）》（2005年10月8日国家质检总局公告第145号发布）的计量装置、仪器仪表和量具。对计量器具产品实施法制管理的措施主要包括计量器具新产品的型式批准制度和进口计量器具的型式批准及检定制度。

2018年9月，市场监管总局发布《市场监管总局办公厅关于取消制造、修理计量器具许可加强后续监管工作的通知》，取消制造、修理计量器具许可的审批事项。自发文之日起，废止国家计量技术规范中的制造计量器具许可证考核通用规范和制造计量器具许可考核必备条件；废除国家计量器具型式评价大纲、计量器具型式评价和型式批准通用规范、计量器具型式评价大纲编写导则中关于制造计量器具许可证的规定。执行国家计量检定规程时，不再查验 2017 年 12 月 28 日后制造的计量器具的许可证 CMC 标志及编号。通知中还指出："各级质量技术监督（市场监管）部门要依法加强对制造、修理计量器具行为的监督管理，创新监管模式，要按照《计量法》第十八条规定，依法对制造、修理、销售、进口和使用计量器具进行监督检查，管出公平和秩序，防止放而不管。建立健全计量器具长效监管机制。按照《计量法》第十二条和《计量法实施细则》第十四条的规定，制造、修理计量器具的企业、事业单位和个体工商户须在固定场所从事经营，具有符合国家规定的生产设施、检验条件、技术人员等，并满足安全要求。要督促企业落实主体责任，提高质量保证能力水平，确保制造、修理的计量器具符合有关要求。"

（一）计量器具新产品管理

计量器具新产品是指本单位从未生产过的计量器具，包括对原有产品在结构、材质等方面做了重大改进，导致其性能、技术特征发生变更的计量器具。

《计量法》第十三条规定："制造计量器具的企业、事业单位生产本单位未生产过的计量器具新产品，必须经省级以上人民政府计量行政部门对其样品的计量性能考核合格，方可投入生产。"1987 年 7 月 10 日，原国家计量局发布了《计量器具新产品管理办法》，2005 年 5 月 20 日，原国家质检总局又以总局第 74 号令发布了经修订的《计量器具新产品管理办法》，对计量器具新产品的管理做出了具体的规定。在中华人民共和国境内，任何单位或个体工商户制造以销售为目的的计量器具新产品必须遵守《计量器具新产品管理办法》。

（1）计量器具新产品的型式批准

测量仪器的型式指某一测量仪器的样机以及它的技术文件（如图样、设计资料等）。该组合决定了测量仪器的工作原理、结构型式、所用材质和工艺质量，并最终决定了该仪器的计量性能和可靠性。

凡制造计量器具新产品，必须申请型式批准。型式批准是指根据型式评价报告所做出的符合法律规定的决定，确定该测量仪器的型式符合相关的法定要求并适用于规定领域，以期它能在规定的期间内提供可靠的测量结果。

型式评价（有时也称定型鉴定）是根据文件要求对测量仪器指定型式的一个或多个样品性能所进行的系统检查和试验，并将其结果写入型式评价报告中，以确定是否可对该型式予以批准。型式评价是法制计量领域中的计量技术活动之一，其目的是为型式批准提供技术数据和技术评价，作为给予或拒绝给予所申请的计量器具型式批准的依据。型式评价作为计量技术活动，要求科学严谨。无论什么机构承担型式评价工作，都应执行统一的标准和要求。

（2）计量器具新产品的管理体制

国家市场监管总局负责统一监督管理全国的计量器具新产品型式批准工作；省级质量技术监督部门负责本地区的计量器具新产品型式批准工作。

列入国家市场监管总局重点管理目录的计量器具，型式评价由国家市场监管总局授权的技术机构进行；《中华人民共和国依法管理的计量器具目录（型式批准部分）》中的其他计量器具的型式评价，由国家市场监管总局或省级质量技术监督部门授权的技术机构进行。

（3）型式批准的监督管理

承担型式评价的技术机构对申请单位提供的样机和技术文件、资料必须保密。违反规定的，应当按照国家有关规定，赔偿申请单位的损失，并给予直接责任人员行政处分；构成犯罪的，依法追究刑事责任。

技术机构出具虚假数据的，由国家市场监管总局或省级质量技术监督部门撤销其授权型式评价技术机构资格。

任何单位制造已取得型式批准的计量器具，均不得擅自改变原批准的型式。若对原有产品在结构、材质等方面做了重大改进导致性能、技术特征发生变更的，必须重新申请办理型式批准。地方质量技术监督部门负责对此进行监督检查。

若申请单位对型式批准结果有异议，可申请行政复议或提出行政诉讼。

制造、销售未经型式批准的计量器具新产品的，由地方质量技术监督部门按照《计量法》《计量法实施细则》及《计量违法行为处罚细则》的有关规定予以行政处罚。

（二）进口计量器具的管理

《计量法》第十四条规定："任何单位和个人不得违反规定制造、销售和进口非法定计量单位的计量器具。"经国务院批准，1989年10月11日，原国家技术监督局发布了《中华人民共和国进口计量器具监督管理办法》，2016年2月6日修订；1996年6月24日，原国家技术监督局发布了《中华人民共和国进口计量器具监督管理办法实施细则》，2015年8月25日，国家质检总局令第166号第一次修订，2018年3月6日，国家质检总局令第196号第二次修订，2020年10月23日，国家市监总局令第31号第三次修订。

进口计量器具是指从境外进口在境内销售的计量器具。改革开放以来，我国从国外进口的计量器具日益增多，其中既有技术先进、质量优良的产品，也有型式落后、质量低劣的产品，甚至有不符合我国计量法律、法规要求的产品。因此，必须加强对进口计量器具的监督管理。

（1）调整对象

任何单位或个人进口计量器具，以及外商或者其代理人在中国销售计量器具，必须遵守《中华人民共和国进口计量器具监督管理办法》的规定。上述"外商"指外国制造商、经销商，以及港、澳、台地区的制造商、经销商。

（2）适用范围

办理型式批准的进口计量器具的范围是《实施强制管理的计量器具目录》内监管方式为型式批准的计量器具。

（3）管理体制

国务院计量行政部门对全国的进口计量器具实施统一监督管理；县级以上地方政府计量行政部门对本行政区域内的进口计量器具依法实施监督管理；各地区、各部门的机电产品进口管理机构和海关等部门在各自的职责范围内对进口计量器具实施管理。

（4）型式批准

凡进口或者在我国境内销售列入《实施强制管理的计量器具型式审查目录》内监管方式为型式批准的计量器具的，应当向国务院计量行政部门申请办理型式批准。未经型式批准的，不得进口或者销售。型式批准部分包括计量法制审查和定型鉴定。

（5）法律责任

《中华人民共和国进口计量器具监督管理办法实施细则》规定了相关的法律责任，其中规定：承担进口计量器具定型鉴定的技术机构及其工作人员，违反实施细则的规定，给申请单位造成损失的，应当按照国家有关规定，赔偿申请单位的损失，并给予直接责任人员行政处分；构成犯罪的，依法追究其刑事责任。

第二节 商品量的计量监督管理

商品量的计量监督是政府法制计量工作的重要内容。1985 年颁布的《计量法》从原则上规范了计量器具的制造、修理、进口、销售和使用，但实际操作中仍发现存在很多问题。为此，国家陆续出台了《零售商品称重计量监督管理办法》（2004 年 12 月 1 日起施行，2020 年 10 月 23 日，国家市场监督管理总局令第 31 号修订）、《定量包装商品计量监督管理办法》（2006 年 1 月 1 日起施行）、《商品量计量违法行为处罚规定》（1999 年 3 月 12 日国家技术监督局令第 3 号公布，2020 年 10 月 23 日，国家市场监督管理总局令第 31 号修订）等规章和《定量包装商品生产企业计量保证能力评价规定》（2001 年 4 月 6 日，原国家技术监督局发布）等规范性文件，以及国家计量技术规范 JJF 1070—2005《定量包装商品净含量计量检验规则》。这些政策法规为我国加强对商品量和定量包装商品生产企业的管理提供了依据，保障了人民群众的利益。

一、零售商品称重计量监督管理

零售是商品销售的主要渠道，零售的特征是商品直接出售给消费者。零售商品或以重量计算（如蔬果、粮食等日用食品），或以容量计算（如灌装洗发液、汽油等），或以长度计算（如管子、金属线等）。商品的零售及其计量监督应依据法律法规，如《零售商品称重计量监督管理办法》中，明确规定了零售商品称重计量监督管理的对象、要求、核称商品的方法和法律责任。

零售商品称重计量监督管理的对象主要是以重量结算的食品、金银饰品。零售商品经销者和计量监督人员可以按照如下方法核称商品。

（1）原计量器具核称法

直接核称商品，商品的核称重量值与结算（标称）重量值之差不应超过商品的负偏差，并且称重与核称重量值等量的最大允许误差优于或等于所经销商品的负偏差三分之一的砝码，砝码示值与商品核称重量值之差不应超过商品的负偏差。

（2）高准确度称重计量器具核称法

用最大允许误差优于或等于所经销商品的负偏差三分之一的计量器具直接核称商品，商品的实际重量值与结算（标称）重量值之差不应超过商品的负偏差。

（3）等准确度称重计量器具核称法

用另一台最大允许误差优于或等于所经销商品的负偏差的计量器具直接核称商品，商品的核称重量值与结算（标称）重量值之差不应超过商品的负偏差的 2 倍。

对于除了以重量结算的食品、金银饰品之外的其他以重量结算的商品，以及以容量、长度、面积等结算的商品，另有相关规定。

零售商品称重计量监督管理要求有如下几条：

1）零售商品经销者销售商品时，必须使用合格的计量器具，其最大允许误差应当优于或等于所销售商品的负偏差。

2）零售商品经销者使用称重计量器具当场称量商品，必须按照称重计量器具的实际示值结算，保证商品量计量合格。

3）零售商品经销者使用称重计量器具每次当场称重商品，在规定的称重范围内，经核称商品的实际重量值与结算重量值之差不得超过规定的负偏差。

如商品零售商违反上述规定，给消费者造成损失的，可以由县级以上地方质量技术监督部门或者工商行政管理部门依照《计量法》《消费者权益保护法》等有关法律、法规或者规章给予行政处罚。

二、定量包装商品计量监督管理

定量包装商品计量监督管理的对象是以销售为目的，在一定量限范围内具有统一的质量、体积、长度、面积、计数标注等标志内容的预包装商品。在中华人民共和国境内生产、销售定量包装商品，以及对定量包装商品实施计量监督管理，应当遵守《定量包装商品计量监督管理办法》。该办法对定量包装商品计量监督管理的范围、管理体制、基本要求、净含量标注要求、净含量计量要求、计量监督管理措施、禁止误导性包装、计量保证能力评价和法律责任等内容做出了明确的规定。

国家市场监管总局对全国定量包装商品的计量工作实施统一监督管理。县级以上地方质量技术监督部门对本行政区域内定量包装商品的计量工作实施监督管理。

定量包装商品的生产者、销售者应当加强计量管理，配备与其生产定量包装商品相适应的计量检测设备，保证生产、销售的定量包装商品符合规定要求。

定量包装商品由于已经由生产者、销售者进行了称重和包装，因此需对产品净含量进行标注。净含量标注有如下具体要求：

1）应当在其商品包装的显著位置正确、清晰地标注定量包装商品的净含量。

净含量是指除去包装容器和其他包装材料后内装商品的量。标注净含量是指由生产者或销售者在定量包装商品的包装上明示的商品的净含量。净含量的标注由"净含量"（中文）、数字和法定计量单位（或者用中文表示的计数单位）三个部分组成。法定计量单位的选择应当符合规定要求，具体实例见表3-1。以长度、面积、计数单位标注净含量的定量包装商品，可以免于标注"净含量"三个中文字，只标注数字和法定计量单位（或者用中文表示的计数单位）。

表3-1 定量包装商品净含量法定计量单位的选择

类别	标注净含量（Q_n）的量限	计量单位
质量	$Q_n < 1000g$	g
	$Q_n \geq 1000g$	kg
体积	$Q_n < 1000mL$	mL（ml）
	$Q_n \geq 1000mL$	L（l）
长度	$Q_n < 100cm$	mm 或 cm
	$Q_n \geq 100cm$	m
面积	$Q_n < 100cm^2$	mm^2 或 cm^2
	$1cm^2 \leq Q_n < 100dm^2$	dm^2
	$Q_n \geq 1m^2$	m^2

2）定量包装商品净含量标注字符的最小高度应按照《定量包装商品计量监督管理办法》规定，具体实例见表3-2。

表3-2 标注字符最小高度

标注净含量（Q_n）	字符的最小高度/mm
$Q_n \leqslant 50g$ $Q_n \leqslant 50mL$	2
$50g < Q_n \leqslant 200g$ $50mL < Q_n \leqslant 200mL$	3
$200g < Q_n \leqslant 1000g$ $200mL < Q_n \leqslant 1000mL$	4
$Q_n > 1kg$ $Q_n > 1L$	6
以长度、面积、计数单位标注	2

3）同一包装内含有多件同种定量包装商品的，应当标注单件定量包装商品的净含量和总件数，或者标注总净含量；一包装内含有多件不同种定量包装商品的，应当标注各种不同种定量包装商品的单件净含量和各种不同种定量包装商品的件数，或者分别标注各种不同种定量包装商品的总净含量。

对商品所标注净含量进行计量，也要符合计量要求。标注净含量的计量要求有以下几条：

1）单件定量包装商品的实际含量应当准确反映其标注净含量，标注净含量与实际含量之差不得大于规定的允许短缺量，具体实例见表3-3。

表3-3 定量包装商品标注净含量的允许短缺量[1]

类　别	净含量范围	允许短缺量（T）	
		Q_n的百分比	g 或 mL
质量或体积定量包装商品的标注净含量（Q_n）[2] 单位：g 或 ml	$0 \sim 50$	9	—
	$50 \sim 100$	—	4.5
	$100 \sim 200$	4.5	—
	$200 \sim 300$	—	9
	$300 \sim 500$	3	—
	$500 \sim 1000$	—	15
	$1000 \sim 10000$	1.5	—
	$10000 \sim 15000$	—	150
	$15000 \sim 50000$	1	—
长度定量包装商品的标注净含量（Q_n） 单位：m	$Q_n \leqslant 5$	不允许出现短缺量	
	$Q_n > 5$	$Q_n \times 2\%$	
面积定量包装商品的标注净含量（Q_n） 单位：百分数表示	全部 Q_n	$Q_n \times 3\%$	
计数定量包装商品的标注净含量（Q_n） 单位：百分数表示	$Q_n \leqslant 50$	不允许出现短缺量	
	$Q_n > 50$	$Q_n \times 1\%$ [3]	

[1] 允许短缺量是指单件定量包装商品的标注净含量与其实际含量之差的最大允许量值（或者数量）。

[2] 对于允许短缺量（T），当 $Q_n \leqslant 1kg$（L）时，T 值的 0.01g（mL）位修约至 0.1g（mL）；当 $Q_n > 1kg$（L）时，T 值的 0.1g（mL）位修约至 g（mL）。

[3] 以计数方式标注的商品，其标注净含量乘以 1%，如果出现小数，就把该数进位到下一个紧邻的整数。这个值可能大于 1%，但这是可以接受的，因为商品的个数只能为整数，不能为小数。

2）批量定量包装商品的平均实际含量应当大于或者等于其标注净含量。用抽样的方法评定一个检验批的定量包装商品，应当按照《定量包装商品计量监督管理办法》的规定进行抽样检验和计算。样本中单件定量包装商品的标注净含量与其实际含量之差大于允许短缺量的件数以及样本的平均实际含量应当符合《定量包装商品计量监督管理办法》的规定。

3）强制性国家标准、强制性行业标准对定量包装商品的允许短缺量以及法定计量单位的选择已有规定的，从其规定；没有规定的按照《定量包装商品计量监督管理办法》执行。

4）对因水分变化等因素引起净含量变化较大的定量包装商品，生产者应当采取措施保证在规定条件下商品净含量的准确。

在进行定量包装商品的计量工作时，还应注意：县级以上质量技术监督部门应当对生产、销售的定量包装商品进行计量监督检查，检查时应当充分考虑环境及水分变化等因素对定量包装商品净含量产生的影响；对定量包装商品实施计量监督检查进行的检验，应当由被授权的计量检定机构按照规定进行，检验时应当考虑储存和运输等环境条件可能引起的商品净含量的合理变化。

对于定量包装商品生产商，国家鼓励他们自愿参加计量保证能力评价工作。由省级质量技术监督部门按照《定量包装商品生产企业计量保证能力评价规范》的要求，对生产者进行核查，对符合要求的予以备案，并颁发全国统一的《定量包装商品生产企业计量保证能力证书》，允许在其生产的定量包装商品上使用全国统一的计量保证能力合格标志（也称 C 标志）。C 为英文"中国"的头一个字母，C 标志是指由国家市场监管总局统一规定式样，证明定量包装商品生产者的计量保证能力达到规定要求的标志。对于已获得计量保证能力证书的厂商，若违反《定量包装商品生产企业计量保证能力评价规范》的要求，则责令其整改并停止使用计量保证能力合格标志，同时可处 5000 元以下的罚款；整改后仍不符合要求或者拒绝整改的，由发证机关吊销其《定量包装商品生产企业计量保证能力证书》。而对于定量包装商品生产者未经备案便擅自使用计量保证能力合格标志的，责令其停止使用，可处 30000 元以下罚款。

违反《定量包装商品计量监督管理办法》规定的商品生产商需承担一定的法律责任。如：未正确、清晰地标注净含量的，责令改正；未标注净含量的，限期改正，逾期不改的，可处 1000 元以下罚款；生产、销售的定量包装商品，经检验不合格的，责令改正，可处检验批货值金额 3 倍以下、最高不超过 30000 元的罚款。

从事定量包装商品计量检验的机构和人员不得有下列行为：①伪造检验数据；②违反 JJF 1070—2005《定量包装商品净含量计量检验规则》进行计量检验；③使用未经检定、检定不合格或者超过检定周期的计量器具开展计量检验；④擅自将检验结果及有关材料对外泄露；⑤利用检验结果参与有偿活动。若有违反，由省级以上质量技术监督部门责令限期整改；情节严重者，应取消其从事定量包装商品计量检验工作的资格，对有关责任人员依法给予行政处分；构成犯罪的，依法追究刑事责任。

第三节　计量技术规范

计量技术法规是统一全国量值及实施计量法制管理中的重要文件，建立和完善计量技术法规体系是实现单位制的统一和量值的准确可靠的重要保障。

一、计量技术法规的发展和现状

我国计量技术法规的发展有一个曲折的历程。尽管我国度量衡的发展已有几千年的历史，但 20 世纪 50 年代初中国还没有自己的检定规程，1953 年成立的第一机械工业部计量检定所按照翻译前苏联的检定规程开展有限的检定工作。可以说，1956 年至 1965 年为创始阶段，1966 年至 1975 年为保持阶段，1976 年至 1985 年为发展阶段，1986 年至 1995 年为立法繁荣阶段，1996 年至今为调整、提高与国际化阶段。20 世纪 70 年代以前，国家计量检定系统表的大部分是引用前苏联的，并将其列入检定规程的附录中。至 1990 年，国家计量行政部门共颁布了 89 个国家计量检定系统表，对应计量学的十大科学的计量基准、计量标准和工作计量器具，概括了我国计量基准、标准的水平及量值传递系统的全貌。随着计量基准、标准的不断发展，目前我国共有国家计量检定系统表 94 个。

《计量法》的颁布和实施，大大促进了国家计量技术法规的制定和修订工作，尤其是 1987 年国务院发布的《中华人民共和国强制检定的工作计量器具目录》，针对这 55 项 111 种计量器具，迫切需要有相应的国家计量检定规程才能对其进行定点定期的强制检定。现已制定出近千个国家计量检定规程，基本满足了执法的需要。

随着我国自 1985 年加入国际法制计量组织（OIML）以及经济体制改革的深化，特别是我国于 2001 年加入世界贸易组织（WTO），为消除技术性贸易壁垒（TBT），国家计量技术法规从管理到内容都有了很大的变化。在管理体制上，国家计量技术法规的起草工作从原来的归口单位管理转为技术委员会管理；在内容上要求积极采用 OIML 发布的国际建议、国际文件以及有关国际组织发布的国际标准；在编写结构上要求尽可能包含相关的内容。国家计量检定规程内容不仅包括原来的单一检定和周期检定的要求，还包括计量器具控制的型式评价以及使用中的检验，并明确首次检定和后续检定的内容，周期检定则是按一定的时间间隔和规定的程序所进行的一种后续检定。此外，国家计量检定规程用于强制检定的计量器具是国际趋势，在允许的范围内，现在有些计量检定规程已由计量校准规范来代替，因而在计量技术规范中增加了很多计量校准规范。

二、计量技术法规的分类

计量技术法规包括国家计量检定系统表、计量检定规程和计量技术规范。

随着科学技术的迅猛发展，各种新发布的计量技术法规和已废止的计量技术法规的数量越来越多（尤其是计量检定规程和计量技术规范），因此，计量技术法规的数量处于不断变动中。我们在使用时必须确保使用的是现行有效版本。

（一）国家计量检定系统表

国家计量检定系统表简称国家计量检定系统，是国家对量值传递的程序做出规定的法定性技术文件。《计量法》第十条规定："计量检定必须按照国家计量检定系统表进行。国家计量检定系统表由国务院计量行政部门制定。"由此可见，国家计量检定系统表在计量领域占据着重要的法律地位。

国家计量检定系统表用汉语拼音缩写 JJG 表示，顺序号为 2000 号以上，编号为 JJG 2×××—××××，如"JJG 2057—2006《平面角计量器具》"。目前我国发布、实施的国家计量检定系统表共计 94 种，编号为 JJG 2001 至 JJG 2095，覆盖了计量检定的各个领域，适合我国国情。其中，JJG 2067—2016 不仅代替了 JJG 2067—1990，还同时代替了 JJG 2068—1990。随着科学技术的迅猛发展和计量水平的不断提高，国家计量检定系统表的制定和修订工作仍在继续，因此，在使用时必须注意采用现行有效的版本。

国家计量检定系统表采用框图结合文字的形式，规定了国家计量基准的主要计量特性、从计量基准通过计量标准向工作计量器具进行量值传递的程序和方法、计量标准复现和保存量值的不确定度以及工作计量器具的最大允许误差等。

制定国家计量检定系统表的目的在于把实际用于测量工作的计量器具的量值和国家计量基准所复现的单位量值联系起来，以保证工作计量器具应具备的准确度和溯源性。它所提供的检定途径应是科学、合理、经济的。

（二）计量检定规程

计量检定规程是为评定计量器具特性，规定检定项目、检定条件、检定方法、检定结果的处理、检定周期乃至型式评价、使用中检验的要求，作为确定计量器具合格与否的法定性技术文件。《计量法》第十条规定："计量检定必须执行计量检定规程。国家计量检定规程由国务院计量行政部门制定。没有国家计量检定规程的，由国务院有关主管部门和省、自治区、直辖市人民政府计量行政部门分别制定部门计量检定规程和地方计量检定规程。"这就确立了计量检定规程的法律地位。

计量检定规程分为三类：国家计量检定规程、部门计量检定规程和地方计量检定规程。我国经国家市场监管总局批准颁布的国家计量检定规程 900 多个，已备案的部门和地方计量检定规程共计 2100 多个，在数量上居国际领先地位。

1. 国家计量检定规程

国家计量检定规程由国务院计量行政部门组织制定。专业分类一般为长度、力学、声学、热学、电磁、无线电、时间频率、电离辐射、化学、光学、气象等。

国家检定规程用汉语拼音缩写 JJG 表示，编号为 JJG ××××—××××，如"JJG 1016—2006 心电监护仪检定仪"。

2. 部门计量检定规程

对尚没有国家计量检定规程的计量器具，国务院有关部门可以根据《中华人民共和国依法管理的计量器具目录》和《中华人民共和国强制检定的工作计量器具目录》制定适用于本部门的部门计量检定规程。部门计量检定规程向国家市场监管总局备案后方可生效。在相关的国家计量检定规程颁布实施后，部门计量检定规程即行废止。

3. 地方计量检定规程

对尚没有国家计量检定规程的计量器具，省级质量技术监督部门可以根据《中华人民共和国依法管理的计量器具目录》和《中华人民共和国强制检定的工作计量器具目录》制定适用于本地区的地方计量检定规程。地方计量检定规程向国家市场监管总局备案后方可生效。在相应的国家计量检定规程实施后，地方计量检定规程即行废止。

地方和部门计量检定规程编号为 JJG（）××××—××××，（）里用中文字，代表该检定规程的批准单位和施行范围，××××为顺序号，—××××为批准年份。如 JJG（京）39—2006 智能冷水表检定规程，代表北京市质量技术监督局 2006 年批准的顺序号为第 39 号的地方计量检定规程，在北京市范围内施行。又如 JJG（铁道）132—2005《列车测速仪检定规程》，代表铁道部 2005 年批准的顺序号为第 132 号的部门计量检定规程，在铁道部范围内施行。

（三）计量技术规范

计量技术规范包括计量校准规范以及一些计量检定规程所不能包含的、计量工作中具有指导性、综合性、基础性、程序性的技术规范，如《通用计量名词术语及定义》《测量不确定度评定与表示》《定量包装商品净含量计量检验规则》等。

国家计量技术规范用汉语拼音 JJF 表示，编号为 JJF ××××—××××，其中国家计量基准、副基准操作技术规范顺序号为 1200 号以上，如"JJF 1001—2011《通用计量术语及定义》""JJF 1262—2010《铠装热电偶校准规范》"。

我国目前经国家市场监管总局批准颁布的国家计量技术规范共有 500 多个，国家计量基准、副基准操作技术规范共有 179 个。

三、计量技术法规的应用

（一）国家计量检定系统表的应用

国家计量检定系统表即国家溯源等级图，它是将国家基准的量值逐级传递到工作计量器具，或从计量器具的量值逐级溯源到国家计量基准的一个比较链，以确保全国量值的准确可靠。它可以促进并保证我国建立的各项计量基准的单位量值准确地进行量值传递，也是我国制定计量检定规程和计量校准规范的重要依据，是实施量值传递和溯源选用测量标准、测量方法的重要依据。国家计量检定系统表规定了从计量基准到计量标准直至工作计量器具的量值传递链及其测量不确定度或最大允许误差，可以确定各级计量器具计量性能，有利于选择测量用计量器具，确保测量的可靠性和合理性。国家计量检定系统表还可以帮助地方和企业结合本地区、本企业的实际情况，按所用的计量器具确定需要配备的计量标准，在经济合理实用的原则下建立本地区、本企业的量值传递、溯源体系。在进行计量标准考核中，申请单位要填写《计量标准技术报告》，其中第五项内容就是要依据计量检定系统表填报"计量标准的量值溯源和传递框图"作为考核的重要内容。所以，国家计量检定系统表在实现计量单位制的统一和量值的准确可靠这一计量工作的根本目标方面已经得到了广泛的应用。

（二）计量检定规程的应用

计量检定规程是执行检定的依据。检定必须按照检定规程进行。自 1998 年以来，国家计量检定规程的内容向国际建议靠拢，有些规程中增加了型式评价试验的要求和方法，大部分规程除了必须包括首次检定、后续检定的要求外，还增加了使用中检验的要求。因此，检定规程对保障计量器具的量值准确可靠及量值溯源都发挥着重要的作用。

按《计量法》规定，对我国计量器具实施依法管理，采取两种形式：

1）国家实施强制检定：主要适用于贸易结算、医疗卫生、安全防护、环境监测 4 个方面以及社会公共计量标准和部门、企事业单位使用的最高计量标准。

2）非强制检定：由企事业单位自行实施。

可见，需要依法实施检定的范围是十分广泛的，凡实施检定的计量器具，必须制定相应的检定规程作为实施检定的具有法制性的技术依据。目前我国除国家计量检定规程外，还规定可制定部门和地方计量检定规程，开展对各行业专用计量器具的检定，对地方需开展检定的其他计量器具的检定。

从国际发展趋势看，对可能引起利益冲突和保护公众利益的计量器具，需实行法制管理，应制定相应的计量检定规程；而对其他计量器具，则由使用单位依据相应的校准规范进行校准，进行量值溯源。按照国际法制计量组织（OIML）第 12 号国际文件《受检计量器具的使用范围》，计量检定规程依法实施检定领域中的应用，主要包括下列几方面内容：①贸易用计量器具的检定；②官方活动用计量器具的检定；③用于医疗、药品制造和试验的计量器具的检定；④环境保护、劳动保护和预防事故用计量器具的检定；⑤公路交通监视用计量器具的检定；⑥计量管理的其他方面计量器具的检定等。由此可见，按 OIML 国际文件所述，需依法实施检定的范围是十分广泛的，凡实施检定的计量器具，必须制定相应的检定规程作为实施检定的具有法制性的技术依据。

（三）计量技术规范的应用

计量技术规范是一个统称，它的内容十分广泛，所涉及的应用面也很宽。为了统一我国通用计量术语及定义和各专业的计量术语，国家颁布了《通用计量术语及定义》及有关专业计量术语的技术规范。为了推动我国计量校准工作的开展，制定了通用性强、使用面广的计量校准规范。为了促进计量技术工作，制定了不少有关的计量技术规范，如《测量不确定度评定与表示》《计量器具型式评价大纲编写导则》等；为了加强我国计量管理工作，制定了相应的有关计量管理的技术规范，如国家计量检定规程、国家计量检定系统表、国家校准规范的编写规则，《计量标准考核规范》《计量检测体系确认规范》等；结合计量工作的需要，还制定了计量保证方案（MAP）技术规范，如《长度（量块）计量保证方案技术规范》等，以促进计量保证方案的实施；制定测量方法、试验方法及其他技术性规定，如《光子和高能电子束吸收剂量测量方法》等。计量技术规范在规范计量管理工作方面具有十分重要的作用。

第四节　国际计量技术文件

国际计量技术文件主要是指 OIML 国际建议和国际文件。

一、OIML 国际建议和国际文件

国际法制计量组织（OIML）有 5 类出版物：①OIML 国际建议；②OIML 国际文件；③计量特别是法制计量词汇；④OIML 年报；⑤法制计量培训与建设等其他材料。其中最主要的是 OIML 国际建议和国际文件。

（一）OIML 国际建议

OIML 国际建议（R）是针对某种计量器具的典型的推荐性技术法规。其内容包括对计量器具的计量要求、技术要求和管理要求，以及检定方法、检定用设备、误差处理等。从 1990 年起，为了推行 OIML 证书制度，国际建议中增加型式评价试验方法和试验报告格式。

1）计量要求：规定计量特性和有关影响量参数两个方面。计量特性如分度值、最大允许误差、稳定性、重复性、漂移、准确度等级等；影响量包括温度、振动、电磁干扰、供电电压等。

2）技术要求：规定为满足计量要求而必须达到的基本、通用的技术要求，包括外观结构、操作的适应性、安全性、可靠性、防止欺骗以及对显示方式、读数清晰等的要求。

3）管理要求：规定计量器具从设计到使用的各个阶段中有关型式批准、首次检定、后续检定、标志、标记、证书及其有效期，密封、锁定和其他计量安全装置的完整性等。最后界定该计量器具法制特性的授予、确认或撤销。

上述要求的目的是确保计量器具的准确可靠。为了保护公众利益，首先要使用准确可靠的计量器具，给出准确的测量结果，并防止欺骗性，即决不允许利用计量器具作假行骗。为此，计量器具必须是优良的，即在设计上就要考虑这些要求都能得到实现，因此要进行型式评价、型式批准。为保证每台用于法制计量的器具都满足这些要求，使用前要进行首次检定。还必须保证使用中的计量器具能维持所要求的性能，要进行后续检定和使用中检验。这些就是国际法制计量组织认为应该对属于法制管理的计量器具提出的要求，也就是国际建议所包含内容的要求。

OIML 力图通过各国贯彻这些国际建议，将其转化为各国的国家计量规程，从而协调、统一各国对法制计量器具的要求，实现 OIML 的宗旨。按照《国际法制计量组织公约》的规定，各成员国应当在道义上尽可能履行这些决定，即有义务执行国际建议。国际建议实质上是指导各成员国开展法制计量工作的国际性技术法规，只是因为 OIML 是一个国际性的政府间组织，考虑到各国的主权，不能用法规这一带强制性的名称，因而改用建议。OIML 国际建议被世贸组织（WTO）作为国际标准，用于消除技术性贸易壁垒（TBT）。至今，OIML 发布了一百多项国际建议。

（二）OIML 国际文件

OIML 国际文件（D）实质上是提供文件资料，旨在改进法制计量机构的工作。

在 1972 年第四届国际法制计量大会上通过的"国际法制计量组织的工作方针"中指出：国际法制计量组织可能会发布一些文件，以促进各国与计量有关的国家技术法规的协调一致，从而会对各国之间在建立、组织或扩建计量业务方面的相互合作有所贡献。国际文件主要是关于计量立法和计量器具管理方面的管理性文件，也有一些针对某类计量器具的技术性文件。

国际文件不像国际建议那样具有强制性，即 OIML 成员国在执行时不像对国际建议那样具有条约义务约束的强制性。因为各国政治体制、计量管理模式和经济发展水平不同，所以国际文件提供了对各国计量管理工作具有原则性指导意义的重要资料。至今，OIML 发布了27 个国际文件。

二、采用国际建议和国际文件的原则

OIML 各成员国有尽可能采用 OIML 国际建议的义务，而国际文件包括有关技术和管理性文件，属于非正式法规，各成员国可自行决定是否采用。

从已颁布的国际建议和国际文件的内容来看，所涉及的计量器具主要与贸易结算和公众利益（特别是国际贸易）密切相关，这是因为计量器具不但本身就是国际贸易中的重要商品，而且几乎所有商品的国际贸易都要使用计量器具才能得以进行。因此，近年来各国都积极研究采用 OIML 国际建议。特别是从 1980 年国际关税和贸易总协定（GATT）通过"标准守则"，限制在国际贸易中利用技术法规的差异搞贸易保护主义以来，各国都在努力使本国的计量法令和规程与 OIML 国际建议尽可能取得一致。不符合国际建议要求的计量器具今后将难以出口，用在其他商品的国际贸易中也难以得到国际承认。尤其是国际法制计量组织为促进各成员国积极贯彻国际建议，促进成员国计量器具的互认，正在积极开展 OIML 计量器具证书制度。由此可见，积极采用国际建议、国际文件变得更为重要。

为了积极采用国际建议和国际文件，1986 年 7 月 1 日，原国家计量局印发了《采用国际建议管理办法（试行）》。按国际上的规定，OIML 国际建议和国际文件属于国际标准范畴。1993 年 12 月 13 日，原国家技术监督局颁布了《采用国际标准和国外先进标准管理办法》。2001 年 11 月 21 日，原国家质检总局发布了《采用国际标准管理办法》。2002 年 12 月 31 日，原国家质检总局又发布了《国家计量检定规程管理办法》。从上述文件可知，采用国际建议和国际文件的原则主要有以下几个方面：

1）国际法制计量组织制定公布的"国际建议"是为各国制定有关法制计量的国家法规而提供的范本，采用"国际建议"是成员国的义务，也是国际上相互承认计量器具型式批准决定和检定、测试结果的共同要求。它有利于发展我国社会主义市场经济，减少技术贸易壁垒和适应国际贸易的需要，提高我国计量器具产品质量和技术水平，确保单位制的统一和量值的准确可靠，促进我国计量工作的发展。

2）采用"国际建议"应符合《计量法》及国家的其他有关法规和政策，并坚持积极采用、注重实效的方针。

3）采用"国际建议"是将国际建议的内容，经过分析、研究和试验验证，本着科学合理、切实可行的原则，等同或修改转化为我国的计量检定规程，并按我国计量检定规程的制定、审批、发布的程序规定执行。

4）采用"国际建议"的形式主要有两种：等同采用（IDT）和修改采用（MOD）。其中，等同采用指与国际建议在技术内容上和文件结构上相同，或者与国际建议在技术内容上相同，只存在少量编辑性修改；修改采用指与国际建议之间存在技术性差异，并清楚地标明这些差异以及解释其产生的原因，允许包涵编辑性修改。

5）凡涉及我国颁布 OIML 计量器具证书的计量检定规程，应达到相应国际建议的全部要求，以实现国际互认。

6）凡等同采用或修改采用的计量检定规程，在封面和前言中必须明确国际建议的编号、名称和采用程度，并在编制说明中要详细说明采用国际建议的目的、意义、对比分析内容、我国规程和国际建议的主要差异及原因，上报时应附有国际建议的原文和中文版本文件。

采用 OIML "国际文件"以及其他国际组织的有关计量规范性文件，可参照上述要求进行。

为了积极采用 OIML 国际建议和国际文件，应积极参与 OIML 有关技术活动，国家市场监督总局计量司下设有 OIML 中国秘书处，并建立了国际法制计量组织指导秘书处（SP）和报告秘书处（SR）在国内的技术负责单位，制定了工作简则和分工，确定了 SP、SR 国内技术负责单位的职责，这些机构不仅要参与 OIML 国际建议、国际文件的收发、报道、宣传、投票及参与制修订，还要积极组织和研究采用 OIML 国际建议和国际文件，以促进我国计量工作的发展。

思考题与习题

1. 我国计量立法的宗旨是什么？

2. 什么是法规体系？我国的计量法规体系可分为哪几个层次？

3. 《计量法》是什么时候颁布的？其调整范围有哪些？

4. 计量行政法规有何作用？

5. 计量规章包括哪些内容？

6. 我国的计量监督管理体制是怎样的？

7. 什么是强制检定？强制检定的范围是怎样的？

8. 在处理因计量器具准确度所引起的纠纷时，用什么检定方法？以什么数据为准？

9. 计量检定印、证有何作用？

10. 为什么要对计量检定人员进行管理？怎样对计量检定人员进行管理？

11. 《计量法》对计量器具新产品的管理有何要求？

12. 为什么要对进口计量器具进行管理？

13. 什么是计量认证？计量认证的考核内容有哪些？

14. 我国的法定计量检定机构有哪些？

15. 法定计量检定机构的职责是什么？

16. 法定计量检定机构不得从事哪些行为？

17. 如何对法定计量检定机构进行监督管理？

18. 法定计量检定机构筹建中的某项最高计量标准是否能够对外开展计量检定并出具计量检定证书？为什么？

19. 计量检定机构是否能批准未经考核合格取得计量检定员资格的人员从事计量检定工作并出具计量检定证书？为什么？

20. 计量标准的作用是什么？它分为哪几类？

21. 什么是测量仪器的型式和型式评价？型式评价的目的是什么？

22. 已经生产的计量器具性能变更后是否需要履行型式批准手续？

23. 我国对进口计量器具的管理有何规定？

24. 定量包装商品标注净含量的要求是什么？

25. 在对一个超市的定量包装商品的计量监督检查中，发现有 6 种定量包装商品净含量的标注分别为：A. 含量：500 克；B. 净含量：500g；C. 净含量：500Ml；D. 净含量：50L；E. 净含量：5Kg；F. 净含量：100 厘米。请指出错误的标注。

26. 计量技术法规包括哪些？其编号规则是怎样的？

27. 国家计量检定系统表的作用是什么？目前我国发布、实施的国家计量检定系统表有多少种？任举其中一例。

28. 什么是计量检定规程？计量检定规程的法律地位是怎样的？

29. 什么是计量技术规范？

30. 什么是 OIML 国际建议和国际文件？

31. 我国采用 OIML 国际建议和国际文件的原则是什么？

第四章

计量技术机构质量管理体系的建立与运行

第一节　计量技术机构质量管理体系的建立

一、计量技术机构的基本要求

计量技术机构指的是通过所建立的管理体系开展计量检定、校准和检测工作的实体。政府计量行政部门依法设置或授权建立的法定计量技术机构应依据 JJF 1069—2012《法定计量检定机构考核规范》进行管理，以确保其依法提供准确可靠的计量检定、校准和检测结果。其他计量技术机构可以按照国家标准 GB/T 27025—2019《检测和校准实验室能力的通用要求》建立和运行质量管理体系。质量管理体系应该覆盖机构所进行的全部计量工作，合格的计量技术机构应该满足人员、资源、政策、监管等方面的要求。

在人员方面，计量技术机构应配备相应的管理人员和技术人员，并且通过政策、条例等明确规定和界定人员的职责和权力。机构应具有技术负责人，全面负责技术运作和确保机构运作质量所需的资源；并需要指定一名质量负责人，专门从事质量相关的监督工作。质量负责人具有在任何时候都能保证与质量相关的管理体系得到实施、遵循的责任和权力，保证质量负责人有直接渠道接触决定政策和资源的机构负责人。此外，还需要指定关键管理人员（如技术负责人和质量负责人）的代理人。

在资源方面，应该为人员提供履行职责所需要的仪器、场地、软硬件等设施，以保证人员履行实施、保持和改进管理体系、识别对管理体系或检定、校准和（或）检测程序的偏离以及采取预防或减少这些偏离的措施等根本职责。

在政策方面，应该具有规定机构的组织和管理结构的明确条文，保障计量检定、校准和检测工作的有效运行，确保机构人员理解他们活动的相互关系和重要性，以及如何为管理体系质量目标的实现做出贡献。同时，还要有形成文件的政策，以避免参与任何可能降低其能力、公正性、诚实性、独立判断力或影响其职业道德的一切活动。

在监管方面，机构应该具有合理、有效的监督机制和相应的措施，以保证机构负责人和员工的工作质量不受任何内部和外部的不正当的商业、财务和其他方面的压力和影响；有形成文件的政策和程序，以保护顾客的机密信息，包括具有保护电子文档和电子传输结果的程序；有熟悉检定、校准或检测的方法、程序、目的和结果评价的监督人员对从事检定、校准和检测的人员实施有效的监督。

此外，计量技术机构的负责人应确保在机构内部建立适宜的沟通机制，并就与质量管理体系有效性相关的事宜进行沟通。

二、对计量技术机构检定、校准、检测工作公正性的要求

计量技术机构设置的目的是为了开展计量检定、校准和检测工作，因此得到准确、可靠、科学的结果是对计量机构的基本要求。这种性质决定了计量技术机构必须保证公正性，因为只有这样才能体现出其价值所在。确立机构公正性的地位，需要依靠自身的管理和行为规范来保证，需要确保组织结构的独立性以保证对结果判断的独立性，需要做到不以盈利为目的以保证经济利益的无关性，以及需要工作人员具备良好的思想素质和职业道德。

计量技术机构的公正性要求主要体现在下面四个方面：

1）公正性成为计量技术机构各项行为的基本准则。机构的各种规章制度或规范中都能体现出公正性的要求，能够成为约束工作人员的行为准则，出现不规范行为时有章可循。

2）在出现妨碍检定、校准和检测工作质量的行为时，计量技术机构具有抵制各种诱惑的能力。机构可以采取多种措施，如公正性声明、工作人员守则、职业道德规范等措施，保证其管理和技术人员的工作质量不受任何内部和外部的商务、财务或其他压力的影响。

3）计量技术机构具有不受上级或本机构的行政领导干预测量数据的能力。工作人员不应被要求以完成产值指标作为工作的考核内容，行政命令不应该凌驾于科学实验数据之上。行政领导应发布不干预检定、校准和检测工作，充分保证其公正性的声明，并切实贯彻执行。

4）计量技术机构采取措施避免机构或者机构工作人员参与任何影响公正性或职业道德的活动。措施应包括制定文件化的政策和程序，以避免参与诸如顾客产品的经销、推销、推荐、监制等任何可能削弱其能力、公正性、诚实性、独立判断力或影响其职业道德的活动。

三、质量管理体系文件的建立

质量管理体系文件是计量技术机构将其从事检定、校准和检测工作相关的各种政策、制度、计划、程序和作业指导书制定成文件，传达至有关人员，并被其理解、获取和执行的文件载体。

通常质量管理体系文件包括形成文件的质量方针和总体目标、质量手册、程序文件、作业指导书、表格、质量计划、规范、外来文件、记录等。

1. 质量方针和总体目标

质量方针和总体目标体现了计量技术机构总的质量宗旨和方向，通常在质量手册中阐明，由机构负责人授权发布。至少需要包括机构管理层对良好职业行为和为顾客提供检定、校准和检测服务质量的承诺；管理层关于机构服务标准的声明；与质量有关的管理体系的目的；要求机构所有与检定、校准和检测活动有关的人员熟悉与之相关的质量文件，并在工作中执行这些政策和程序；机构管理层对遵守 JJF 1069—2012《法定计量检定机构考核规范》或有关标准及持续改进管理体系有效性的承诺。

2. 质量手册

质量手册是计量技术机构对质量体系作概括表述、阐述及指导质量体系实践的主要文件，是其开展质量管理和质量保证活动应长期遵循的纲领性文件。质量手册通常有三方面作

用：①由机构最高领导人批准发布的、有权威的、在机构内部实施各项质量管理活动的基本法规和行动准则；②在对外部实行质量保证时，是证明机构质量体系存在，并具有质量保证能力的文字表征和书面证据，是取得用户和第三方信任的手段；③不仅为协调质量体系有效运行提供有效手段，也为质量体系的评价和审核提供了依据。

3. 程序文件

程序文件与质量手册共同构成对整个管理体系的描述。程序文件的范围覆盖 JJF 1069—2012《法定计量检定机构考核规范》或有关标准的要求，详略程度取决于机构的规模和活动类型、过程及相互作用的复杂程度以及人员能力。

四、资源的配备和管理

人员、设施和环境条件、测量设备是决定计量技术机构检定、校准和检测结果的正确性和可靠性的资源因素，因此，计量技术机构应根据 JJF 1069—2012《法定计量检定机构考核规范》的要求建立和改进管理体系所需的人员、设施、环境、设备等资源。

1. 人员

计量技术机构应根据工作的需要配备足够的管理、监督、检定、校准和检测人员。按照 JJF 1069—2012《法定计量检定机构考核规范》，每个检定、校准项目的检定、校准人员以及检测项目中检测参数或试验项目的实验人员不得少于 2 人。

与计量检定、校准和检测等服务项目直接相关的人员均需要经过培训，具备相关的技术知识、法律知识和实际操作经验。检定、校准和检测人员必须按有关的规定经考核合格并被授权后持证上岗。

计量技术机构需要根据机构当前和预期的任务确定人员的教育、培训和技能目标，制定人员培训的政策和程序，并评价这些活动的有效性。

计量技术机构还需要明确有关人员的职责，保留所有技术人员（包括签约人员）的有关授权、能力、教育和专业资格、培训、技能和经验的记录，包括授权和能力确认的日期。

计量技术机构还应授权专门人员进行特殊类型的抽样、检定、校准和检测；签发检定证书、校准证书和检测报告；提出意见和解释以及操作特殊类型的设备。

2. 设施和环境条件

计量技术机构用于检定、校准和检测的设施，包括（但不限于）能源、照明和环境条件，应符合所开展项目的技术规范或规程所规定的要求，并应有助于检定、校准和检测工作的正确实施。对影响检定、校准和检测结果的设施和环境条件的技术要求应制定成文件。如果相关的规范、方法和程序有要求，或者对结果的质量有影响时，机构应监测、控制和记录环境条件。

3. 测量设备

计量技术机构必须配备为正确进行检定、校准和检测（包括抽样、物品制备、数据处理与分析）所要求的所有抽样、测量和检测设备。应列出所建立的计量基（标）准名称及设备一览表，并注明设备名称、型号、测量范围（或量程）、测量不确定度（或准确度等级/最大允许误差）、量值传递或溯源关系等。当机构需要使用本机构控制之外的设备（例如借用的设备）时，应确保同样满足要求。

第二节　计量技术机构质量管理体系的运行

一、计量标准、测量设备量值溯源的实施

测量的溯源性是由能够出示资格、测量能力和溯源性证明的计量技术机构的检定或校准服务实现的。通过计量技术机构出具的检定/校准证书表明溯源过程，即通过一个不间断的校准链与国家基准相联系。检定证书和校准证书包含了测量结果及其不确定度或是否符合检定规程或校准规范中规定要求的结论。

计量技术机构用于检定、校准和检测的所有设备，包括对检定、校准、检测和抽样结果的准确性或有效性有显著影响的辅助测量设备（例如用于测量环境条件的设备），均具有有效期内的检定或校准证书，以证明其溯源性。设备检定或校准的程序和计划需要计量技术机构专门制定。

（1）测量设备量值溯源的实施

计量技术机构通过编制和执行测量设备的周期检定或校准计划，确保所从事的检定、校准和检测可溯源到国家基准或社会公用计量标准。

（2）计量标准量值溯源的实施

计量技术机构应具有计量标准量值传递和溯源框图、周期检定的程序和计划。除非特殊需要，所持有的计量标准器具应仅用于检定或校准，不能用于其他目的。计量标准需要按照要求定期由有资格的计量技术机构检定，且在做出任何调整之前或之后均应检定或校准。

（3）标准物质量值溯源的实施

标准物质应溯源到国际单位制单位或有证标准物质。在技术和经济条件允许的条件下，尽量对内部标准物质进行核查。

（4）期间核查

期间核查是指对测量仪器在两次校准或检定的间隔期内进行的核查。应根据规定的程序和日程对计量基（标）准、传递标准或工作标准以及标准物质进行核查，以保持其检定或校准状态的可信度。

二、检定、校准、检测的运行

计量技术机构通过对检定、校准、检测方法的选择与确认、对象的处置、抽样的控制、质量控制、原始计量和数据处理等环节制定相应的管理方案并实施来保证检定、校准、检测的运行。

1. 检定、校准、检测方法的选择

计量技术机构开展计量检定时，必须使用现行有效版本的国家计量检定规程，如无国家计量检定规程，则可使用部门或地方计量检定规程。

计量技术机构开展校准时，机构应选择满足顾客需要的、对所进行的校准适宜的校准方法。应首选国家制定的校准规范，若无国家校准规范，且顾客未指定所用的校准方法时，应尽可能选用现行有效并公开发布的，如国际的、地区的或国家的标准或技术规范，或参考相应的计量检定规程。必要时可以附加细则对标准或技术规范加以补充，以确保应用的一

致性。

当机构参考由知名的技术组织或有关科学书籍和期刊最新公布的，或由设备制造商指定的方法，依据 JJF 1071—2010《国家计量校准规范编写规则》制定方法时，应确认其满足机构的预期用途并经过验证和审批后使用。

所选用的方法需要通知顾客。当认为顾客所提出的方法不合适或已过期时，机构应通知顾客。

计量技术机构开展计量器具新产品型式评价时，应使用国家统一的型式评价大纲。如无国家统一制定的大纲，机构可根据国家计量技术规范 JJF 1015—2014《计量器具型式评价通用规范》和 JJF 1016—2014《计量器具型式评价大纲编写导则》的要求拟定型式评价大纲。大纲应经科学论证，并由机构主管领导批准。

计量技术机构开展商品量检测时，应使用国家统一的商品量检测技术规范。如无国家统一制定的技术规范，应执行由省级以上政府计量行政部门规定的检测方法。

当检定、校准、检测方法属于非标准方法、机构自行制定的方法、超出其预定范围使用的标准方法、扩充和修改过的标准方法时，需要进行确认，以证实该方法适用于预期的用途。确认应尽可能全面，满足预定用途或应用领域的需要，并记录确认所获得的结果、使用的确认程序以及该方法是否适合预期用途的结论。

2. 检定、校准、检测方法的确认

（1）方法确认的概念和范围

确认是指通过核查并提供客观证据，以证实某一特定预期用途的特殊要求得到满足。

非标准方法、机构自行制定的方法、超出其预定范围使用的标准方法、扩充和修改过的标准方法都需要进行确认。

（2）方法确认的目的

方法确认的目的是为了证实该方法适用于预期的用途。确认应尽可能全面，以满足预定用途或应用领域的需要。

机构应记录确认所获得的结果、使用的确认程序以及该方法是否适合预期用途的结论。

（3）方法确认可用的技术

用于方法确认的技术有：①使用参考标准或标准物质进行校准；②与其他方法所得的结果进行比较；③实验室间比对；④对影响结果的因素作系统性评审；⑤根据对方法的理论原理和实践经验的科学理解，对所得结果的不确定度进行评定。

计量技术机构用于确定某方法性能的技术可以是上述五种技术中的一种或组合。

3. 用于检定、校准、检测物品的处置

计量技术机构需要制定用于检定、校准和检测物品的运输、接收、处置、保护、存储、保留和（或）清理的程序，对被检定、校准和检测物品的标志进行规定。在接收检定、校准和检测物品时，记录异常情况或对检定、校准或检测方法中所规定条件的偏离。当对物品是否适合检定、校准或检测有疑问，或当物品不符合所提供的描述，或对所要求的检定、校准和检测规定不够详尽时，机构要在工作前询问顾客，以得到进一步的说明，并记录讨论的内容。

计量技术机构应有程序和适当的设施避免检定、校准和检测物品在存储、处置和准备过程中发生性能退化、丢失或损坏。当物品的存放有特殊要求时，机构应对存放和安全做出安排，以保护该物品或其有关部分的状态和完整性。

4. 检定、校准、检测中抽样的控制

为了确保抽样工作的科学性、公正性和有效性，计量技术机构应对检定、校准和检测中的抽样实施以下三个方面的控制：

1）对抽样计划和程序的控制：计量技术机构为实施检定、校准或检测而涉及对物质、材料或产品进行抽样时，应有抽样计划和程序。抽样计划应根据适当的统计方法制定。对商品量检测的抽样方法，国家有规定的按规定执行。抽样过程应注意需要控制的因素，以确保检定、校准和检测结果的有效性。

2）对偏离抽样程序要求的控制：在实施抽样时，当顾客对文件规定的抽样程序有偏离、增加或删节的要求时，应详细记录这些要求和相关的抽样资料，并记入包括检定、校准和检测结果的所有文件中，同时告知相关人员。

3）对抽样记录、条件和方法的控制：当抽样作为检定、校准和检测工作的一部分时，机构应有程序记录与抽样有关的资料和操作。这些记录应包括所用的抽样程序、抽样人员的识别、环境条件（如果相关），必要时有抽样地点的图示或其他等效方法，如果适用，还应包括抽样程序所依据的统计方法。

5. 检定、校准、检测的质量保证

为达到保证检定、校准和检测的质量目标，必须对检定、校准和检测实施过程和实施结果两个方面进行有效控制，对控制获得的数据进行分析，并采取相应措施。

检定、校准和检测人员应获得相应的资格证书，测量标准或测量设备应经过检定或校准，满足使用要求并具有溯源性，检定、校准和检测实施中必须以相应的规程、规范为依据，必要时应编制操作规程。环境条件应符合规程、规范或标准的规定。此外，应有检定、校准和检测过程中出现异常现象或突然的外界干扰时的处理办法（如设备故障、仪器损坏、人身安全事故等情况的处理程序）。

计量技术机构应有质量控制程序以监控检定、校准和检测结果的有效性。监控方法可以是定期使用一级或二级有证标准物质进行内部质量控制，或者参加实验室间的比对或能力验证计划等。

6. 原始记录和数据处理

计量技术机构对原始记录和数据处理的管理应符合以下要求：

1）机构应按规定的期限保存原始记录，包括得出检定、校准和检测结果的原始观测数据及其导出数据，被检定、校准和检测的物品的信息记录，实施检定、校准和检测时的人员、设备和环境条件及依据的方法的记录和数据处理记录，并按规定要求保留出具的检定证书、校准证书和检测报告的副本。

2）每份检定、校准或检测记录应包含足够的信息，以便在可能时识别不确定度的影响因素，并保证该检定、校准或检测能够在尽可能与原来条件接近的条件下复现。记录应包括负责抽样的人员，各项检定、校准和检测的执行人员和结果核验人员的签名。

3）观测结果、数据和计算应在工作时予以记录，并能按照特定的任务分类识别。

4）当在记录中发生错误时，对每一错误应划改，不可擦掉或涂掉，以免字迹模糊或消失，并将正确值填写在其旁边。对记录的所有改动应有改动人的签名或盖章。对电子存储的记录也应采取同等措施，以避免原始数据的丢失或更改。

7. 不合格的控制

计量技术机构应具有当检定、校准和检测工作或工作结果不符合管理体系要求时应执行的政策和程序。

进行顾客投诉、质量控制、仪器校准、消耗材料的核查、对员工的考察或监督、检定证书、校准证书和检测报告的核查、管理评价、内部审核和外部考核等环节时，可能发生对质量管理体系或检定、校准和检测活动不合格工作或问题的鉴别。

当评价表明不合格工作可能再度发生或对机构运作的符合性产生怀疑时，应立即执行管理体系所规定的纠错程序。

三、内部审核和预防措施的制定和实施

1. 计量技术机构质量管理体系的审核形式

按照计量管理体系审核的主体，计量管理体系的审核可分为三种：第一方审核（内部审核）；顾客对贯标组织或组织对供方进行的第二方外部审核；体系认证机构或国家市场监督总局等对认可机构进行的第三方外部审核。

2. 内部审核的特点

测量管理体系内部审核（即第一方审核）与第二方和第三方外部审核的特点不同，其基本特点可概括如下：

1) 由计量技术机构中具有计量职能的管理者推动。
2) 由具有资格的内部审核员进行，内部审核员应独立于被审核活动。
3) 目的具有多样性。
4) 范围应适应不同的外部审核的要求。
5) 只在进行计量管理体系审核后可以对受审核部门提供咨询。
6) 程序比第三方外部审核程序要简化。
7) 内审组对计量技术机理管理体系文件评审不强求单独进行。
8) 更注重纠正措施的制定及其实施有效性的验证。

3. 内部审核的实施

计量技术机构应根据预先制定的日程表和管理层的需要，由机构质量负责人策划和组织进行内部审核，以验证机构的运行是否符合质量管理体系和规范的要求。内部审核应涉及管理体系的全部要素，包括检定、校准和检测活动。

审核应由经过培训和具备资格的人员执行，审核人员独立于被审核的活动。在内部审核实施中，应记录审核活动的领域、审核发现的情况和采取的纠正措施，并对审核活动进行跟踪，验证和记录纠正措施的实施情况和有效性。

若内部审核发现机构所进行的活动不符合质量管理体系文件的规定时，机构应及时采取措施。若调查发现机构给出的结果可能已受到影响时，应书面通知顾客。

四、管理体系的持续改进

计量技术机构从事的活动其根本目的是为了满足顾客和法律法规的要求，而顾客和法律法规的要求并非一成不变。为了提高顾客满意的程度以及达到法律法规的要求，计量技术机构必须不断改进。从本质而言，"不断改进"是质量管理原则的核心。

改进的形式包括日常渐进的改进和重大战略性的集中改进，前者往往在机构运行和建立

过程中占主导地位。

思考题与习题

1. 计量技术机构质量管理体系建立的意义和作用是什么？

2. 如何保证所有计量标准和测量设备的溯源性？

3. 试依据 JJF 1069—2012《法定计量检定机构考核规范》7.3 关于"检定、校准和检测的方法及方法的确认"分析下面案例中该计量机构管理中存在的问题：某法定计量检定机构在接受评审组评审时，某评审员在一间实验室对其申请考核的一个项目进行评审。评审员询问检定人员这一项目是依据什么文件实施检定、校准的，检定人员立刻拿出所依据的国家计量检定规程，并告诉评审员这一规程今年进行了修订，我们已经换上了最新版本的检定规程。评审员随后检查了该项目使用的设备、环境条件以及进行检定、校准的原始记录。评审员发现其设备并未按新规程进行补充，原始记录的格式仍然是修订前的内容。评审员让检定人员说说新旧规程有什么不同，他们认为两者差不多。

4. 在对某计量检定机构评审时，评审员在检定温度计的实验室看到两张同一温度标准器的修正值表，其数据不尽相同。评审员问检定人员：在进行检定时怎么样使用这两张修正值表。检定人员告之：其中一张是去年检定后的修正值表，另一张是今年检定后的修正值表，我们只使用今年的修正值表，去年的已经不用了。评审员抽查了该标准器今年检定以后的检定、校准记录，发现记录中有的是用今年的修正值，有的使用去年的修正值。试分析该案例中存在的问题。

5. 检定人员 A 在检定一件计量器具之前，对需要使用的计量标准器进行例行的加电检查时发现标准器没有了数字显示。A 打开该计量标准器的使用记录，未见最近的使用记录和设备状态的记载。A 记得同组新来的同事 B 曾使用过这台设备，于是询问 B。B 说昨天操作时不小心过载，以后设备就没有了数字显示。A 问 B 为什么不向组长报告，也不在该设备使用记录上记载。B 说他很害怕，想悄悄地找个人把设备修好。B 是刚到单位一个月的新职工，还未受过系统的培训。由于最近工作量大，组里人手不够，很多检定共组，组长就叫 B 去做了。试分析本案例中违反了 JJF 1069—2012《法定计量检定机构考核规范》中的哪些规定。

6. 试分析下面案例中计量机构管理中存在的问题：某法定计量检定机构在接受评审组评审时，某评审员在一间实验室对申请考核的一个项目进行评审。评审员问检定人员这一项目是依据什么文件实施检定、校准的，检定人员立刻拿出所依据的国家计量检定规程，并告诉评审员这一规程今年进行了修订，我们已经换上了最新版本的检定规程。评审员随后检查了该项目使用的设备、环境条件，以及进行检定、校准的原始记录，发现设备并未按新规程进行补充，原始记录的格式仍然是修订前的。评审员让检定人员讲讲新旧规程有什么不同，他们认为两者差不多。

7. 计量校准人员小张习惯每次进行实验操作时先将实验数据和计算记录在一张草稿纸上，待做完实验，再把数据和计算结果整地抄在按规定的记录纸上，草稿纸不再保存。试依据 JJF 1069—2012《法定计量检定机构考核规范》7.10"原始记录和数据处理"的要求分析该案例为什么不符合规范。试分析这样做会出现什么后果？

8. 计量技术机构应具备哪些基本条件？

9. 计量技术机构如何保证所开展工作的公正性？

10. 计量技术机构的质量管理体系文件包括哪些主要内容？

11. 试述如何实施对检定、校准、检测中抽样的控制。

12. 为保证检定、校准和检测工作的正常开展，计量技术机构应具有哪些必需的资源？

13. 质量管理体系文件包括哪些？

14. 内部审核有何特点？

15. 计量技术机构对人员的配置有何要求？

16. 试述选择检定、校准、检测方法时需要遵循哪些原则？

▶ 第五章

测量数据处理

科学技术和生产活动中的测量结果往往与被测量的真值不符，也就是说测量结果与被测量的真值之间存在着一个差值，该差值就是测量误差。对同一量的多次测量结果的不一致说明了测量结果存在着分散性，分散程度可用测量不确定度来表征。测量不确定度越小，测量结果的质量越高，其使用价值就越大。不确定度理论是误差理论的应用和发展。误差理论和不确定度理论是测量数据处理的理论基础，是计量科学的重要组成部分。本章首先介绍测量误差和测量不确定度，在此基础上介绍测量结果的处理和表示方法。

第一节 测量误差的处理

一、测量误差的基本概念

（一）测量误差的定义和表示形式

测量误差（error of measurement）定义为测得的量值减去参考量值。实际工作中测量误差又简称误差（error）。

在测量误差的定义中，测得的量值又称量的测得值，简称测得值，它代表测量结果的量值；参考量值，简称参考值，它可以是被测量的真值，也可以是约定真值，由于被测量的真值是未知的，而约定真值是已知的，因此通常所说的参考量值一般指约定量值。约定量值（conventionl quantity value）是对于给定目的、由协议赋予某量的量值，如标准自由落体加速度（以前称为标准重力加速度）的约定量值 $g_n = 9.80665\mathrm{ms}^{-2}$，给定质量标准的约定量值 $m = 100.00347\mathrm{g}$，光速值 $299792458\mathrm{m/s}$ 等。因此，约定量值可以是真值的一个估计量。另外，上一级计量标准所复现的量值对下一级的计量标准，或计量标准所复现的量值对被测量来说，可视为约定量值，常称为标准值或实际值；有时也用多次测量的算术平均值（即数学期望）作为约定量值。

无论采取哪种约定量值作为参考量值，实际上都是存在不确定度的，因此获得的只是测量误差的估计值。测量误差的估计值是测得值偏离参考量值的程度，通常情况是指绝对误差（absolute error），有时也可以用相对误差（relative error）表示。

1. 绝对误差

当用 Δ_x 表示绝对误差时，Δ_x 是测量结果 x 与被测量的参考量值 x_0 之差，即

$$\Delta_x = x - x_0 \tag{5-1}$$

例如，测量一根杆的长度，测量结果为 $1001\mathrm{mm}$，而采用多次测量的算术平均值获得的杆的约定真值为 $1000\mathrm{mm}$，则此次测量误差的估计值为 $\Delta = 1001\mathrm{mm} - 1000\mathrm{mm} = 1\mathrm{mm}$。这就

是绝对误差。

2. 相对误差

相对误差定义为绝对误差与被测量的参考量值之比，如用 δ_x 表示，则有

$$\delta_x = \frac{\Delta_x}{x_0} = \frac{x - x_0}{x_0} \tag{5-2}$$

相对误差通常以百分数或指数幂表示（例如 1% 或 1×10^{-6}），有时也用带相对单位的比值来表示（例如 1mm/m）。

相对误差有时比绝对误差更能表示测量结果的准确程度。例如，采用两种方法分别测量 $L_1 = 100\text{mm}$ 和 $L_2 = 80\text{mm}$ 的尺寸，其测量误差分别为 $\Delta_1 = \pm 8\mu\text{m}$，$\Delta_2 = \pm 7\mu\text{m}$，计算其相对误差分别为 $\delta_1 = \pm 0.008/100 = \pm 0.008\%$，$\delta_2 = \pm 0.007/80 \approx \pm 0.009\%$，则可知第二种测量方法的测量准确度较低。电学计量中较多采用相对误差表示。

3. 分贝误差

分贝误差实际上是相对误差的另一种表示形式，它对误差进行对数变换，因此特别适于表示具有指数规律性的误差，如声学计量领域用分贝误差定义声强级。

分贝的定义是

$$D = 20\lg x \tag{5-3}$$

若待测量 x 有绝对误差 Δ_x，则 x 的分贝有一相应的分贝误差 Δ_D，且有

$$D + \Delta_D = 20\lg\left(x + \Delta_x\right) \tag{5-4}$$

于是分贝误差为

$$\Delta_D = 20\lg\left(1 + \frac{\Delta_x}{x}\right) \tag{5-5}$$

将式（5-5）按麦克劳林级数展开，保留低次项，得

$$\Delta_D \approx 8.69\frac{\Delta_x}{x} \tag{5-6}$$

或

$$\frac{\Delta_x}{x} \approx 0.1151\Delta_D \tag{5-7}$$

4. 引用误差

引用误差也是相对误差的另一种表示形式，很多仪表的准确度指标都是用它表示，如家用电能表、燃气表、水表都是用引用误差表示准确度等级。引用误差是以测量仪器某一刻度点的示值误差 Δ_x 为分子，以测量范围上限或全量程 $x_{\lim}$ 为分母所得的比值，即

$$\delta_f = \frac{\Delta_x}{x_{\lim}} \tag{5-8}$$

例如，测量范围上限为 300V 的电压表，在标定示值为 250V 处的实际电压为 249.5V，则此电压表在 250V 测量点的引用误差为 $\delta_f = (250\text{V} - 249.5\text{V})/300\text{V} \approx 0.2\%$。

需要注意的是，绝对误差是有单位的量值，相对误差、分贝误差和引用误差一般没有单位，或者是相对单位的比值。无论采用哪种形式给出测量误差，必须注明误差值的符号，当测量值大于参考量值时为正号，反之为负号。

（二）测量误差的分类

测量误差的存在不可避免，但是测量误差不应与测量中产生的错误和过失相混淆。测量

中的过错常称为粗大误差或过失误差，它不属于测量误差的范畴。

测量误差包含系统误差和随机误差两类不同性质的误差。

1. 系统误差

系统测量误差（systematic measurement error），简称系统误差（systematic error），是指在重复测量中保持不变或按可预见方式变化的测量误差的分量。在重复性条件下，对同一被测量进行无限多次测量所得结果的平均值与被测量的参考量值之差就是系统误差的值。参考量值或是真值，或是测量不确定度可忽略不计的测量标准的测得值，或是约定真值。若采用真值作为参考量值，则系统误差是一个概念性的术语，不能得到其值。若采用测量不确定度可忽略不计的测量标准的测得值或是约定真值作为参考量值，则可得到系统误差的估计值。

系统误差根据其随影响量变化的情况，分为恒定系统误差和可变系统误差两类。根据其已知情况，分为已知系统误差和未知系统误差。对于已知系统误差，可以采用误差分离技术补偿该类误差的影响（但补偿值是由测量得到，含有随机误差，会引入到补偿后的结果中）。对于未知系统误差，可以暂按随机误差处理（但要注意这类误差与随机误差相比的最大区别在于不服从统计规律，找不到概率分布类型）。

2. 随机误差

随机测量误差（random measurement error），简称随机误差（random error），是指在重复测量中按不可预见方式变化的测量误差的分量。测量结果与在重复性条件下对同一被测量进行无穷多次测量所得结果的平均值之差就是随机误差的值。随机误差的参考量值是对同一个被测量进行无穷多次重复测量得到的平均值，即期望值。由于不可能进行无穷多次重复测量，因此定义的随机误差是得不到的，随机误差只是一个概念性的术语，不能用随机误差来定量描述测量结果。通常情况下，用有限多次重复测量的数据得到的实验标准偏差来表征随机误差的影响。

为进一步理解测量误差中系统误差和随机误差的关系，可从系统误差和随机误差的概念出发，测量误差与系统误差、随机误差之间存在如下关系：

$$测量误差 = 系统误差 + 随机误差 \tag{5-9}$$

二、测量误差的处理原则

（一）系统误差的发现和减小

要减小系统误差，首先要发现并获得系统误差。主要通过以下两种方法：

1）在规定的测量条件下多次测量同一个被测量，从所得测量结果与计量标准所复现的量值之差可以发现并得到恒定的系统误差的估计值。

2）改变测量条件进行测量，如随着时间、温度、频率等条件的改变，测量结果按某一确定的规律变化，可能是线性地或非线性地增加或减小，就可以发现测量结果中存在的可变的系统误差。

系统误差不能完全被认知，因而也不能完全被消除，但可以采用下列一些基本方法进行补偿或减小。

（1）采用修正的方法

对系统误差的已知部分，用对测量结果进行修正的方法来减小系统误差。

例如，用电阻标准装置校准一个标称 Ω 的标准电阻时，标准装置的读数为 2.001Ω，则

系统误差估计值 = 示值误差 = $(2\Omega - 2.001\Omega) = -0.001\Omega$，因此示值的修正值 = $+0.001\Omega$，已修正的校准结果 = $(2\Omega + 0.001\Omega) = 2.001\Omega$。

（2）在实验过程中尽可能减少或消除一切产生系统误差的因素

例如，不同测量人员的读数习惯不同会导致读数误差，而采用数字显示仪器后就可以消除操作人员的读数误差。

（3）选择适当的测量方法使系统误差抵消而不致代入测量结果中

下面为几种常用的补偿系统误差的测量方法：

1）异号法：改变测量中的某些条件，如测量方向、电压极性等，使两种条件下的测量结果中的误差符号相反，取其平均值以消除系统误差。

例如，带有螺杆的位移读数装置的配合间隙造成往复运动的空行程误差（回程误差），当刻度变化时量杆不动，从而带来测量的系统误差。进行两次测量，第一次螺杆顺时针旋转对准刻度，其读数为 d，设不含系统误差的值为 a，空行程引起的恒定系统误差为 ε，则 $d = a + \varepsilon$；第二次逆时针旋转对准刻度读数为 d'，此时空行程引起的恒定系统误差为 $-\varepsilon$，则 $d' = a - \varepsilon$，取两次读数的平均值就可以得到消除了系统误差的测量结果：$a = (d + d')/2$。

2）交换法：将测量中的某些条件适当交换，如被测物的位置相互交换，设法使两次测量中的误差源对测量结果的作用相反，从而抵消系统误差。

例如，用等臂天平称重时，第一次在右边天平秤盘中放置被测物 X，在左边秤盘中放置砝码 P，使天平平衡，这时被测物的质量为 $X = Pl_1/l_2$。当两臂相等（$l_1 = l_2$）时 $X = P$，如果两臂存在微小差异（$l_1 \neq l_2$），而仍以 $X = P$ 为测量结果，就会使测量结果存在系统误差。为此，可将被测物与砝码互换位置进行称量，当改变砝码质量 P' 使天平平衡时，被测物的质量为 $X = P' l_2/l_1$，取两次测量的几何平均值就可以得到消除了系统误差的测量结果：$X = \sqrt{PP'}$。

3）替代法：保持测量条件不变，用某一已知量值的标准器替代被测件再作测量，使指示仪器的指示不变或指零，这时被测量等于已知的标准量，可以消除系统误差。

例如，用精密电桥测量某个电阻器时，先将被测电阻器接入电桥的一臂，使电桥平衡；然后用一个标准电阻箱代替被测电阻器接入电路，调节电阻箱电阻使电桥再次平衡，则此时标准电阻箱的电阻值就是被测电阻器的电阻值。由此消除了电桥其他三个臂不平衡引起的测量结果中的系统误差。

上述三种常用的抵消系统误差的测量方法适用于恒定系统误差。对于由线性漂移或周期性变化引起的可变系统误差，可以通过合理地设计测量顺序来消除。此外还可采用一些特定的测量方法，如采用对称测量法可消除线性系统误差，采用半周期偶数测量法可消除周期性系统误差。

修正（correction）是补偿或减小系统误差的一种有效方法。修正的定义为对估计的系统误差的补偿。因此修正测量结果必须首先得到测量误差的估计值，或者说研究测量误差也有为了得到测量结果的修正值的目的。当已知测量误差时可以对测量结果进行修正。修正的四种基本形式如下所述：

1）在测量结果上加修正值：修正值是采用代数方法与未修正测量结果相加，以补偿其系统误差的值。修正值等于负的系统误差估计值，即与估计的系统误差大小相等、符号相反。

当测量结果与相应的标准值比较时，测量结果与标准值的差值为测量结果的系统误差估

计值，为

$$\Delta = x - x_s \tag{5-10}$$

式中　Δ——测量结果的系统误差估计值；

　　　x——未修正的测量结果；

　　　x_s——标准值。

注意，当对测量仪器的示值进行修正时，仍按式（5-10）进行 Δ 的计算，只不过这时的系统误差估计值 Δ 为仪器的示值误差，x 为被评定的仪器的示值或标称值。

根据修正值定义，可知修正值 C 为

$$C = -\Delta \tag{5-11}$$

已修正的测量结果 X_C 为

$$X_C = x + C \tag{5-12}$$

例如，用电阻标准装置校准一个标称值为 2Ω 的标准电阻时，标准装置的读数为 2.001Ω，则系统误差估计值 = 示值误差 = （$2\Omega - 2.001\Omega$）= -0.001Ω，因此示值的修正值 = $+0.001\Omega$，已修正的校准结果 = （$2\Omega + 0.001\Omega$）= 2.001Ω。

2）对测量结果乘修正因子：修正因子是为补偿系统误差而与未修正测量结果相乘的数字因子。修正因子 C_r 等于标准值与未修正测量结果之比，有

$$C_r = \frac{x_s}{x} \tag{5-13}$$

已修正的测量结果 X_C 为

$$X_C = C_r x \tag{5-14}$$

3）画修正曲线：当测量结果的修正值随某个影响量（温度、频率、时间、长度等）的变化而变化，那么应该将在影响量取不同值时的修正值画出修正曲线，以便在使用时可以查曲线得到所需的修正值。如电阻值随温度发生变化，就可以绘出电阻的温度修正曲线。通常，修正曲线采用最小二乘法将各数据点拟合成最佳曲线或直线。

4）制定修正值表：当测量结果同时随几个影响量的变化而变化时，或者当修正数据非常多且函数关系不清楚等情况下，最方便的方法是将修正值制成表格，以便在使用时进行查询。

修正值或修正因子的获得，最常用的方法是校准，也就是将测量结果与计量标准的标准值比较。修正曲线和修正表格的制定离不开实验方法。由于系统误差的估计值是有不确定度的，因此，不论采用修正值、修正因子还是别的方法，修正不可能完全消除系统误差，只能在一定程度上减小系统误差。经修正的测量结果即使具有较大的不确定度，但也已经十分接近被测量的真值，其测量误差变得很小。

（二）实验标准偏差的估计

由于实际工作中不可能测量无穷多次，因此不能得到随机误差的准确值。随机误差的大小反映了测量值的分散性，也即重复性，而重复性是用实验标准偏差来表征的。实验标准偏差（experimental standard deviation），简称实验标准差，是用有限次测量的数据得到的标准偏差的估计值，用符号 s 表示。实验标准偏差是表征测量结果分散性的量。

1. 测量列中单次测量的实验标准偏差

在相同条件下，对同一被测量 X 作 n 次重复测量，每次测得值为 x_i，若测量次数为 n，

则单次测量（即每个测量值）的实验标准偏差可按以下几种方法估计。

（1）贝塞尔公式法

将有限次独立重复测量的一系列测量值代入到贝塞尔公式中，就可以得到测量值的实验标准偏差 $s(x)$。贝塞尔公式如下：

$$s(x) = \sqrt{\frac{\sum\limits_{i=1}^{n} (x_i - \bar{x})^2}{n-1}} \tag{5-15}$$

式中　　$\bar{x}$——n 次测量的算术平均值，$\bar{x} = \dfrac{1}{n}\sum\limits_{i=1}^{n} x_i$；

x_i——第 i 次测量的测得值，$i = 1，2，\cdots，n$。

由式（5-15）定义残差 υ，有 $\upsilon_i = x_i - \bar{x}$，因此，实验标准偏差 $s(x)$ 是与测量值残差 υ_i 平方和的开方值相关的值。另外，在采用贝塞尔公式计算测量值的实验标准偏差时，需给出自由度 ν，此处有 $\nu = n-1$。

例如，对某一被测长度进行 10 次重复测量，测量数据为 10.0006m、10.0004m、10.0008m、10.0002m、10.0003m、10.0005m、10.0005m、10.0007m、10.0004m、10.0006m，根据式（5-15）可计算实验标准偏差 $s(x) = 0.00018$m（自由度为 $n-1 = 9$）。

（2）最大残差法

从有限次独立重复测量的一列测量值中找出残差的最大值 υ_{max}，代入下式中得到测量值的实验标准偏差 $s(x)$：

$$s(x) = c_n |\upsilon_{max}| \tag{5-16}$$

式中　　c_n——残差系数，与测量次数 n 有关。

最大残差法的 c_n 值见表 5-1。

表 5-1　最大残差法的 c_n 值

n	2	3	4	5	6	7	8	9	10	15	20
c_n	1.77	1.02	0.83	0.74	0.68	0.64	0.61	0.59	0.57	0.51	0.48

（3）极差法

从有限次独立重复测量的一列测量值中找出最大值 x_{max} 和最小值 x_{min}，得到极差 $R = x_{max} - x_{min}$，代入下式中得到实验标准偏差 $s(x)$：

$$s(x) = \frac{R}{C} = \frac{x_{max} - x_{min}}{C} \tag{5-17}$$

式中　　C——极差系数，与测量次数 n 有关。

极差法的 C 值见表 5-2。

表 5-2　极差法的 C 值

n	2	3	4	5	6	7	8	9	10	15	20
C	1.13	1.64	2.06	2.33	2.53	2.70	2.85	2.97	3.08	3.47	3.74

例如，对某被测件进行了 4 次测量，测量数据为 0.02g、0.05g、0.04g、0.06g，如用极差法，首先找出测量值中最大值 x_{max} 和最小值 x_{min}；计算极差 $R = x_{max} - x_{min} = 0.06g - 0.02g = 0.04g$；根据测量次数 $n = 4$ 查表 5-2 得极差系数 $C = 2.06$，最后利用式（5-17）计算实验标准偏差 $s(x) = \dfrac{R}{C} = 0.04g/2.06 \approx 0.02g$。

（4）较差法

从有限次独立重复测量的一列测量值中，将每次测量值与后一次测量值比较得到差值，代入较差公式得到实验标准偏差 $s(x)$。较差公式如下：

$$s(x) = \sqrt{\frac{(x_2 - x_1)^2 + (x_3 - x_2)^2 + \cdots + (x_n - x_{n-1})^2}{2(n-1)}} \tag{5-18}$$

例如，对同一被测量进行连续多次测量，测量值分别为 0.01mm、0.02mm、0.01mm、0.03mm、0.02mm，若用较差法，将各个测量值代入较差公式（5-18），可计算得到实验标准偏差 $s(x) = \sqrt{[(0.01mm)^2 + (0.01mm)^2 + (0.02mm)^2 + (0.01mm)^2]/8} = 0.009mm$。

在上述几种估计方法中，贝塞尔公式法是最基本的方法，适用于测量次数较多的情况。极差法和最大残差法使用简单，但当数据的概率分布偏离正态分布较大时，应当以贝塞尔公式法的结果为准。在测量次数较少时，常采用极差法。较差法更适用于随机过程的方差分析，如适用于频率稳定度测量或天文观测等领域。

2. 测量列算数平均值的实验标准偏差

当确定一被测量，那么通过多次测量可以获得该被测量单次测量的实验标准偏差 $s(x)$，以此可知单次测量的随机误差大小。需知 $s(x)$ 并不是任何一个具体测得值的随机误差，只表示在一定条件下等精度测量列随机误差的概率分布情况。实际中，被测量的真值无法得到，通常采用多次测量的算术平均值 $\bar{x}$ 作为测量结果，算术平均值即为数学期望，为真值的最佳估计值。若采用多次测量的算术平均值 $\bar{x} = \dfrac{1}{n} \sum_{i=1}^{n} x_i$ 作为测量结果，那么，测量结果的实验标准偏差 $s(\bar{x})$ 将发生改变，它是测量值实验标准偏差 $s(x)$ 的 $1/\sqrt{n}$ 倍（n 为测量次数），即

$$s(\bar{x}) = \frac{s(x)}{\sqrt{n}} \tag{5-19}$$

例如，对某电压值重复测量 10 次，按贝塞尔公式[式（5-15）]计算出测量值的实验标准偏差为 $s(x) = 0.08V$，那么如果取这 10 次测量的算术平均值作为测量结果的最佳估计值，则由式（5-19）可得算术平均值的实验标准偏差为 $s(\bar{x}) = s(x) / \sqrt{n} = 0.08V/\sqrt{10} = 0.02V$；若在相同条件下对该电压值重复测量 4 次，取这 4 次测量的算术平均值作为测量结果的最佳估计值，则由式（5-19）可得算术平均值的实验标准偏差应为 $s(\bar{x}) = s(x) / \sqrt{n} = 0.08V/\sqrt{4} = 0.04V$。

可见，测量次数增加，$s(\bar{x})$ 减小，那么随机误差也就减小，可见多次测量取平均可以减小测量结果的分散性。因此，当重复性较差时可以增加测量次数，取算术平均值作为测量结果来减小测量的随机误差。但是测量次数的增加，也会相应地增加人力、时间和仪器磨损等问题，使测量条件难以保持恒定状态。因此，要求保持测量者、测量仪器、测量环境等不

变，且在短时间内完成测量。通常，取 $n = 10 \sim 20$。当用算术平均值作为被测量的估计值时，算术平均值的实验标准偏差就是测量结果的 A 类标准不确定度。

（三）异常值的判别和剔除

异常值（abnormal value）又称离群值（outlier），是指在对一个被测量重复观测所获的若干观察结果中，出现了与其他值偏离较远且不符合统计规律的个别值，也就是通常所说的粗大误差、过失误差。如果一系列测量值中混有异常值，必然对测量结果有较大的影响。只有剔除该异常值，才能使测量结果更符合实际情况。但有些情况下，如果人为地剔除了一些感觉是偏离平均值较远、但并不属于异常值的数据，则会造成客观数据的虚假。因此必须对异常值进行正确的判断和谨慎的剔除。

对于已知原因的异常值，如读错、记错、仪器突然跳动、突然振动等情况下的测量值，可随时发现并剔除，这是物理判别法。对于一组数据中某个值得怀疑的值，则需要采用统计判别法进行异常值的判断。判别异常值常用的统计方法有以下三种。

（1）拉依达准则

拉依达准则又称 3σ 准则。当重复观测次数充分大时（ $n \geqslant 10$ ），设按贝塞尔公式计算出的实验标准偏差为 s，若某个可疑值 x_d 与 n 个结果的平均值 $\bar{x}$ 之差的绝对值大于或等于 $3s$ 时，判定该 x_d 为异常值。即

$$|x_d - \bar{x}| \geqslant 3s \tag{5-20}$$

请思考一下，当测量次数少于或等于 10 次时能否应用此方法对异常值进行判断？

（2）格拉布斯准则

设在一组测量值的残差中，其残差绝对值的最大值为可疑值 x_d，那么在给定的包含概率 $p = 0.99$ 或 $p = 0.95$，也就是显著性水平 $\alpha = 1 - p = 0.01$ 或 $\alpha = 0.05$ 时，如果满足式（5-21），则该 x_d 可判定为异常值。

$$\frac{|x_d - \bar{x}|}{s} \geqslant G(\alpha, n) \tag{5-21}$$

式中 $G(\alpha, n)$ ——与显著性水平 α 和重复观测次数 n 有关的格拉布斯临界值，见表5-3。

表 5-3 格拉布斯准则的临界值 $G(\alpha, n)$

n	$\alpha = 0.05$	$\alpha = 0.01$	n	$\alpha = 0.05$	$\alpha = 0.01$
3	1.153	1.155	12	2.475	2.785
4	1.463	1.492	13	2.504	2.821
5	1.672	1.749	14	2.532	2.854
6	1.822	1.944	15	2.557	2.884
7	1.938	2.097	16	2.580	2.912
8	2.032	2.221	17	2.603	2.939
9	2.110	2.323	18	2.624	2.963
10	2.176	2.410	19	2.644	2.987
11	2.234	2.485	20	2.663	3.009

（续）

n	$\alpha = 0.05$	$\alpha = 0.01$	n	$\alpha = 0.05$	$\alpha = 0.01$
21	2.285	2.550	30	2.745	3.103
22	2.331	2.607	35	2.811	3.178
23	2.371	2.659	40	2.866	3.240
24	2.409	2.705	45	2.914	3.292
25	2.443	2.747	50	2.956	3.336

（3）狄克逊准则

设一组重复观测值从小到大排列为 x_1，x_2，$\cdots$，x_n，其中，最大值为 x_n，最小值为 x_1。对于不同的 n 值，采用不同的计算公式计算 γ_{ij} 和 γ'_{ij}，见式(5-22)~式(5-25)。

在 $n = 3 \sim 7$ 情况下，有

$$\gamma_{10} = \frac{x_n - x_{n-1}}{x_n - x_1}, \qquad \gamma'_{10} = \frac{x_2 - x_1}{x_n - x_1} \tag{5-22}$$

在 $n = 8 \sim 10$ 情况下，有

$$\gamma_{11} = \frac{x_n - x_{n-1}}{x_n - x_2}, \qquad \gamma'_{11} = \frac{x_2 - x_1}{x_{n-1} - x_1} \tag{5-23}$$

在 $n = 11 \sim 13$ 情况下，有

$$\gamma_{21} = \frac{x_n - x_{n-2}}{x_n - x_2}, \qquad \gamma'_{21} = \frac{x_3 - x_1}{x_{n-1} - x_1} \tag{5-24}$$

在 $n \geq 14$ 情况下，有

$$\gamma_{22} = \frac{x_n - x_{n-2}}{x_n - x_3}, \qquad \gamma'_{22} = \frac{x_3 - x_1}{x_{n-2} - x_1} \tag{5-25}$$

设 $D(\alpha, n)$ 为狄克逊检验的临界值（见表5-4），进行异常值判断的狄克逊准则为：当 $\gamma_{ij} > \gamma'_{ij}$，$\gamma_{ij} > D(\alpha, n)$，则 x_n 为异常值；当 $\gamma_{ij} < \gamma'_{ij}$，$\gamma_{ij} > D(\alpha, n)$，则 x_1 为异常值；否则没有异常值。

表5-4　狄克逊检验的临界值 $D(\alpha, n)$

n		$\alpha = 0.05$	$\alpha = 0.01$	n		$\alpha = 0.05$	$\alpha = 0.01$
3	γ_{10} 和 γ'_{10} 中较大者	0.970	0.994	17		0.529	0.610
4		0.829	0.926	18		0.514	0.594
5		0.710	0.821	19		0.501	0.580
6		0.628	0.740	20		0.489	0.567
7		0.569	0.680	21		0.478	0.555
8	γ_{11} 和 γ'_{11} 中较大者	0.608	0.717	22		0.468	0.544
9		0.564	0.672	23	γ_{22} 和 γ'_{22} 中较大者	0.459	0.535
10		0.530	0.635	24		0.451	0.526
11	γ_{21} 和 γ'_{21} 中较大者	0.619	0.709	25		0.443	0.517
12		0.583	0.660	26		0.436	0.510
13		0.557	0.638	27		0.429	0.502
14	γ_{22} 和 γ'_{22} 中较大者	0.586	0.670	28		0.423	0.495
15		0.565	0.647	29		0.417	0.489
16		0.546	0.627	30		0.412	0.483

上述三种异常值的判别方法中，当 $n > 50$ 时，3σ 准则较简便；当 $3 < n < 50$ 时，格拉布斯准则效果较好，适用于单个异常值；有多于一个异常值时，采用狄克逊准则较好，它可以多次剔除异常值，但每次只能剔除一个，需要重新排序计算统计量 γ_{ij} 和 γ'_{ij} 后进行下一个异常值的判断。实际工作中，若要求较高，可选用多种准则同时进行，若结论相同，此情况为最好；若结论出现矛盾，则需详加分析，此时选择 $\alpha = 0.01$。当出现既可能是异常值，又可能不是异常值的情况，一般以不作为异常值处理为好。

三、计量器具误差的表示与评定

计量器具（measuring instrument）又称测量仪器，它是指单独或与一个或多个辅助设备组合，用于进行测量的装置。测量仪器既可以是指示式测量仪器，也可以是实物量具。一台可单独使用的测量仪器是一个测量系统。计量器具能直接或间接测出被测对象量值或用于同一量值的标准物质，包括计量基准器具、计量标准器具和工作计量器具。计量器具是国家法定计量单位和国家计量基准单位量值的物化体现，是进行量值传递、保障全国量值准确可靠的物质技术基础，是《计量法》的调整对象，是加强计量监督管理的主要对象。因此，计量器具必须具有符合规范要求的计量学特性。尤其需要对其进行合格评定。

（一）计量器具的最大允许误差

计量器具的最大允许误差（maximum permissible errors）是由给定计量器具的规程或规范所允许的示值误差的极限值。它是生产厂商规定的测量仪器的技术指标，又称允许误差极限或允许误差限。最大允许误差有上限和下限，也就是对称限，因此需要加"±"号表示。计量器具的最大允许误差的表示形式有以下四种：

（1）用绝对误差表示

这是比较常见的一种表示形式。例如，标称值为 1Ω 的标准电阻，说明书指出其最大允许误差为 $\pm 0.01\Omega$，则表示电阻的示值误差的上限为 $+0.01\Omega$，下限为 -0.01Ω，即标准电阻的阻值范围为 $(0.99 \sim 1.01)\ \Omega$。

（2）用相对误差表示

用相对误差表示的计量器具的最大允许误差是其绝对误差与相应示值之比的百分数。这种表示形式便于在整个测量范围内的技术指标用一个误差限来表示。

例如，测量范围为 $1A$ 的电流表，其允许误差限为 $\pm 1\%$，它表示在测量范围内每个示值的绝对误差限并不相同，如 $0.5A$ 时，为 $\pm 1\% \times 0.5A = \pm 0.005A$，而 $1A$ 时，为 $\pm 1\% \times 1A = \pm 0.01A$。

（3）用引用误差表示

用引用误差表示的计量器具的最大允许误差是其绝对误差与特定值之比的百分数。这里的特定值，又称引用值，通常采用仪器测量范围的上限值（俗称满刻度值）或量程。这种表示形式使得仪器在不同示值上的用绝对误差表示的最大允许误差相同。

例如，在表达形式 $\pm 1\% \times FS$ 中，FS 为满量程刻度值（full scale）的英文缩写。如果说明书给出了满量程值，那么根据提供的引用误差就可以得到绝对允许误差了。需要注意的是，用引用误差表示最大允许误差，它在测量范围内不同示值的绝对误差限相同，因此，越使用到测量范围的上限，相对误差越小。

（4）用组合形式表示

也就是用绝对误差、相对误差、引用误差的组合来表示最大允许误差。

例如，$\pm(1 \times 10^{-6} \times 量程 + 2 \times 10^{-6} \times 读数 + 1 \times 10^{-6})$ 就是引用误差、相对误差和绝对误差的组合。注意这种表示方法的写法，$\pm$ 号应在括号外，其他表达形式都是错误的。

（二）计量器具的示值误差

计量器具的示值误差（error of indication）是指计量器具的示值与相应测量标准提供的量值之差：示值误差 = 示值 - 标准值。采用高一级计量标准所提供的量值作为约定真值（也就是标准值），被检仪器的指示值或标称值为示值。

计量器具的示值误差的评定方法有比较法、分部法、组合法等几种。

（1）比较法

如三坐标测量机的示值误差是通过采用双频激光干涉仪对其产生的一定位移进行两次测量，由三坐标测量机的示值减去双频激光干涉仪测量结果的平均值得到的。这个过程就采用了比较法。

（2）分部法

如静重式基准测力计是通过对加载荷的各个砝码和吊挂部分质量的测量，分析当地的重力加速度和空气浮力等因素，采用分部法，得出了基准测力计的示值误差。

（3）组合法

如标准电阻的组合法检定、量块和砝码等实物量具的组合法检定、正多面棱体和多齿分度台的组合常角法检定等都属于组合法。

计量器具的示值误差可用绝对误差、相对误差、引用误差来表达。设 x 是被检仪器的示值，x_s 是高一级计量标准的标准值，如标称值为 100Ω 的标准电阻器，用校准值为 100.05Ω 的高一级电阻计量标准进行校准，则 $x = 100\Omega$，$x_s = 100.05\Omega$，那么这个标准电阻器的示值误差可以采用不同的表达形式来表达。

1）用绝对误差 Δ 表示：

$$\Delta = x - x_s = 100\Omega - 100.05\Omega = -0.05\Omega$$

2）用相对误差 δ 表示：

$$\delta = \frac{\Delta}{x_s} \times 100\% = \frac{x - x_s}{x_s} \times 100\% = 5.0\%$$

3）用引用误差 δ_f 表示：

$$\delta_f = \frac{\Delta}{x_N} \times 100\%$$

这里的 x_N 是引用值。

示值的绝对误差是有符号、有单位的量值。当示值误差为多次测量结果的平均值时，该示值误差是被检仪器的系统误差的估计值。需要对示值进行修正，以使它和标准值具有一样的值。

（三）计量器具的合格评定

计量器具的合格评定又称符合性评定，就是评定计量器具的示值误差是否在最大允许误差范围内，也就是是否符合其技术指标的要求，凡符合要求者判为合格，不符合要求则判为不合格。评定的方法就是将被检计量器具与相应的计量标准进行技术比较，在检定的量值点上得到被检计量器具的示值误差，再将示值误差与被检仪器的最大允许误差相比较确定被检仪器是否合格。

具体进行符合性评定时，需要考量评定示值误差的测量不确定度。

1. 示值误差评定的测量不确定度可忽略时的符合性评定

这也是示值误差符合性评定的基本要求。若评定示值误差的测量不确定度（U_{95}或$k=2$时U）与被评定计量器具的最大允许误差的绝对值（MPEV）之比小于或等于1/3，即满足

$$U_{95} \leqslant \frac{1}{3}\text{MPEV} \tag{5-26}$$

时（对于型式评价和仲裁鉴定，该比值可取1/5），示值误差评定的测量不确定度对符合性评定的影响可忽略不计。

此时合格判据为

$$|\Delta| \leqslant \text{MPEV} \qquad 判为合格 \tag{5-27}$$

不合格判据为

$$|\Delta| > \text{MPEV} \qquad 判为不合格 \tag{5-28}$$

式中　$|\Delta|$——被检计量器具示值误差的绝对值；

　　　MPEV——被检计量器具示值的最大允许误差的绝对值。

例如，检定一台测量范围在（0~20）V的电压表在10V电压值处的符合性，测量结果是被校数字电压表的示值误差+0.0007V，评定时，首先需获得10V处的示值误差的扩展不确定度U_{95}，然后根据要求，计算10V处数字电压表的最大允许误差MPEV，若有$U_{95}=0.25\text{mV}$，MPEV $=0.00085\text{V}$，则满足式（5-26）条件，又有被检数字电压表示值误差的绝对值（+0.0007V）小于其最大允许误差的绝对值（0.00085V），符合式（5-27）的合格判定，因此被检数字电压表检定结论为合格。

当依据检定规程对计量器具进行检定时，已经考虑了示值误差评定的测量不确定度的影响，因此，只要被检计量器具处于正常状态，规程要求的各个检测点的示值误差不超过某准确度等级的最大允许误差的要求时，就可判定该计量器具符合该准确度等级的要求。

例如，依据检定规程检定1级材料试验机，其最大允许误差MPEV $=2.0\%$，某一检定点的示值误差为-1.8%，这就可以直接判定该点的示值误差合格，不需要考虑示值误差评定的不确定度$U_{95rel}=0.3\%$的影响。

2. 示值误差评定的测量不确定度不可忽略时的符合性评定

当依据检定规程以外的技术规范对计量器具示值误差进行评定，并且评定示值误差的测量不确定度（U_{95}或$k=2$时的扩展不确定度U）与被评定计量器具的最大允许误差的绝对值（MPEV）之比不满足小于或等于1/3的要求时，为不可忽略的情况。此时，必须考虑示值误差的测量不确定度对符合性评定的影响。

此时，合格判据为

$$|\Delta| \leqslant \text{MPEV} - U_{95} \qquad 判为合格 \tag{5-29}$$

即当被评定的计量器具的示值误差的绝对值$|\Delta|$小于或等于其最大允许误差的绝对值MPEV与示值误差的扩展不确定度U_{95}之差时，可判为合格。

不合格判据为

$$|\Delta| \geqslant \text{MPEV} + U_{95} \qquad 判为不合格 \tag{5-30}$$

即当被评定的计量器具的示值误差的绝对值 $|\Delta|$ 大于或等于其最大允许误差的绝对值 MPEV 与示值误差的扩展不确定度 U_{95} 之和时，可判为不合格。

当被评定的计量器具的示值误差既不符合合格判定，又不符合不合格判定时，即处于如式（5-31）的状态时

$$\text{MPEV} - U_{95} < |\Delta| < \text{MPEV} + U_{95} \qquad \text{判为待定区} \qquad (5\text{-}31)$$

评定结果处于待定状态，需要通过采用准确度更高的计量标准、改善环境条件、增加测量次数和改善测量方法等措施，以降低示值误差评定的测量不确定度 U_{95} 后再进行合格评定。

第二节　测量不确定度的评定与表示

一、测量不确定度的基本概念和分类

（一）测量不确定度的基本概念

测量不确定度的定义为表征合理赋予被测量之值的分散性、与测量结果相联系的参数。可见，测量不确定度概念的提出是用来描述测量结果的。

误差与不确定度存在联系，但误差与不确定度是两个不同的概念。误差用于修正测量结果，不确定度用于表征被测量之值的分散性；误差为带有正号或负号的量值，不确定度为无符号的参数。不确定度的大小决定了测量结果的使用价值，而误差主要是用于对误差源的分析。以前所说测量结果的误差为多少，实际是说测量结果的不确定度为多少。1953 年，比尔斯（Y. Beers）指出：当我们给出误差点为 $\pm a$ 时，实际是指不确定度为 a。

测量值的分散性有两种情况：一是指随机性因素影响下，每次测量得到的不是同一个值，而是以一定概率分布分散在某个区间内的许多值；二是若存在一个恒定不变的系统性影响，由于真值的不可知性，认为它以某种概率分布存在于某个区间内。这两种分散性是通过测量不确定度来表征。

（二）测量不确定度的分类

测量不确定度是一般概念和定性描述，为了定量描述，用标准偏差的估计值即实验标准偏差来表示测量不确定度，因为在概率论中标准偏差是表征随机变量或概率分布分散性的特征参数，这时称该定量为标准不确定度。在此基础上，还有合成标准不确定度和扩展不确定度。

1. 标准不确定度

标准不确定度是指以标准偏差表示的测量不确定度。一般用符号 u 表示。当该不确定度由许多来源引起，那么对每个不确定度来源评定的标准偏差都是标准不确定度分量，用 u_i 表示。

2. 合成标准不确定度

合成标准不确定度是指当测量结果由若干其他量的值求得时，按其他各量的方差或（和）协方差计算得到的标准不确定度，用 u_c 表示。也就是说，当测量结果受多种因素影响时，形成了若干个不确定度分量，测量结果的标准不确定度就需要用各标准不确定度分量合成后得到合成标准不确定度。为了求得 u_c，首先需分析各种影响因素与测量结果的关系，以便准确评定各不确定度分量，然后才能进行合成标准不确定度的计算。

3. 扩展不确定度

扩展不确定度是指确定测量结果的区间的量，合理赋予被测量之值的分布且大部分可望含于此区间。扩展不确定度由合成标准不确定度的倍数得到，即将合成标准不确定度 u_c 扩展了 k 倍得到，用符号表示为 $U = ku_c$。在一些实际工作中，需要用扩展不确定度表示测量结果的情况，如高精度比对、一些与安全生产以及与身体健康有关的测量，要求给出的测量结果区间包含被测量真值的概率较大，即给出一个测量结果的区间，以使被测量的值有更大的把握位于其中。

扩展不确定度确定了测量结果可能值所在的区间，测量结果可以表示为 $Y = y \pm U$，其中 y 是被测量的最佳估计值。被测量的值 Y 以一定的概率落在 $(y - U, y + U)$ 区间内，该区间称为统计包含区间，该概率称为该区间的包含概率或置信水平，它是指该区间在被测量值 Y 的概率分布总面积中所包含的百分数。因此，扩展不确定度就是测量结果的统计包含区间的半宽度。具有规定的包含概率（置信水平）为 p 的扩展不确定度可用 U_p 表示，如 U_{99} 表明由扩展不确定度决定的测量结果的取值区间具有 0.99 的置信水平，或者说，U_{99} 是包含概率为 99% 的统计包含区间的半宽度。

（三）不确定度的评定方法

合成标准不确定度和扩展不确定度都以标准不确定度为基础。对测量结果的标准不确定度可依据评定方法分类，分为 A 类评定和 B 类评定两类。

1. 标准不确定度的 A 类评定

用统计分析法评定，其标准不确定度 u 等于由系列观测值获得的实验标准差，即 $u = s$。当被测量 Y 取决于其他 n 个量 $X_1, X_2, \cdots, X_n$ 时，则 Y 的估计值 y 的标准不确定度 u_y 将取决于 X_i 的估计值 x_i 的标准不确定度 u_{xi}。为此，要先评定 x_i 的标准不确定度 u_{xi}。

2. 标准不确定度的 B 类评定

不用统计分析方法，而是基于其他方法估计概率分布或分布假设来评定标准差并得到标准不确定度。如果被测量 X 的估计值为 x，其标准不确定度的 B 类评定是借助于影响 x 可能变化的全部信息进行科学判定的。这些信息可能是：以前的测量数据、经验或资料；有关仪器和装置的一般知识、制造说明书和检定证书或其他报告所提供的数据；由手册提供的参考数据等。为了合理使用信息，正确进行标准不确定度的 B 类评定，要求有一定的经验及对一般知识有透彻的了解。

（四）自由度在测量不确定度中的应用

在评定测量结果的不确定度时，有一个重要的概念，即自由度。如果说，不确定度是定量说明测量结果质量（或可靠性）的一个参数，那么自由度就是定量说明不确定度质量（或可靠性）的一个参数。根据数理统计的定义，自由度是指在 n 个变量 v_i 的平方和 $\sum_{i=1}^{n} v_i^2$ 中，如果 n 个 v_i 之间存在 k 个独立的线性约束条件，即 n 个变量中独立变量的个数仅为 $n - k$，则称平方和 $\sum_{i=1}^{n} v_i^2$ 中自由度为 $n - k$。若用贝塞尔公式，有一个限制条件 $\sum_{i=1}^{n} (x_i - \bar{x}) = 0$，所以 $\sum_{i=1}^{n} v_i^2$ 的自由度为 $n - 1$。由此可见，标准差的可信赖程度与自由度有密切关系，自由度愈大，标准差愈可信赖。对测量值而言，自由度又代表不确定度的权。正因为自由度在不确定度评定中的重要意义，无论采用 A 类评定还是 B 类评定的标准不确定度，由标准不确定度得到的合成标准不确定度或是扩展不确定度，每一个不确定度都对应着一个自由度。将不确定度计算表达式中总和所包含的项数减去各项之间存在的约束条件数，所得差值就是不确定度的自由度。

二、统计技术的应用

测量结果的不确定度采用标准不确定度表示，这涉及概率论及数理统计知识。

（一）概率分布

概率分布是一个随机变量取任何给定值或属于某一给定值集的概率随取值而变化的函数，该函数称为概率密度函数。概率分布通常用概率密度函数随机变量变化的曲线来表示。测量值 X 落在区间 $[a, b]$ 内的概率 p 可用式（5-32）计算。

$$p(a \leqslant X \leqslant b) = \int_a^b p(x)\,\mathrm{d}x \tag{5-32}$$

式中　$p(x)$ ——概率密度函数。

概率 p 是概率分布曲线下在区间 $[a, b]$ 内包含的面积，又称包含概率或置信水平。在 $(-\infty \sim +\infty)$ 范围内的概率 $p = 1$。当 $p = 1$ 时，表明测量值以 100% 的可能性落在该区间内。

典型的概率分布为正态分布，又称高斯分布，其概率密度函数 $p(x)$ 为

$$p(x) = \frac{1}{\sigma\sqrt{2\pi}}\mathrm{e}^{-\frac{(x-\mu)^2}{2\sigma^2}} \quad (-\infty < x < +\infty) \tag{5-33}$$

图 5-1 所示为正态分布曲线图。由正态分布曲线可知：概率分布曲线在均值 μ 处有一个极大值；正态分布以 $x = \mu$ 为对称轴对称分布；当 $x \rightarrow \infty$ 时，概率分布曲线以 x 轴为渐近线；概率分布曲线在离均值等距离处 $(x = \mu \pm \sigma)$ 两边各有一个拐点；分布曲线与 x 轴组成的面积为 1，即样本值出现的概率的总和为 1；μ 为位置参数，σ 为形状参数，也常用 μ、σ 来简化表示正态分布，如正态分布 $X \sim N(\mu, \sigma)$，其中当 $\mu = 0$，$\sigma = 1$ 时，$X \sim N(0, 1)$ 为标准正态分布。

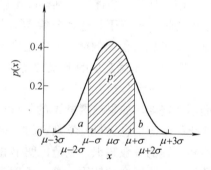

图 5-1　正态分布曲线图

已知正态分布的概率密度函数，可以求 X 落在区间 $[a, b]$ 内的概率为

$$p(a \leqslant x \leqslant b) = \int_a^b \frac{1}{\sigma\sqrt{2\pi}}\mathrm{e}^{-\frac{(x-\mu)^2}{2\sigma^2}}\mathrm{d}x = \phi(z_2) - \phi(z_1) \tag{5-34}$$

式（5-34）中的函数 $\phi(z)$ 称为标准正态分布函数，它是标准正态分布 $X \sim N(0, 1)$ 下，测量值 u 在区间 $[-\infty, z]$ 内的概率，其表达式为 $\phi(z) = \frac{1}{\sqrt{2\pi}} \int_{-\infty}^z \mathrm{e}^{-\frac{u^2}{2}}\mathrm{d}u$，变量 z 在式（5-34）中的取值为 $z_2 = \frac{b-\mu}{\sigma}$、$z_1 = \frac{a-\mu}{\sigma}$。上述说明任何一个正态分布的概率都可以用新构造的标准正态分布函数来表达，只要对标准正态分布函数中的积分域进行相应变换即可。这种变换的意义在于标准正态分布函数是可直接计算的，表 5-5 给出了标准正态分布函数的典型数值。

表 5-5　标准正态分布函数典型数值

z	1.0	2.0	2.58	3.0
$\phi(z)$	0.84134	0.97725	0.99506	0.99863

由式（5-34）可以得到正态分布在区间 $[\mu-\sigma, \mu+\sigma]$、$[\mu-2\sigma, \mu+2\sigma]$、$[\mu-3\sigma, \mu+3\sigma]$ 内的概率分布为

$$p(|x-\mu|\leqslant\sigma) = \phi(1) - \phi(-1) = 2\phi(1) - 1 = 0.68268 \tag{5-35}$$

$$p(|x-\mu|\leqslant2\sigma) = \phi(2) - \phi(-2) = 2\phi(2) - 1 = 0.9549 \tag{5-36}$$

$$p(|x-\mu|\leqslant3\sigma) = \phi(3) - \phi(-3) = 2\phi(3) - 1 = 0.9973 \tag{5-37}$$

依此类推，可以计算正态分布时测量值落在 $[\mu-k\sigma, \mu+k\sigma]$ 置信区间内的包含概率。包含概率与 k 有关，k 被称为置信因子。很明显，k 值越大，置信概率越大。

其他常见的非正态分布有均匀分布、三角分布、梯形分布、反正弦分布、t 分布。

（二）概率分布的数学期望、方差和标准偏差

期望又称均值或期望值，有时又称数学期望，它是无穷多次测量的平均值，用符号 μ 或 $E(X)$ 表示。

离散随机变量的期望为

$$\mu = E(X) = \sum_{i=1}^{\infty} p_i x_i \tag{5-38}$$

连续随机变量的期望为

$$\mu = E(X) = \int_{-\infty}^{+\infty} xp(x)\,\mathrm{d}x \tag{5-39}$$

方差是随机误差平方的期望值，用符号 σ^2 或 $V(X)$ 表示。方差表示为

$$\sigma^2 = V(X) = E[x-E(X)]^2 = \lim_{n\to\infty} \frac{\sum_{i=1}^{n}(x_i-\mu)^2}{n} \tag{5-40}$$

已知测量值的概率密度函数时，方差表示为

$$\sigma^2 = V(X) = \int_{-\infty}^{+\infty}(x-\mu)^2 p(x)\,\mathrm{d}x \tag{5-41}$$

方差说明了随机误差的大小和测量值的分散程度。但方差是平方，使用不够方便直观，从而引出了标准偏差。

标准偏差简称标准差，也可称为方均根误差，它是方差的正平方根值，用符号 σ 表示。因此有

$$\sigma = \lim_{n\to\infty} \sqrt{\frac{\sum_{i=1}^{n}(x_i-\mu)^2}{n}} \tag{5-42}$$

以标准偏差来表示测量值的分散性，σ 小表明测量值比较集中，σ 大表明测量值比较分散。标准偏差和期望共同表征了概率分布，前者表明测量值的分散性，后者决定了概率分布曲线的形状。

需要注意，期望、方差、标准偏差都是在无穷多次测量的条件下定义的。由于不可能实现无穷多次测量，因此，这些值都只是概念性的术语，实际中采用多次测量的结果来获得这

些量的估计值。例如本章第一节中所述的有限次测量时的算数平均值和实验标准偏差。

（三）相关性和相关系数

相关性是描述两个或多个随机变量间的相互依赖关系的特性。度量两个随机变量相互依赖性的定量表达为协方差，用符号 $\text{cov}(X, Y)$ 或 $V(X, Y)$ 来表示。

$$V(X,Y) = E[(x - \mu_x)(y - \mu_y)] \tag{5-43}$$

协方差也是一个理想概念，因此实际工作中用到的是协方差的估计值 $s(x, y)$，它是由有限次测量数据得到的，其表达式如下：

$$s(x,y) = \frac{1}{n-1} \sum_{i=1}^{n} (x_i - \bar{X})(y_i - \bar{Y}) \tag{5-44}$$

式中　$\bar{X}$——随机变量 X 的测量均值，$\bar{X} = \frac{1}{n} \sum_{i=1}^{n} x_i$；

　　　$\bar{Y}$——随机变量 Y 的测量均值，$\bar{Y} = \frac{1}{n} \sum_{i=1}^{n} y_i$。

除了协方差，还可以用相关系数来度量两个随机变量之间相互依赖的程度。相关系数等于两个随机变量间的协方差除以它们各自方差乘积的正平方根，用 $\rho(X, Y)$ 表示。

$$\rho(X,Y) = \frac{V(X,Y)}{\sqrt{V(X,X)V(Y,Y)}} = \frac{V(X,Y)}{\sigma_x \sigma_y} \tag{5-45}$$

式中　σ_x、σ_y——随机变量 X、Y 的标准偏差。

同样的，对于相关系数这个理想概念，它在有限次测量条件下得到的估计值 $r(x, y)$ 为

$$r(x,y) = \frac{\sum_{i=1}^{n} (x_i - \bar{X})(y_i - \bar{Y})}{(n-1)s(x)s(y)} = \frac{s(x,y)}{s(x)s(y)} \tag{5-46}$$

式中　$s(x)$、$s(y)$——随机变量 X、Y 的实验标准偏差。

相关系数是一个纯数字，其值在 -1 到 $+1$ 之间，比起协方差来，它更直观。相关系数为 0，表示两个量不相关；相关系数为 $+1$，表明两个量正全相关，即 X 增大 Y 也增大；相关系数为 -1，表明两个量负全相关，即 X 增大 Y 减小。

三、评定不确定度的一般步骤

不确定度评定的流程大致为确定来源并建立数学模型、评定标准不确定度分量 u_i、计算合成标准不确定度 u_c、确定扩展不确定度 U、给出测量结果几个步骤。根据 JJF 1059.1—2012《测量不确定度评定与表示》的规定，具体评定步骤如下：

1）明确被测量，必要时给出被测量的定义及测量过程的简单描述；

2）列出所有影响不确定度的影响量（即输入量 x_i），并给出用以评定测量不确定度的数学模型；

3）评定各输入量的标准不确定度 $u(x_i)$，并通过灵敏系数 c_i 进而给出与各输入量对应的不确定度分量 $u_i(y) = |c_i|u(x_i)$；

4）计算合成标准不确定度 $u_c(y)$，计算时应考虑各输入量之间是否存在值得考虑的相关性，对于非线性数学模型则应考虑是否存在值得考虑的高阶项；

5）列出不确定度分量的汇总表，表中给出每一个不确定度分量的详细信息；

6）对被测量的概率分布进行估计，并根据概率分布和所要求的置信水平 p 确定包含因子 k_p；

7）在无法确定被测量 y 的概率分布时，或该测量领域有规定时，可以直接取包含因子 $k = 2$；

8）由合成标准不确定度 $u_c(y)$ 和包含因子 k 或 k_p 的乘积，分别得到扩展不确定度 U 或 U_p；

9）给出测量不确定度的最后陈述，其中应给出关于扩展不确定度的足够信息。利用这些信息，至少应该使用户能从所给的扩展不确定度进而评定其测量结果的合成标准不确定度。

四、测量不确定度的评定方法与表示

（一）分析测量不确定度的来源

实际测量工作中有很多因素可以导致不确定度的产生。通常测量不确定度的来源从以下几个方面进行考虑：

1）被测量的定义不完整。例如，电阻阻值受温度影响而变化，若没有定义测量温度，则测得的电阻值有很大的不确定度。

2）复现被测量的测量方法不理想。例如，微波测量中的衰减量是在匹配条件下定义的，但实际测量系统不可能理想匹配。

3）取样的代表性不够，即被测样本不能代表所定义的被测量。例如，材料介电常数的测量通常只能取整个材料中的一部分，那么样本就不能完全代表整个材料。

4）对测量过程受环境影响的认识不恰如其分或对环境的测量与控制不完善。例如，需要在恒温环境下测量，但恒温槽的温度也会在一定小范围内发生变化，这种变化没有既定的规律，造成了测量结果的不确定。

5）对模拟式仪器的读数存在人为偏移。由于观测者的位置或个人习惯的不同等原因，可能对同一状态的指示会有不同的读数，这种差异引入不确定度。

6）测量仪器计量性能的局限性。最大允许误差是这种不确定度的主要来源，其他还包括分辨力、灵敏度、鉴别力、稳定性等。

7）测量标准或标准物质提供的量值不准确。测量标准的最大允许误差是这种不确定度的主要来源。

8）引用的数据或其他参量值的不准确。例如，测量黄铜棒的长度时，为考虑长度随温度变化的规律，要用到黄铜的线膨胀系数，虽然可以查表得到该值，但该值的不确定度是测量结果不确定度的主要来源。

9）测量方法和测量程序的近似和假设。测量过程中一些理想环境的假设会引起不确定度。

10）在相同条件下对被测量进行重复观测所产生的变化。这是由于测量过程中，多种随机因素造成的测量值的分散性，这种分散性用测量重复性表征，这种重复性是不确定度的来源。

（二）建立测量的数学模型

测量的数学模型是指测量结果与其直接测量的量、引用的量和影响量等有关量之间的数学函数关系。

实际测量工作中，被测量 Y 常由其他量 X_1，X_2，$\cdots$，X_n 通过一定的函数关系 f 来确定，即

$$Y = f\,(X_1,\ X_2,\ \cdots,\ X_n) \tag{5-47}$$

式中　X_i——影响量或输入量；

　　　Y——输出量。

Y 的估计值 y 是由各输入量 X_i 的估计值 x_i 按数学模型确定的函数关系 f 确定的，为

$$y = f\,(x_1,\ x_2,\ \cdots,\ x_n) \tag{5-48}$$

数学模型中的输入量可以是：①当前直接测量的值；②由以前测量获得的量；③由手册或其他资料得来的量；④对被测量有明显影响的量。例如，采用 $R = R_0\,[\,1 + \alpha\,(t - t_0)\,]$ 这个数学模型测量电阻，温度 t 是当前直接测量的量，t_0 是规定的常量，R_0 是 t_0 时的电阻值，可以是以前测量的，也可以是由测量标准给出的校准值，温度系数 α 则是从手册上获得的。

数学模型可以是已知的物理公式，也可以用实验方法确定，甚至是采用数值方程。当然，最简单的数学模型是直接对被测量进行测量，此时数学模型中不给出其他相关影响量，输入量就等于输出量，$Y = X$。此时，多次重复测量的算术平均值作为测量结果。

数学模型不是唯一的。例如，电阻的测量可以用公式 $R = R_0\,[\,1 + \alpha\,(t - t_0)\,]$，也可以用欧姆定律公式 $R = U/I$。相对于不同的数学模型，其测量方法和程序以及相关量有所不同。数学模型不一定是完善的，它与人们的认识程度有关，当在测量过程中发现某个有明显影响的影响量时，应在模型中增加该量，修正数学模型。另外，数学模型中的输入量 X_1，X_2，$\cdots$，X_n 本身又取决于其他量，它们各自与其他量相关，还可能包含对系统影响进行修正的修正值或修正因子，这就造成函数关系复杂，此时，数学模型可能是一系列关系式。

（三）标准不确定度分量的评定

1. 标准不确定度的 A 类评定

（1）标准不确定度的 A 类评定方法

所谓 A 类评定是用统计分析法评定。对被测量 X 在同一条件下进行 n 次独立重复测量，观测值为 $x_i(i = 1,\ 2,\ \cdots,\ n)$，得到算术平均值 $\overline{X}$ 及实验标准偏差 $s(x)$。$\overline{X}$ 为被测量的最佳估计值，用来表示测量结果。算术平均值的实验标准偏差就是测量结果的 A 类标准不确定度 $u_A(x)$，用公式表达如下：

$$u_A(x) = s(\overline{X}) = \frac{s(x)}{\sqrt{n}} \tag{5-49}$$

这就是标准不确定度的 A 类评定方法。此时 $u_A(x)$ 的自由度为 $\nu = n - 1$。

（2）测量过程的 A 类标准不确定度评定

对于 A 类标准不确定度评定，若每次核查时测量次数 n 相同，每次核查时的样本标准偏差为 s_i，共核查 k 次，则合并样本标准偏差 s_p 为

$$s_p = \sqrt{\frac{\sum\limits_{i=1}^{k} s_i{}^2}{k}} \tag{5-50}$$

此时 s_p 的自由度 $\nu=(n-1)k$。测量结果的 A 类标准不确定度为

$$u_A = s_p / \sqrt{n'} \tag{5-51}$$

式中　n'——实际获得测量结果时的测量次数。

（3）规范化常规测量时 A 类标准不确定度评定

规范化常规测量是指已经明确规定了测量程序和测量条件下的测量，如日常按检定规程进行的大量同类被测件的检定，当可以认为对每个同类被测量的实验标准偏差相同时，通过累积的测量数据，计算出自由度充分大的合并样本标准偏差，以进行 A 类标准不确定度评定。

在这种规范化的常规测量中，测量 m 个同类被测量，得到 m 组数据，每组测量 n 次，若设第 j 组的平均值为 x_j，则合并样本标准偏差 s_p 为

$$s_p = \sqrt{\frac{\sum_{j=1}^{m} \sum_{i=1}^{n} (x_{ij} - \overline{x_j})^2}{m(n-1)}} \tag{5-52}$$

对每个量的测量结果 $\overline{x_j}$ 的 A 类标准不确定度为

$$u_A(\overline{x_j}) = s_p / \sqrt{n} \tag{5-53}$$

其自由度为 $\nu = m(n-1)$。

若对每个被测件的测量次数 n_j 不同，几个组的自由度 ν_j 不等，各组的实验标准偏差为 s_j，则

$$s_p = \sqrt{\frac{\sum_{j=1}^{m} \nu_j s_j^2}{\sum_{j=1}^{m} \nu_j}} \tag{5-54}$$

式中　ν_j——多个测量组的自由度，$\nu_j = n_j - 1$。

（4）由最小二乘法拟合的最佳直线上得到的预期值的 A 类标准不确定度

假设由最小二乘法拟合得到的最佳直线的直线方程为 $y = a + bx$，则预期值 y_i 的实验标准偏差为

$$s_p(y_j) = \sqrt{s_a^2 + x_j^2 s_b^2 + b^2 s_x^2 + 2x_j r(a,b) s_a s_b} \tag{5-55}$$

式中　$r(a,b)$——与 a 和 b 的相关系数；

s_a、s_b、s_x——a、b、x 的实验标准偏差；

$s_p(y_j)$——预期值 y_i 的实验标准偏差，即 A 类标准不确定度 $u_A(y_j)$。

2. 标准不确定度的 B 类评定

B 类评定不用统计分析法，而是基于其他方法估计概率分布或分布假设来评定标准差并得到标准不确定度。B 类评定在不确定度评定中占有重要地位。

采用 B 类评定法，需先根据实际情况分析，判断被测量的可能值区间 $(-a, a)$；然后根据经验将被测量值的概率分布假设为正态分布或其他分布，根据概率分布和要求的置信水平 p 估计置信因子 k；最后获得 B 类标准不确定度 u_B 为

$$u_B = \frac{a}{k} \tag{5-56}$$

式中　a——被测量可能值区间的半宽度。

（1）区间半宽度 a

区间半宽度 a 是根据有关信息确定的，如以前的观测数据，对有关技术资料和测量仪器特性的了解和经验，生产部门提供的技术说明文件，手册或参考资料给出的参考数据及其不确定度，校准证书、检定证书、测试报告或其他提供的数据、准确度等级，规定测量方法的校准规范、检定规程或测试标准中给出的数据，以及其他有用信息。

例如，给定测量仪器的最大允许误差为 $\pm\Delta$，则区间的半宽度为 $a=\Delta$；校准证书给出了其扩展不确定度为 U，则区间的半宽度为 $a=U$；某参数的最小可能值为 a_-，最大可能值为 a_+，则区间半宽度为 $a=\dfrac{1}{2}(a_+ - a_-)$；数字显示装置的分辨力为 1 个数字代表的量值 δ_x，则区间半宽度 $a=\delta_x/2$；模拟显示装置的最小刻度值为 δ，其分辨力为最小刻度值的一半，则区间半宽度 $a=\delta/4$；另外，还可依据测量仪器或实物量具的准确度等级给出的最大允许误差或测量不确定度进行区间半宽度 a 的评定；或者依据过去的经验或实验方法来估计区间半宽度 a。

（2）概率分布假设

概率分布的假设可遵循常规经验。以下是一些概率分布的选择及在该概率分布下的 B 类不确定度计算公式。

1）当被测量 x 受到多个独立随机因素影响，其概率分布各不相同且影响均很小时，则可假设为正态分布。证书或报告给出的扩展不确定度是 U_{90}、U_{95} 或 U_{99}，若无特别说明，一般按正态分布来评定。此时，由所取包含概率 p 及其对应的包含因子 k 来估算标准不确定度 u_B，即采用式（5-56）。k 值可查阅正态分布的置信因子 k 值与包含概率 p 的关系表，见表 5-6。根据概率论获得的 k 称为置信因子，当 k 为扩展不确定度的倍乘因子时称为包含因子。

表 5-6　正态分布的置信因子 k 值与包含概率 p 的关系

p	0.50	0.90	0.95	0.99	0.9973
k	0.676	1.64	1.96	2.58	3

2）当被测量的估计值取自有关资料，所给出的测量不确定度 U_x 为标准差的 k 倍时，其标准不确定度为

$$u_x = \frac{U_x}{k} \tag{5-57}$$

3）若根据信息已知被测量 x 落在某一区间 $(x-a,\ x+a)$ 内的概率为 1，且在区间内出现的机会相等，则被测量 x 可假设为均匀分布，其标准不确定度为

$$u_x = \frac{a}{\sqrt{3}} \tag{5-58}$$

当被测量的可能值落在区间内的情况缺乏了解时，一般也假设为均匀分布。

4）当被测量 x 落到某一区间 $(x-a,\ x+a)$ 内的概率为 1，且被测量落在该区间中心的可能性最大，则假设为三角分布，其标准不确定度为

$$u_x = \frac{a}{\sqrt{6}} \tag{5-59}$$

5）当被测量 x 落到某一区间 $(x-a,\ x+a)$ 内的概率为 1，且被测量落在该区间中心

的可能性最小，而落在该区间上限和下限处的可能性最大，则假设为反正弦分布，其标准不确定度为

$$u_x = \frac{a}{\sqrt{2}} \qquad (5\text{-}60)$$

例 5-1 某校准证书表明，标称为 1000g 的不锈钢标准砝码的质量 m_s 为 1000.000325g，该值的不确定度按三倍标准偏差为 24μg，求该砝码的标准不确定度。

解： 相当于上述的第二种情况，由校准证书的信息已知：$a = U = 24$，$k = 3$，砝码的标准不确定度为 $u(m_s) = 24μg/3 = 8μg$。

例 5-2 手册给出了纯铜在 20℃ 时的线膨胀系数 α 为 $16.52 \times 10^{-6}/℃$，并说明此值的误差不超过 $0.40 \times 10^{-6}/℃$。求线膨胀系数 α 的标准不确定度。

解： 根据有关手册给出的有限信息已知：$\alpha = 0.4 \times 10^{-6}/℃$，可根据经验假设 α 值以等概率落在区间内，即为均匀分布，则 $k = \sqrt{3}$，所以标准不确定度为

$$u_x = \frac{\alpha}{\sqrt{3}} = \frac{0.4 \times 10^{-6}/℃}{\sqrt{3}} = 0.23 \times 10^{-6}/℃$$

例 5-3 一检验员在测量零件尺寸时，估计其长度以 0.5 的概率落在（10.07 ~ 10.15）mm 的范围内，并报告 $l = (10.11 \pm 0.04)$mm，求该尺寸的标准不确定度。

解： 根据报告的测量结果，$\alpha = 0.04$mm，$p = 50\%$，假设 l 的可能值为正态分布，因此，可按上述第一种情况计算。从正态分布的置信因子和概率的关系表中查得 $p = 50\%$ 时的置信因子为 $k = 0.676$，所以标准不确定度为

$$u_l = \frac{0.04\text{mm}}{0.676} = 0.06\text{mm}$$

例 5-4 某数字电压表的分辨力为 1μV（最低位的一个数字代表的量值），则由分辨力引起的标准不确定度是多少？

解： 数字显示仪器的分辨力为 $\delta_x = 1μV$，则区间半宽度 $a = \delta_x/2$，可假设为均匀分布，对应的包含因子 $k = \sqrt{3}$，则由分辨力引起的标准不确定度为

$$u_U = \delta_x/2\sqrt{3} = 0.29\delta_x = 0.29μV$$

由于测量仪器的分辨力对测量结果的重复性测量有影响，在测量不确定度评定中，当测量重复性引入的标准不确定度大于测量仪器的分辨力所引入的不确定度时，可以不考虑分辨力的影响。但当重复性引入的不确定度小于测量仪器的分辨力所引入的不确定度时，应该用分辨力引入的不确定度代替重复性测量引入的不确定度。考虑数字显示仪器的重复性引入的不确定度分量时，要特别注意这一点，不要把由贝塞尔公式计算重复测量值得到的标准不确定度与分辨率引起的标准不确定度合成为测量仪器示值的重复性不确定度分量，而应该取其中较大者。

（四）合成标准不确定度的计算

合成标准不确定度是由各标准不确定度分量（通过 A 类评定或者 B 类评定获得）合成得到的。测量结果的合成标准不确定度的符号为 $u_c(y)$。为求得 $u_c(y)$，必须分析各种因素与测量结果之间的关系，以准确评价各不确定度的分量，然后才能合成标准不确定度。

在间接测量中，如被测量 Y 的估计值 y 是由几个其他量的测得值 x_1，x_2，$\cdots$，x_n 的函数

求得，即 $y = f(x_1, x_2, \cdots, x_n)$。各直接测得值 x_i 的标准不确定度为 $u(x_i)$，则由 x_i 引起 y 的标准不确定度分量为 $u_i(y) = \left| \dfrac{\partial f}{\partial x_i} \right| u(x_i)$。当各分量相互独立 $[r(x_i, x_j) = 0]$ 时，其标准不确定度 $u_c(y)$ 为

$$u_c(y) = \sqrt{\sum_{i=1}^{N} [u_i(y)]^2} = \sqrt{\sum_{i=1}^{N} \left(\frac{\partial f}{\partial x_i}\right)^2 u^2(x_i)} \qquad (5\text{-}61)$$

对于线性函数关系 $Y = A_1 X_1 + A_2 X_2 + \cdots + A_N X_N$，且各输入量间不相关时，则式（5-61）简化为

$$u_c(y) = \sqrt{\sum_{i=1}^{N} A_i^{\ 2} u^2(x_i)} \qquad (5\text{-}62)$$

对于直接测量，式（5-61）表达更为简单，简化为

$$u_c(y) = \sqrt{\sum_{i=1}^{N} u_i^2} \qquad (5\text{-}63)$$

当所有输入量都相关，且相关系数为 1 时，合成标准不确定度 $u_c(y)$ 为

$$u_c(y) = \left| \sum_{i=1}^{N} \frac{\partial f}{\partial x_i} u(x_i) \right| \qquad (5\text{-}64)$$

当相关系数为 +1，函数关系式中各项影响量的灵敏度系数为 1 时，式（5-64）简化为

$$u_c(y) = \sum_{i=1}^{N} u(x_i) \qquad (5\text{-}65)$$

输入量间的相关性极大地影响了合成标准不确定度计算公式的繁简程度。当两个量之间可以明显判定不相关，或判定相关的信息不足，或其中任意一个量可作为常数处理时，可认为两个量互不相关。实际上，当确定两个量间相关系数不为零，即存在相关性时，也可以采用适当的方法去除两者之间的相关性，如将引起相关的量作为独立的附加输入量进入数学模型。

（五）扩展不确定度的获得

扩展不确定度 U 由合成标准不确定度 u_c 乘以包含因子 k 得到，有公式

$$U = k u_c \qquad (5\text{-}66)$$

包含因子 k 的值是由 $U = k u_c$ 所确定的区间 $y \pm U$ 需具有的置信水平来选取的。k 一般取 2 或 3。当取其他值时，应说明其来源。大多数情况下取 $k = 2$。当给出扩展不确定度 U 时，应指出包含因子 k。

当明确了包含概率 p 时的扩展不确定度应在符号上面加上下标 p，即表达符号为 U_p。同样，包含因子写为 k_p。

当被测量的不确定度分量很多，且每个分量对不确定度的影响都不大时，其合成分布接近正态分布，此时若以算术平均值作为测量结果 y，则通常可假设概率分布为 t 分布，可以取 k_p 值为 t 值，即

$$k_p = t_p(\nu_{\text{eff}}) \qquad (5\text{-}67)$$

式中　ν_{eff}——合成标准不确定度 $u_c(y)$ 的有效自由度。

ν_{eff} 的计算公式如式（5-68）所示。

$$\nu_{\text{eff}} = \frac{u_c^4(y)}{\sum\limits_{i=1}^{N} \dfrac{c_i^4 u_i^4(x_i)}{\nu_i}} \tag{5-68}$$

式中　　c_i——灵敏度系数，$c_i = \dfrac{\partial f}{\partial x_i}$；

　　$u_i(x_i)$——输入量 x_i 引起的标准不确定度；

　　ν_i——$u_i(x)$ 的自由度。

由式（5-67）知，根据给定的置信概率 p 与 ν_{eff} 查 t 分布表，可以得到 $t_p(\nu_{\text{eff}})$，也即得到扩展不确定度的包含因子 k_p。采用式（5-68）计算合成标准不确定度的自由度 ν_{eff}，该值通常情况下不为整数，查表时需取整，为提高扩展不确定结果的可靠性，一般往低取整，例如，$\nu_{\text{eff}} = 3.6$ 时，查 t 分布表时取 ν_{eff} 值为 3。当 ν_{eff} 无法求出时，取 $k = 2 \sim 3$。

五、用蒙特卡洛法评定测量不确定度

以上介绍的通过不确定度传播律计算合成标准不确定度，从而得到被测量估计值的测量不确定度的方法称为 GUM 法，即不确定度指南的方法。GUM 法的使用详见 JJF 1059.1—2012《测量不确定度评定与表示》。GUM 法是评定测量不确定度最常用的方法。

（一）GUM 的局限

当评定复杂模型的测量不确定度时，GUM 法计算非常复杂，尤其是偏导数求解。另外，当输出量的概率分布明显不对称时，采用 GUM 法可能会得出不切实际的包含区间。为此，由国际计量局（BIPM）等八个国际组织成立的国际计量学指南联合委员会（JCGM）建议将概率分布传播作为评定测量不确定度的概率基础，即直接用输入量的 PDF 而不是用它们的最佳估计值和标准不确定度进行评定。

也就是说，GUM 法的使用也有其适用条件：①可以假设输入量的概率分布呈对称分布；②可以假设输出量的概率分布近似为正态分布或 t 分布；③测量模型为线性模型、可以转化为线性的模型或可用线性模型近似的模型。

当不能同时满足上述 GUM 法的适用条件时，可考虑采用蒙特卡洛法评定测量不确定度。JJF 1059.1—2012《测量不确定度评定与表示》中还规定：有时虽然 GUM 法的适用条件不完全满足，当用 GUM 法评定的结果得到蒙特卡洛法验证时，则依然可以用 GUM 法评定测量不确定度。因此，GUM 法依然是评定测量不确定度的最基本的方法，而蒙特卡洛法则是对 GUM 法的补充。

（二）蒙特卡洛法

蒙特卡洛法简称 MCM，是采用概率分布传播的方法，即通过对输入量 X_i 的概率密度函数（PDF）离散抽样，由测量模型传播输入量的分布，计算获得输出量 Y 的 PDF 离散抽样值，进而由输出量的离散分布数值直接获取输出量的最佳估计值、标准不确定度和包含区间。该输出量的最佳估计值、标准不确定度和包含区间等特性的可信程度随 PDF 抽样数的增加而得到改善。

用蒙特卡洛法评定测量不确定度时必须由相应的计算软件进行计算。用蒙特卡洛法评定后报告的结果不是合成标准不确定度和扩展不确定度，而是被测量的估计值 y 及 y 的标准不确定度 $u(y)$，以及在约定包含概率 p 时的 Y 的包含区间 $[y_{\text{low}}, y_{\text{high}}]$。包含区间不一定是对称的。

适用 GUM 法的条件 MCM 也都适用，除此以外，MCM 对以下情况尤为有利：①测量模型明显呈非线性；②输入量的概率分布明显非对称；③输出量的概率分布较大程度地偏离正态分布或 t 分布，尤其是明显非对称分布。在上述情况下，按 GUM 法确定的输出量估计值及其标准不确定度可能变得不可靠，或可能会导致对包含区间或扩展不确定度的估计不切实际。

用蒙特卡洛法评定测量不确定度的具体过程详见 JJF 1059.2—2012《用蒙特卡洛法评定测量不确定度》。

第三节　测量结果的处理和报告

一、有效位数及数字修约规则

（一）有效数字

用一个近似值表示一个量的数值时，通常规定近似值修约误差限的绝对值不超过末位的单位量值的一半，则该数值从左边第一个不是零的数字起到最末一位数的全部数字就称为有效数字，有几位数字就有几位有效数字。例如 3.1415 有效位数是 5 位，其修约误差限为 ±0.00005。

根据保留数位的要求，每一个量的数值表达需要将末位以后多余位数的数字按照一定规则取舍，这就是数据修约。为准确表达测量结果及其测量不确定度，就需要进行数据修约。

测量结果（被测量的最佳估计值）的不确定度包括合成不确定度 $u_c(y)$ 或扩展不确定度 U，都只能是 1~2 位有效数字，最多不超过 2 位。而在不确定度计算过程当中应多保留几位数字，以避免中间过程的修约误差影响最后的不确定度值。最后的不确定度有效位数究竟取 1 位还是 2 位，取决于修约误差限的绝对值占测量不确定度的比例大小。当不确定度第 1 位有效数字是 1 或 2 时，建议保留 2 位有效数字。此外，对测量要求较高时也应保留 2 位有效数字，对测量要求较低时，可保留 1 位有效数字。

（二）数字修约规则

测量结果（被测量的最佳估计值）的末位一般应修约到与其测量不确定度的末位对齐。即同样单位的情况下，如果有小数点，则小数点后的位数一样；如果是整数，则末位一致。

通用的修约规则可简述为：四舍六入、逢五取偶。具体表述为以下几点：

1）入：若舍去部分的数值大于 0.5，则末位加 1。

2）舍：若舍去部分的数值小于 0.5，则末位不变。

3）凑偶：若舍去部分的数值恰好等于 0.5，则将末位凑成偶数（已经是偶数时，则将 0.5 舍去）。

需要注意的是，数字修约过程应一次实现，不可连续修约。另外，为了保险起见，也可将不确定度的末位后的数字全都进位而不是舍去。

二、测量结果的表示和报告

（一）完整的测量结果的报告内容

完整的测量结果应包含被测量的最佳估计值及估计值的测量不确定度。典型表达为 $Y =$

$y \pm U(k=2)$，其中 Y 是被测量的测量结果，y 是被测量的最佳估计值，U 是测量结果的扩展不确定度，k 是包含因子，$k=2$ 说明测量结果在 $y \pm U$ 区间内的概率约为 95%。

被测量的最佳估计值通常是多次测量的算术平均值或由函数式计算得到的输出量的估计值。测量不确定度说明了该测量结果的分散性或测量结果所在的具有一定概率的统计包含区间。在报告测量结果的测量不确定度时，应详细说明该测量不确定度，如原始数据，描述被测量估计值及其不确定度的方法，列出所有不确定度分量、自由度及相关系数并说明它们是如何获得的等，以便能充分发挥其传播性的特点。

（二）用合成标准不确定度报告测量结果

在基础计量学研究、基本物理常量测量、复现国际单位制单位的国际比对中，常用合成标准不确定度报告测量结果。它表示测量结果的分散性大小，便于测量结果间的比较。

当测量不确定度用合成标准不确定度表示时，应给出被测量 Y 的估计值 y、合成标准不确定度 $u_c(y)$，必要时还要给出合成标准不确定度的有效自由度 ν_{eff}。

测量结果及其合成标准不确定度的报告有一定的形式。例如，标准砝码的质量为 m_s，测量结果为 100.02147g，合成标准不确定度 $u_c(m_s)$ 为 0.35mg，则报告形式有以下几种：

1）$m_s = 100.02147\text{g}$；$u_c(m_s) = 0.35\text{mg}$。

2）$m_s = 100.02147(35)\text{g}$；括号内的数字是合成标准不确定度，其末位与前面结果的末位数对齐；主要用于公布常数或常量时使用。

3）$m_s = 100.02147(0.00035)\text{g}$；括号内的数字是合成标准不确定度，与前面结果有相同计量单位。

（三）用扩展不确定度报告测量结果

除了使用合成标准不确定的场合外，通常测量结果的不确定度都用扩展不确定度表示。它可以表明测量结果所在的一个区间，以及用概率表示在此区间内的可信程度，可给人们直观的提示。

当测量不确定度用扩展不确定度表示时，应给出被测量 Y 的估计值 y、扩展不确定度 $U(y)$ 或 $U_p(y)$。$U(y)$ 要给出包含因子 k 值；$U_p(y)$ 要在下标中给出置信水平 p。必要时要给出获得扩展不确定度所需要的合成标准不确定度的有效自由度 ν_{eff}，以便由 p 和 ν_{eff} 查表得到 t 值，即 k_p 值。

测量结果及其扩展不确定度的报告主要有 $U(y)$ 和 $U_p(y)$ 两种。此外还可用相对扩展不确定度表示。

1. 采用 $U = ku_c(y)$ 的报告

例如，标准砝码的质量为 m_s，测量结果为 100.02147g，合成标准不确定度 $u_c(m_s)$ 为 0.35mg，取包含因子 $k=2$，则计算扩展不确定度为 $U = ku_c(y) = 2 \times 0.35\text{mg} = 0.70\text{mg}$。

则报告形式可为

1）$m_s = 100.02147\text{g}$；$U = 0.70\text{mg}$，$k=2$。

2）$m_s = (100.02147 \pm 0.00070)\text{g}$；$k=2$。

2. 采用 $U_p = k_p u_c(y)$ 的报告

例如，标准砝码的质量为 m_s，测量结果为 100.02147g，合成标准不确定度 $u_c(m_s)$ 为 0.35mg，$\nu_{\text{eff}} = 9$，按 $p = 95\%$，查 t 分布值表得 $k_p = t_{95}(9) = 2.26$，则计算扩展不确定度为

$U_{95} = k_p u_c(y) = 2.26 \times 0.35 \text{mg} = 0.79 \text{mg}_\circ$

则报告形式可为

1) $m_s = 100.02147 \text{g}$; $U_{95} = 0.79 \text{mg}$, $\nu_{\text{eff}} = 9_\circ$

2) $m_s = (100.02147 \pm 0.00079) \text{g}$, $\nu_{\text{eff}} = 9_\circ$ 这是推荐的表达方式。

3) $m_s = 100.02147(79) \text{g}$, $\nu_{\text{eff}} = 9_\circ$

4) $m_s = 100.02147(0.00079) \text{g}$, $\nu_{\text{eff}} = 9_\circ$

3. 采用相对扩展不确定度 $U_{\text{rel}} = U/y$ 的报告

具体的报告形式有

1) $m_s = 100.02147 \text{g}$; $U_{\text{rel}} = 0.70 \times 10^{-6}$, $k = 2_\circ$

2) $m_s = 100.02147 \text{g}$; $U_{95\text{rel}} = 0.79 \times 10^{-6}_\circ$

3) $m_s = 100.02147(1 \pm 0.79 \times 10^{-6}) \text{g}$; $p = 95\%$, $\nu_{\text{eff}} = 9_\circ$ 括号内第二项为相对扩展不确定度 $U_{\text{rel}}_\circ$

例 5-5 已知一圆柱体，由分度值为 0.01mm 的量具重复 6 次测量圆柱体的直径 D 和高度 h，测得值（最后一位为估读值）如下：

D_i / mm 10.075 10.085 10.095 10.060 10.085 10.080

h_i / mm 10.105 10.115 10.115 10.110 10.110 10.115

试给出该圆柱体的体积的测量结果报告。

解：第一步，计算圆柱体体积 V 的最佳估计值。

根据圆柱体体积公式，有 $V = \dfrac{\pi D^2}{4} h_\circ$

分别计算直径估计值 $\bar{D} = 10.080 \text{mm}$，高度估计值 $\bar{h} = 10.110 \text{mm}$，则圆柱体体积最佳估计值为 $\bar{V} = \dfrac{\pi \bar{D}^2}{4} \bar{h} = 806.8 \text{ mm}^3_\circ$

第二步，进行不确定度评定。

1) 分析不确定度来源：由直径 D 的测量重复性引起的标准不确定度分量 u_1，由高度 h 的测量重复性引起的标准不确定度分量 u_2，量具示值误差引起的标准不确定度分量 u_3，对 u_1、u_2 用 A 类评定方法，u_3 采用 B 类评定方法。

2) 确定 u_i，有

$$u_1 = \left| \frac{\partial V}{\partial D} \right| u_D, u_D = \sqrt{\frac{\sum_{i=1}^{6} (D_i - \bar{D})^2}{6(6-1)}} = 0.0048 \text{mm}, \text{则 } u_1 = \frac{\pi \bar{D}}{2} \bar{h} u_D = 0.77 \text{ mm}^3, \nu_1 = 5_\circ$$

$$u_2 = \left| \frac{\partial V}{\partial h} \right| u_h, u_h = \sqrt{\frac{\sum_{i=1}^{6} (h_i - \bar{h})^2}{6(6-1)}} = 0.0026 \text{mm}, \text{则 } u_2 = \frac{\pi \bar{D}^2}{4} u_h = 0.21 \text{ mm}^3, \nu_2 = 5_\circ$$

由于分辨力引入的不确定度分量有可能大于重复性测量引入的不确定度分量，最好对分辨力引入的不确定度分量进行计算，取两者中的最大值，严格保证取值的正确。此处量具分度值为 0.01mm，分辨力引入的不确定度分量按照均匀分布进行 B 类评定后的结果为 $u'_D = u'_h = \dfrac{0.01 \text{mm}}{2 \times 2 \times \sqrt{3}} = 0.0014 \text{mm}$，故 u_D、u_h 取值都没有问题。

由仪器说明书知，测微仪的示值误差为 $\pm 0.01\text{mm}$，通常按均匀分布考虑，则 $u_y = \dfrac{0.01\text{mm}}{\sqrt{3}} = 0.0058\text{mm}$，由此引起的 D 和 h 的标准不确定度分量为 $u_{3D} = \left|\dfrac{\partial V}{\partial D}\right| u_y$，$u_{3h} = \left|\dfrac{\partial V}{\partial h}\right| u_y$。则合成 u_3 为

$$u_3 = \sqrt{u_{3D}^2 + u_{3h}^2} = \sqrt{\left(\frac{\partial V}{\partial D}\right)^2 + \left(\frac{\partial V}{\partial h}\right)^2}\, u_y = 1.04\text{mm}^3$$

取相对标准差 $\dfrac{\sigma_{u_3}}{u_3} = 35\%$，则对应的自由度 $\nu_3 = \dfrac{1}{2 \times (0.35)^2} = 4$。

3）分析相关性，得 $\rho_{ij} = 0$，也就是 3 个不确定度分量 u_1、u_2、u_3 相互独立。

4）合成标准不确定度 u_c 及 ν。

$$u_c = \sqrt{u_1^2 + u_2^2 + u_3^2} = \sqrt{0.77^2 + 0.21^2 + 1.04^2}\,\text{mm}^3 = 1.3\text{mm}^3$$

$$\nu = \frac{u_c^4}{\displaystyle\sum_{i=1}^{3} \frac{u_i^4}{\nu_i}} = \frac{1.3^4}{\dfrac{0.77^4}{5} + \dfrac{0.21^4}{5} + \dfrac{1.04^4}{4}} = 7.86$$

为加强测量结果的可靠程度，此处自由度往低取整，取 $\nu = 7$，使之更可靠。

5）求扩展不确定度。取 $p = 0.95$，自由度 $\nu = 7$，查 t 分布表得 $t_{0.95}(7) = 2.36$，即 $k = 2.36$，则

$$U = k u_c = (2.36 \times 1.3)\,\text{mm}^3 = 3.1\text{mm}^3$$

第三步，给出测量结果报告。

1）用合成标准不确定度，则测量结果为：$\bar{V} = 806.8\text{mm}^3$，$u_c = 1.3\text{mm}^3$，$\nu = 7.86$。

2）用扩展不确定度评定圆柱体体积的测量不确定度，测量结果为

$$V = (806.8 \pm 3.1)\,\text{mm}^3, \quad p = 0.95, \quad \nu = 7$$

其中，$\pm$ 符号后的数值是扩展不确定度 $U = k u_c = 3.1\text{mm}^3$，是由合成标准不确定度 $u_c = 1.3\text{mm}^3$ 及包含因子 $k = 2.36$ 确定的。

思考题与习题

1. 区分测量误差、系统误差、随机误差几个概念。

2. 简述剔除粗大误差的几个准则。

3. 以测量次数 $n = 10$ 为例，通过简单推导说明测量次数较少时不宜采用拉依达准则判断异常值的理由。

4. 用电阻标准装置校准一个标称值为 100Ω 的标准电阻，标准装置的读数为 100.012Ω，那么该被校标准电阻的系统误差估计值、修正值、已修正的校准结果分别是多少？

5. 如何进行测量仪器示值误差的符合性评定？不合格判据是怎样的？当示值误差处于待定区时应如何给出合格性结论？

6. 下列 4 种数字多用表测量电阻的最大允许误差的表达方式是否正确，为什么？$\pm(0.1\% R + 0.3\mu\Omega)$、$\pm(0.1\% + 0.3\mu\Omega)$、$\pm 0.1\% \pm 0.3\mu\Omega$、$\pm(0.1\% R \pm 0.3\mu\Omega)$，$k = 3$。

7. 一台测量范围为 $(0 \sim 500)\Omega$ 的数字电压表，其允许误差限为 $\pm 0.2\%$，其引用误差为 $\pm 0.1\%$ FS，

则电压表在200V处的最大允许误差是多少?

8. 测量不确定度和测量误差有何区别和联系?

9. 什么是贝塞尔公式?什么情况下可采用贝塞尔公式进行实验标准偏差的估计?

10. 测量某一长度,重复测量了25次,通过计算得到其分布的实验标准偏差为28.5mm,则其测量结果的标准不确定度是多少?

11. 什么是测量不确定度?测量不确定度有哪三种类别?其含义分别是什么?

12. 什么是标准不确定度的A类和B类评定方法?

13. 数字电压测量仪1位数字对应的电压为1mV,那么它引起的测量结果不确定度是多少?

14. 标称值为1Ω的标准电阻,校准证书上说明该标准电阻在20℃时的校准值为1.000028Ω,扩展不确定度为$80\mu\Omega$($k=2$),在该计量标准中标准电阻引入的标准不确定度分量分别用绝对值和相对值形式表示为?

15. 最终报告时,测量不确定度取几位有效数字的一般规则是怎样的?

16. 将2.549、0.5612修约成2位有效数字。3.1400是几位有效数字?

17. 已知测量不确定度为0.004mm,试按数字修约规则对下列测量数据进行修约:2.8226mm,2.8050mm,2.8153mm,2.8251mm,2.8250mm。

18. 完整的测量报告应包含的内容有哪些?

19. 报告测量结果及其扩展不确定度的形式是怎样的?

20. 标准砝码的质量为m_s,测量得到的最佳估计值为50.02147g,合成标准不确定度$u_c(m_s)$为0.27mg,取包含因子$k=2$,请给出测量结果的正确表达形式。

21. 某圆球的直径d,重复测量10次得$d\pm\sigma_d=(2.124\pm0.002)$mm,试求该圆球最大截面的圆周和面积及体积的测量不确定度(置信概率$p=95\%$)。

▶ 第六章

计量检定、校准和检测

计量技术人员最主要的工作就是对计量器具（测量仪器）进行检定和校准，也包括在计量监督管理工作中涉及的对计量器具新产品和进口计量器具的型式评价，以及定量包装商品净含量的检验等检测工作。计量技术人员检定、校准和检测技术水平直接关系到生产、生活、科技、民生中量值的统一和准确可靠。本章将就检定、校准和检测所涉及的基本概念、正确实施、有关的技术管理和法律责任等分别予以阐述。

第一节　检定、校准和检测概述

一、检定

按照 JJF 1001—2011《通用计量术语及定义》中的定义，计量器具（测量仪器）的检定简称为计量检定或检定，是指查明和确认测量仪器符合法定要求的程序，它包括检查、加标记和/或出具检定证书。通常认为，检定是为评定计量器具计量性能是否符合法定要求，确定其是否合格所进行的全部工作。这一定义表明了检定所包含的五个方面内容：

1）检定的对象属于计量器具，即《中华人民共和国依法管理的计量器具目录》所列的全部计量器具，包括计量标准器具和工作计量器具，可以是实物量具、测量仪器和测量系统。

2）检定具有法制性，是属法制计量管理范畴的执法行为。法定要求是指按照《计量法》对依法管理的计量器具的技术和管理要求。对每一种计量器具的法定要求反映在相关的国家计量检定规程以及部门、地方计量检定规程中。

3）检定的目的是查明对象是否达到要求。检定方法的依据是按法定程序审批公布的计量检定规程。国家计量检定规程由国务院计量行政部门制定，没有国家计量检定规程的，由国务院有关主管部门和省、自治区、直辖市人民政府计量行政部门制定部门计量检定规程和地方计量检定规程，并向国务院计量行政部门备案。

4）检定工作的内容包括对计量器具进行检查，它是为确定计量器具是否符合该器具有关要求所进行的操作。这种操作是依据国家计量检定系统表所规定的量值传递关系，将被检对象与计量基、标准进行技术比较，按照计量检定规程中规定的检定条件、检定项目和检定方法进行实验操作和数据处理。

5）检定最终要出具结果。对计量器具是否合格，是否符合哪一准确度等级做出检定结论，按检定规程规定的要求出具证书或加盖印记。结论为合格的，出具检定证书或加盖合格印；不合格的，出具检定结果通知书。

计量检定是计量工作中进行量值传递或量值溯源的重要形式、实施计量法制管理的重要手段、确保量值准确一致的重要措施。

二、校准

通常校准（calibration）是指在规定的条件下，为确定测量仪器或测量系统所指示的量值，或实物量具或参考物质所代表的量值，与对应的由测量标准所复现的量值之间关系的一组操作。

校准的对象是测量仪器或测量系统、实物量具或参考物质。测量系统是组装起来进行特定测量的全套测量仪器和其他设备。校准方法是依据国家计量校准规范，如果需要进行的校准项目尚未制定国家计量校准规范，应尽可能使用公开发布的，如国际的、地区的或国家的标准或技术规范，也可采用经确认的如下校准方法：由知名的技术组织、有关科学书籍或期刊公布的，设备制造商指定的，或实验室自编的校准方法，以及计量检定规程中的相关部分。

校准的目的是确定被校准对象的示值与对应的由计量标准所复现的量值之间的关系，以实现量值的溯源性。校准工作的内容就是按照合理的溯源途径和国家计量校准规范或其他经确认的校准技术文件所规定的校准条件、校准项目和校准方法，将被校对象与计量标准进行比较和数据处理。校准所得结果可以是给出被测量示值的校准值，如给实物量具赋值，也可以是给出示值的修正值。这些校准结果的数据应清楚明确地表达在校准证书或校准报告中。报告校准值或修正值时，应同时报告它们的测量不确定度。

三、检测

检测是指对给定产品按照规定程序确定某一种或多种特性、进行处理或提供服务所组成的技术操作。

法定计量检定机构中计量技术人员从事的计量检测主要包括计量器具新产品和进口计量器具的型式评价、定量包装商品净含量的检验。计量检测的对象是某些计量器具产品和定量包装商品。

对计量器具新产品和进口计量器具的型式评价是依据型式评价大纲对计量器具进行全性能试验，将检测结果记录在检测报告上，为政府计量行政部门进行型式批准提供依据。

对定量包装商品净含量的检验是依据国家计量技术规范对定量包装商品的净含量进行检验，为政府计量行政部门对商品量的计量监督提供证据。

计量检测与一般意义的检测含义有所不同。一般意义的检测是对给定的产品、材料、设备、生物体、物理现象、工艺过程或服务，按规定程序确定一种或多种特性和性能的技术操作，只需按照规定的程序操作并提供所测结果，不需要给出所测数据合格与否的判定。

四、检定、校准与检测的区别与联系

检定是属于法制计量范畴，其对象主要是强制检定的计量器具，而对于大量的非强制检定的计量器具，为确保其准确可靠，为使其测量结果具有溯源性，一般通过校准进行管理。因而，校准是实现量值统一和准确可靠的重要途径。实际上，校准一直起着这个作用，只是在我国没有明确地确定它在量值传递及量值溯源中的地位，而一直由政府统一管理，实施单一的量值传递体系，仅仅采用检定作为唯一合法的方式，这已不适应目前经济和技术发展的需要。法定计量检定机构中计量技术人员从事的计量检测主要指计量器具新产品和进口计量器具的型式评价和定量包装商品净含量的检验两方面的内容，与检定和校准的对象明显不同。

第二节　计量检定、校准、检测的实施

计量检定的适用范围为《中华人民共和国依法管理的计量器具目录》中所列的计量器具。计量检定工作应按照经济合理的原则，就地就近进行。

一、计量器具检定的种类

1. 首次检定

对新生产或新购置的没有使用过的计量器具进行的一种检定。所有依法管理的计量器具在投入使用前都要进行首次检定。对直接与供水、气、电部门进行结算用的家用燃气表、水表、电能表等，只做首次检定，而不做后续检定。

2. 后续检定

计量器具首次检定后的任何一种检定。包括周期性检定和修理后检定。

3. 周期检定

按时间间隔和规定程序，对计量器具进行一种定期的后续检定。

4. 修理后检定

使用中经检定发现计量器具不合格，经修理、交付使用前所进行的一种检定。

5. 进口检定

以销售为目的、列入我国依法管理的计量器具目录的进口计量器具，在海关验放后所进行的一种检定。由订货单位向省级政府计量行政部门提出申请、政府计量行政部门指定有能力的计量检定机构进行检定。若检定不合格，则需由订货单位及时向商检机构申请索赔事宜。

6. 仲裁检定

为处理因计量器具准确度所引起的计量纠纷，用计量基准或社会公用计量标准所进行的、以仲裁为目的计量检定。这类检定可由当事人向政府行政部门申请，也可由司法部门、仲裁机构、合同管理部门等委托政府计量行政部门进行。

7. 强制检定

对于列入强制检定范围的计量器具由政府行政部门指定的法定计量检定机构或授权的计量技术机构实施的定点定期检定。这类检定是政府强制实施的，而非自愿的。列入强制管理的计量器具都是担负公正、公平和诚信的社会责任的计量器具。强制检定的计量器具包括两类：一类是计量标准器具，指担任各级量值传递任务的社会公用标准器具、部门及企事业单位使用的最高计量标准器具；另一类是工作计量器具，是列入国家强制检定目录且必须在贸易结算、安全防护、医疗卫生、环境监测中实际使用的计量器具。

8. 非强制检定

在依法管理的计量器具中除强制检定之外的其余计量器具都属于非强制检定的范围。这类检定由使用者自己组织实施，检定周期可根据本单位实际情况自主确定。

二、计量检定、校准、检测工作的实施

1. 开展计量检定、校准等工作的依据

（1）委托方的要求

在开展检定或校准之前必须先明确委托方的需求，且根据申请书、合同等仔细了解送检

要求后再开展具体的业务。

（2）所依据的技术文件

检定、校准和检测必须依据相关的技术文件，如国家计量检定系统表和检定规程、校准规范、型式评价大纲等。检定规程包括国家、地方和部门计量检定规程三种。校准要首先选用国家校准规范，若无国家校准规范，也可选用能满足顾客需求的、公开发布的国内外技术标准或技术规范，还可以使用经确认过的自编的校准方法文件。

2. 执业人员的资质要求

在开展检定、校准、检测时，每个项目至少应有两名有执业资格证书的人员，资格证书包括符合被检项目要求的"计量检定员证"或"注册计量师资格证书"和"注册计量师注册证"。此外，执业人员还应通过学习和培训的方式不断提升自己的岗位能力。

3. 计量标准的选择

在国家计量检定规程和校准规范中都明确规定了各级计量基准或计量标准的指标，应按规定执行。法定计量检定机构在进行检定或校准时，应使用经过计量标准考核并取得有效证书且贴有状态标志的计量标准。

4. 环境条件的控制

为保证测量结果的准确可靠，需要合适的环境条件。来自环境的干扰主要有电磁、噪声、振动、灰尘、温度、湿度等因素。为达到环境条件的要求，就需要安装环境监测与控制设备。

5. 数据要求

1）真实性要求。

2）信息量要求。

3）结果评定与核验要求。

第三节　检定证书、校准证书和检测报告

一、证书、报告的类型

各类检定、校准、检测完成后，应根据规定的要求以及实际检定、校准或检测的结果，出具检定证书、检定结果通知书、校准证书（校准报告）、检测报告。

检定证书：依据计量检定规程实施检定，对检定结论为"合格"者出具检定证书。检定证书是证明计量器具已经过检定且符合法定要求的文件。

检定结果通知书（又称检定不合格通知书）：依据计量检定规程实施检定，对检定结论为"不合格"者出具检定结果通知书。检定结果通知书是证明计量器具不符合有关法定要求的文件。

校准证书：凡依据国家计量校准规范，或非强制检定计量器具依据计量检定规程的相关部分，或依据其他经确认的校准方法进行的校准，出具的证书名称为"校准证书"（或"校准报告"）。

检测报告：进行计量器具新产品或进口计量器具型式评价试验后，应依据 JJF 1015—

2002《计量器具型式评价和型式批准通用规范》附录 C 的要求，出具"计量器具型式评价报告"。进行定量包装商品净含量检验时，依据 JJF 1070—2005《定量包装商品净含量计量检验规则》的附录 J "定量包装商品净含量检验报告格式"，出具"定量包装商品净含量检验报告"。

二、证书、报告的管理

（一）证书、报告管理制度和程序

计量技术机构对证书、报告的管理制度或管理程序应包括以下环节：证书、报告格式的设计和印刷要求；证书、报告的编号规则；证书、报告的内容和编写要求；证书、报告的核验、审核和批准要求；证书、报告的修改规定；证书、报告的电子传输规定；证书、报告的副本保存规定；为顾客保密的规定等。每一环节都要求认真按规定执行。

（二）证书、报告副本的保存

在发生伪造证书、报告，或篡改证书、报告上的数据等违法行为时，需要证书、报告的副本为依据，以对违法行为进行揭露和处理。因此，对发出的证书、报告必须保留副本，以备查阅。保留的证书、报告副本必须与发出的证书、报告完全一致，维持原样不得改变。证书、报告副本要按规定妥善保管，便于检索。证书、报告副本可以是证书、报告原件的复印件，也可以保存在计算机的软件载体上。存在计算机中的证书、报告副本应该进行只读处理，不论哪一种保存方式，都要遵守有关的证书、报告副本保存规定。证书、报告副本超过规定保存期时，需要办理批准手续，按规定统一销毁。

三、计量检定印、证

计量器具经检定以后，检定机构要根据检定结果做出检定结论、出具检定印、证，以证明其性能是否合格，这是整个检定过程的最后一个环节。计量检定印、证包括检定证书、检定结果通知书、检定合格证、检定合格印和注销印。检定合格证是给经检定合格的计量器具出具的合格标签；检定合格印是在经检定合格的计量器具上加的显示该计量器具检定合格的印记，或表示封缄的印记，如堑印、喷印、钳印、漆封印；注销印是计量器具经检定不合格时，在原检定证书、检定合格印、证上加盖的注销标记。

计量检定印、证是计量检定机构出具的证明计量器具合格与否、具有法制性和权威性的一种标志，在计量监督管理中起着重要作用。

第四节　计量检定和校准实例

一、计量检定实例

依据国家计量检定规程 JJG 1036—2008《电子天平》，用 E_2 等级标准砝码直接测量一台最大称量为 200g、实际分度值 $d = 0.1mg$ 的电子天平，说明检定时示值误差测量结果不确定度评定基本要求。

（1）数学模型

$$\Delta m = p - m$$

式中　　Δm——电子天平示值误差；

　　　　p——电子天平示值；

　　　　m——标准砝码值。

（2）各输入量的标准不确定度分量的评定

1）输入量 m 的标准不确定度 $u(m)$ 的评定：输入量 m 的标准不确定度 $u(m)$ 采用 B 类方法评定。

根据 JJG 99—2006《砝码》中规定 E_2 等级 200g～1mg 砝码的扩展不确定度（0.01～0.002）mg，包含因子 $k=2$。

由于不同称量点对应于不同量程的标准砝码，则标准砝码的标准不确定度也不同。以 200g 点为例，根据规程可得 E_2 等级 200g 的扩展不确定度 $U=0.1$mg，则标准不确定度为

$$u(m) = \frac{U}{2} = \frac{0.10}{2}\text{mg} = 0.05\text{mg}$$

自由度：
$$\nu(m) = \infty$$

2）输入量 p 的标准不确定度 $u(p)$ 的评定：输入量 p 的标准不确定度 $u(p)$ 主要来源于天平的测量重复性和天平的分辨力。

① 测量重复性引起的标准不确定度 $u(p_1)$ 的评定。用 200g 砝码在重复性条件下对电子天平进行连续 10 次测量，得到测量列（单位为 g）：200.0001，200.0002，200.0003，200.0002，200.0004，200.0002，200.0002，200.0003，200.0003，200.0003。

平均值：$\bar{x} = \dfrac{1}{n}\sum_{i=1}^{a} x_i = 200.00025\text{g}$

单次实验标准差：$s = \sqrt{\dfrac{\sum\limits_{i=1}^{n}(x_i - \bar{x})^2}{(n-1)}} = 0.07\text{mg}$

自由度：$\nu(p_1) = 10 - 1 = 9$

② 天平分辨力引起的标准不确定度 $u(p_2)$ 的评定。该电子天平实际分度值 $d=0.1$mg，且服从均匀分布，则

$$u(p_2) = \frac{d/2}{\sqrt{3}} = \frac{0.1}{2\sqrt{3}}\text{mg} = 0.03\text{mg}$$

估计 $\dfrac{\Delta u(p_2)}{u(p_2)} = 0.10$，则自由度 $\nu(p_2) = 50$。

③ 输入量 p 的标准不确定度 $u(p)$ 的计算：已知 p_1 和 p_2 互相独立，则

$$u(p) = \sqrt{u^2(p_1) + u^2(p_2)} = \sqrt{0.03^2 + 0.03^2}\text{mg} = 0.04\text{mg}$$

$$\nu(p) = \frac{[u(p)]^4}{\dfrac{[u(p_1)]^4}{\nu(p_1)} + \dfrac{[u(p_2)]^4}{\nu(p_2)}} = \frac{0.04^2}{\dfrac{0.03^2}{81} + \dfrac{0.03^2}{50}} = 98$$

（3）合成标准不确定度及扩展不确定度的评定

1）灵敏系数。

数学模型：$\Delta m = p - m$

灵敏系数：$c_1 = \dfrac{\partial \Delta m}{\partial p} = 1$，$c_2 = \dfrac{\partial \Delta m}{\partial m} = -1$

2）各不确定度分量汇总及计算表：各不确定度分量汇总及计算表见表6-1。

表6-1　各不确定度分量汇总及计算表

标准不确定度 $u(x_i)$	不确定度来源	标准不确定度/mg		自由度 ν_i		灵敏系数 c_i
$u(m)$	标准砝码	0.05		∞		-1
$u(p)$	天平测量重复性	0.03	0.04	81	98	1
	天平分辨力所引起	0.03		81		

3）合成标准不确定度的计算：输入量 m 与 p 彼此独立不相关，故

$$u_c{}^2(\Delta m) = \left[\frac{\partial \Delta m}{\partial p}\Delta u(p)\right]^2 + \left[\frac{\partial \Delta m}{\partial p}u(m)\right]^2$$
$$= [c_1\Delta u(p)]^2 + [c_2 u(m)]^2$$

合成标准不确定度：$u_c(\Delta m) = \sqrt{0.05^2 + 0.04^2}\,\mathrm{mg} = 0.06\mathrm{mg}$

4）合成标准不确定度的有效自由度 $\nu_{\mathrm{eff}} = \infty$

$$\nu_{\mathrm{eff}} = \frac{u_c(\Delta m)^4}{\dfrac{u^4(m)}{\nu(m)} + \dfrac{u^4(p)}{\nu(p)}} = \frac{0.06^4}{0 + \dfrac{0.04^4}{98}} = 496 \quad 取 \nu_{\mathrm{eff}} = \infty$$

5）扩展不确定度的评定：取置信概率 $p = 95\%$，按有效自由度 $\nu_{\mathrm{eff}} = \infty$，查 t 分布表得 $k_p = t_{95}(\infty) = 1.960$，则扩展不确定度为

$$U_{95} = t_{95}(\infty)u_c(\Delta m) = 1.960 \times 0.11\mathrm{mg} = 0.2\mathrm{mg}$$

6）测量不确定度报告：电子天平在最大称量200g时示值误差测量结果的扩展不确定度为

$$U_{95} = 0.2\mathrm{mg}, \quad \nu_{\mathrm{eff}} = \infty$$

二、计量校准实例

下面的实例引自 JJF 1064—2010《坐标测量机校准规范》，用以说明校准结果的不确定度评定基本要求。

1. 测量模型

用标准器进行测量，得到的长度值 L 为

$$L = L_s + L_s\alpha_s\Delta t - \Delta L_1 - \Delta L_2 - \Delta L_3 + E$$

式中　L_s——标准器的校准长度；

　ΔL_1——标准器形状误差等因素引起的误差；

　ΔL_2——长期稳定性引起的误差；

　ΔL_3——测量重复性引起的误差；

　α_s——标准器的热膨胀系数；

　Δt——标准器温度对20℃的偏离；

　E——坐标测量机的示值 L 的误差。

2. 灵敏系数

$$c_1 = \partial L/\partial L_s = 1 + \alpha_s\Delta t \approx 1$$
$$c_2 = \partial L/\partial \alpha_s = L_s\Delta t$$

$$c_3 = \partial L / \partial(\Delta t) = L_s \alpha_s$$
$$c_4 = \partial L / \partial(\Delta L_1) = -1$$
$$c_5 = \partial L / \partial(\Delta L_2) = -1$$
$$c_6 = \partial L / \partial(\Delta L_3) = -1$$
$$c_7 = \partial L / \partial E = 1$$

3. 标准不确定度分量

u_1 为标准器校准值引入的标准不确定度；

u_2 为标准器热膨胀系数引入的标准不确定度；

u_3 为标准器温度测量引入的标准不确定度；

u_4 为标准器长度变动量引入的标准不确定度；

u_5 为标准器长度稳定性引入的标准不确定度；

u_6 为测量重复性引入的标准不确定度；

u_7 为坐标测量机示值误差的标准不确定度，也是坐标测量机的测量示值误差的组成部分，与校准方法无关，不予单独考虑。

4. 合成标准不确定度

$$u_c = \sqrt{u_1^2 + (L_s \Delta t u_2)^2 + u_4^2 + u_5^2 + u_6^2}$$

取两个长度，确定不确定度的系数，以 $u_c = a + bL$ 的形式给出。

5. 扩展不确定度

$$U = k u_c \qquad (取 \ k = 2)$$

6. 计算实例

1）设使用三等量块对坐标测量机进行校准，被校准的坐标测量机的最大允许误差 $MPE_E = 5\mu m + 5.5L/1000(\mu m)$，其中 L 的单位为 mm。量块的温度为 $20.8\,℃$。

2）作为标准器的量块校准值的不确定度根据量块校准证书得到：$U_1 = (0.1 + 1.0L)\mu m$，$k_1 = 2.62$，L 单位为 m。

3）量块热膨胀系数 α_s 的不确定度查有关资料得到：$U_2 = 1 \times 10^{-6}\,℃^{-1}$，服从三角分布，$k_2 = \sqrt{6}$。

4）不同长度的标准量块的长度变动量可根据检定规程 JJG 146—2011《量块检定规程》得到：$U_4(100) = 0.2\mu m$，$U_4(1000) = 0.6\mu m$，设服从均匀分布，取 $k = \sqrt{3}$。

5）标准器的长度稳定性由检定规程得到：$U_5 = (0.05 + 1.0L)\mu m$，L 的单位为 m，设服从均匀分布，取 $k = \sqrt{3}$。

6）测量重复性可根据 35 组测量计算得到。对每块量块进行 3 次测量，其最大极差为 $1.0\mu m$，极差系数为 1.69，得实验标准偏差 $s = 0.59\mu m$。考虑到各组测量的实验标准偏差相差很小，均取 $s_i = 0.59\mu m$，从 35 组测量中，可以得到合并样本标准偏差：$m = 35$，$n = 3$，$\nu_i = n - 1 = 2$，则

$$u_6 = s_p = \frac{\sqrt{\sum_{i=1}^{m} \nu_i s_i^2}}{\sum_{i=1}^{n} \nu_i} = \frac{\sqrt{35 \times (2 \times 0.59^2)}}{35 \times 2} \mu m = 0.08\mu m$$

合成标准不确定度 u_c 分量取值汇总见表 6-2。

表6-2　合成标准不确定度 u_c 分量取值汇总

标准不确定度分量	测量长度 100mm	测量长度 1000mm
	标准不确定度分量值/μm	
$u_1/\mu m$	0.08	0.42
$u_2/℃^{-1}$	4.1×10^{-7}	4.1×10^{-7}
$L_s\Delta tu_2/\mu m$	0.03	0.33
$u_4/\mu m$	0.12	0.35
$u_5/\mu m$	0.09	0.61
$u_6/\mu m$	0.08	0.08
$u_c/\mu m$	0.27	1.25

所以，合成标准不确定度 $u_c = （0.27 + 1.3L/100）\mu m$，扩展不确定度 $U = （0.5 + 3L/1000）\mu m$，$k=2$。

思考题与习题

1. 量值传递与保证量值准确一致的基础是什么？
2. 什么是计量检定、强制检定、非强制检定？家用燃气表、水表等是否需要进行周期检定？
3. 什么是计量检定规程？我国共有几类计量检定规程？说明计量检定规程的编号方法。
4. 实施检定、校准、检测时的环境条件指什么？为什么要规定环境条件要求？
5. 检定、校准、检测的原始记录必须满足什么要求？
6. 什么是检定周期和校准间隔？如何确定检定周期、校准间隔？
7. 检定、校准和检测有什么区别与联系？
8. 校准的对象和目的是什么？
9. 检定工作必须依据什么进行？
10. 校准工作必须依据什么进行？
11. 检定证书、检定结果通知书、校准证书（校准报告）、检测报告有何不同？

第七章

计量标准的建立、考核及使用

计量（metrology）是实现单位统一、量值准确可靠的活动。量值是否准确可靠取决于一个国家计量标准体系的技术水平和管理水平。确保量值准确可靠是通过"逐级量传"，即通过国家计量基准、副基准、工作基准、各级工作标准传递到各领域、各行业现场使用的工作计量器具，或通过其逆过程——"量值溯源"来实现。在这个量值传递或溯源的环节中，各级计量标准具有十分重要的作用。因此，计量标准是国家依法强制管理的重点对象，其措施是实行计量标准考核制度。

第一节　计量基准与计量标准

一、计量基准

计量基准是计量基准器具的简称，是在特定计量领域内复现和保存计量单位（或其倍数单位）并具有最高计量特性的计量器具，是统一全国量值的最高依据。对每项测量参数而言，全国只能有一个计量基准，其地位由国家以法律形式予以确定。

建立计量基准器具的原则是：根据国民经济发展和科学技术进步的需要，由国家市场监管总局负责统一规划，组织建立。属于基础性、通用性的计量基准，建立在国家市场监管总局设置或授权的计量技术机构；专业性强、仅为个别行业所需要，或工作条件要求特殊的计量基准，可以建立在有关部门或者单位所属的计量技术机构。

（一）计量基准的分类

1. 国际计量基准

国际计量基准也称国际测量标准，是由国际协议签约方承认、旨在全世界使用的测量标准。国际计量基准是具有当代科学技术所能达到的最高计量特性的计量基准，成为给定量的所有其他计量器具在国际上定值的最高依据。

根据国际协议，由国际米制公约组织下设的国际计量委员会（CIPM）和国际计量局（BIPM）两个机构负责研究、建立、组织和监督国际计量基准（标准）。各国根据国际计量大会和国际计量委员会的决议，按照单位量值一致的原则，在本国内调整并保存各量值的国际基准，它们必须经国际协议承认，并在国际范围内具有最高计量学特性，它是世界各国计量单位量值定值的最初依据，也是溯源的最终点。

2. 国家计量基准和副基准

国家计量基准是经国家决定承认的最高测量标准，在一个国家内作为对有关量的其他测量标准定值的依据。国家计量基准标志着一个国家科学计量的最高水平，能以国内最高的准确度复现和保存给定的计量单位。在给定的计量领域中，所有计量器具进行的一切测量均可溯源到国家基准上，从而保证这些测量结果准确可靠和具有实际的可比性。我国的国家基准是经国务院计量行政部门批准，作为统一全国量值最高依据的计量器具。

副基准是由国家基准直接校准或比对来定值的计量标准，它作为复现测量单位的地位仅次于国家基准。一旦国家基准损坏时，副基准可用来代替国家基准。根据实际工作情况，可设副基准，也可以不设副基准。国家基准和副基准绝大多数设置在国家计量研究机构中。

3. 工作计量基准

工作基准是指经与国家计量基准或副基准比对，并经国家鉴定，实际用以检定计量标准的计量器具。设置工作基准的目的是不使国家基准和副基准由于频繁使用而降低其计量特性或遭受损坏。工作基准一般设置在国家计量研究机构中，也可根据实际情况设置在工业发达的省级或部门的计量技术机构中。

（二）计量基准的特点

计量基准具有如下特点：

1）科学性：计量基准都是运用最新科学技术研制出来的，所以具有当代本国的最高准确度。

2）唯一性：对每一个测量参数来说，全国只能有一个。

3）国家性：因为计量基准是统一全国量值的最高依据，故计量基准的准确度必须经过国家鉴定合格并确定其准确度。

4）稳定性：计量基准都具有良好的复现性，性能稳定，计量特性长期不变。

二、计量标准

计量标准器具简称计量标准，是指准确度低于计量基准、用于检定其他计量标准或工作计量器具的计量器具。所有计量标准器具都可检定或校准工作计量器具。

（一）计量标准的分级和分类

1. 计量标准的分级

按照我国计量法律法规的规定，计量标准可以分为最高等级计量标准和其他等级计量标准。最高等级计量标准又有三类：最高社会公用计量标准、部门最高计量标准和企事业单位最高计量标准。其他等级计量标准也有三类：其他等级社会公用计量标准、部门次级计量标准和企事业单位其他等级计量标准。

在给定地区或在给定组织内，其他等级计量标准的准确度等级要比同类的最高计量标准低，其他等级计量标准的量值一般可以溯源到相应的最高计量标准。例如：一个计量技术机构建立了二等量块标准装置为最高计量标准，该单位建立的相同测量范围的三等量块标准装置、四等量块标准装置就称为其他等级计量标准。

对于一个计量技术机构而言，如果一项计量标准的计量标准器需要外送到其他计量技术机构溯源，而不能由本机构溯源，一般将该项计量标准认为是最高计量标准。

我国对最高计量标准和其他等级计量标准的管理方式不同。最高社会公用计量标准应当由上一级计量行政部门考核，其他等级社会公用计量标准则由本级计量行政部门考核，部门最高计量标准和企事业单位最高计量标准应当由有关计量行政部门考核，而部门和企事业单位的其他等级计量标准则不计量行政部门考核。

2. 计量标准的分类

计量标准可按照不同的指标进行分类。

1）按精度等级分：①在某特定领域内具有最高计量学特性的基准；②通过与基准比较来定值的副基准；③具有不同精度的各等级标准。高等级的计量标准器具可检定或校准低等级的计量标准。

2）按组成结构分：①单个的标准器；②由一组相同的标准器组成的、通过联合使用而起标准器作用的集合标准器；③由一组具有不同特定值的标准器组成的、通过单个或组合提供给定范围内的一系列量值的标准器组。

3）按适用范围分：①经国际协议承认、在国际上用以对有关量的其他标准器定值的国际标准器；②经国家官方决定承认，在国内用以对有关量的其他标准器定值的国家标准器；③具有在给定地点所能得到的最高计量学特性的参考标准器。

4）按工作性质分：①日常用以校准或检定测量器具的工作标准器；②用作中介物以比较计量标准或测量器具的传递标准器；③具有特殊结构、可供运输的搬运式标准器。

5）按工作原理分：①由物质成分、尺寸等来确定其量值的实物标准；②由物理规律确定其量值的自然标准。

需要说明的是，上述几种分类方式不是排他性的。例如，一个计量标准可以同时是国家标准器和自然标准。

（二）计量标准的计量特性

1. 计量标准的测量范围

测量范围用计量标准所复现的量值或测量范围来表示。对于可以测量多种参数的计量标准，应分别给出每种参数的测量范围。计量标准的测量范围应满足开展检定或校准的需要。

2. 计量标准的不确定度、准确度等级或最大允许误差

应当根据计量标准的具体情况，按标准所属专业规定或约定俗成用不确定度、准确度等级或最大允许误差进行表述。对于可以测量多种参数的计量标准，应当分别给出每种参数的不确定度、准确度等级或最大允许误差。计量标准的不确定度、准确度等级或最大允许误差应当满足开展检定或校准的需要。

3. 计量标准的重复性

计量标准的重复性通常用测量结果的分散性来定量表示，即用单次测量结果 y_i 的实验标准差 $s(y_i)$ 来表示。计量标准的重复性通常是检定或校准结果的一个不确定度来源。新建计量标准应当进行重复性试验，并提供试验的数据；已建计量标准至少每年进行一次重复性试验，测得的重复性应满足检定规程或技术规范对测量不确定度的要求。

4. 计量标准的稳定性

新建计量标准一般应经过半年以上的稳定性考核，证明其所复现的量值稳定可靠后，才能申请计量标准考核；已建计量标准应当保存历年的稳定性考核记录，以证明其计量特性的持续稳定。若计量标准在使用过程中采用标称值或示值，则计量标准的稳定性应当小于计量标准最大允许误差的绝对值；若计量标准需要加修正值使用，则计量标准的稳定性应当小于修正值的扩展不确定度。

5. 计量标准的其他计量特性

计量标准的其他计量特性，如灵敏度、鉴别力、分辨力、漂移、滞后、响应特性、动态特性等也应当满足相应计量检定规程或技术规范的要求。

三、标准物质

标准物质（reference material，RM）也称参考物质，是具有足够均匀和稳定的特定特性的物质，其特性被证实适用于测量中或标称特性检查中的预期用途。有证标准物质（certified reference material，CRM）则是附有由权威机构发布的文件，提供使用有效程序获得的具有不确定度和溯源性的一个或多个特性量值的标准物质。

标准物质用以校准测量装置、评价测量方法或给材料赋值，可以是纯的或混合的气体、液体或固体。标准物质在国际上又称为参考物质。

标准物质已成为量值传递的一种重要手段，是统一全国量值的法定依据。它可以作为计量标准来检定、校准或校对仪器设备，作为比对标准来考核仪器设备、测量方法和操作是否正确，测定物质或材料的组成和性质，考核各实验室之间测量结果的准确度和一致性，鉴定所试制的仪器设备或评价新的测量方法，以及用于仲裁检定等。

（一）标准物质的分级和分类

1. 标准物质的分级

标准物质特性量值的准确度是划分其级别的主要依据。此外，均匀性、稳定性和用途等对不同级别的标准物质也有不同的要求。从量值传递和经济观点出发，常把标准物质分为两个级别，即一级（国家级）标准物质和二级（部门级）标准物质。

一级标准物质采用定义法或其他准确、可靠的方法对其特性量值进行计量，其不确定度达到国内最高水平，主要用来标定比它低一级的标准物质、检定高准确度的计量仪器、评定和研究标准方法或在高准确度要求的关键场合下应用。

二级标准物质采用准确、可靠的方法或直接与一级标准物质相比较的方法对其特性量值进行计量，其不确定度能够满足日常计量工作的需要，主要作为工作标准使用，作为现场方法的研究和评价。

2. 标准物质的分类

标准物质的种类繁多，按照技术特性，可将标准物质分为以下三类：

1）化学成分标准物质　这类标准物质具有确定的化学成分，并用科学的技术手段对其化学成分进行准确的计量，用于成分分析仪器的校准和分析方法的评价，如金属、地质、环境等化学成分标准物质。

2）物理化学特性标准物质　这类标准物质具有某种良好的物理化学特性，并经过准确计量，用于物理化学特性计量器具的刻度、校准和计量方法的评价，如 pH 值、燃烧热、聚合物分子量标准物质等。

3）工程技术特性标准物质　这类标准物质具有某种良好的技术特性，并经准确计量，用于工程技术参数和特性计量器具的校准、计量方法的评价及材料或产品技术参数的比较计量，如粒度标准物质、标准橡胶、标准光敏褪色纸等。

（二）标准物质的特点

1. 稳定性

稳定性是指标准物质在规定的时间和环境条件下，其特性量值保持在规定范围内的能力。影响稳定性的因素有：光、温度、湿度等物理（环境）因素，溶解、分解、化合等化学因素和细菌作用等生物因素。稳定性表现在：固体物质不风化、不分解、不氧化，液体物质不产生沉淀、不发霉，气体和液体物质对容器内壁不腐蚀、不吸附等。

2. 均匀性

均匀性是指物质的一种或几种特性在物质各部分之间具有相同的量值。大多数情况下，标准物质证书中所给出的标准值是对一批标准物质的定值资料，而使用者在使用标准物质时，每次只是取用其中一小部分，所取用的那一小部分标准物质所具有的特性量值应与证书所给的标准值一致，所以要求标准物质必须是非常均匀的物质或材料。

3. 准确性

准确性是指标准物质具有准确计量的或严格定义的标准值（亦称保证值或鉴定值）。当用计量方法确定标准值时，标准值是被鉴定特性量真值的最佳估计，标准值与真值的偏离不超过测量不确定度。在某些情况下，标准值不能用计量方法求得，而用商定一致的规定来指定。这种指定的标准值是一个约定真值。通常在标准物质证书中都同时给出标准值及其测量不确定度。当标准值是约定真值时，还给出使用该标准物质作为"校准物"时的计量方法规范。

第二节　计量标准的建立

一、建立计量标准的依据和条件

（一）建立计量标准的法律法规依据

1）《中华人民共和国计量法》（全国人民代表大会通过，国家主席令 28 号，1985 年 9 月 6 日发布，1986 年 7 月 1 日起实施）第六条、第七条、第八条及第九条。

2）《中华人民共和国计量法实施细则》（国务院 1987 年 1 月 19 日批准，1987 年 2 月 1 日起实施）第七条、第八条、第九条及第十条。

3）《计量标准考核办法》（国家质量监督检验检疫总局令第 72 号，2005 年 1 月 14 日发布，2005 年 7 月 1 日起实施）。

（二）建立计量标准的技术依据

1）国家计量技术规范 JJF 1033—2016《计量标准考核规范》（2008 年 1 月 31 日发布，2008 年 9 月 1 日起实施）。

2）国家计量检定系统表以及相应的计量检定规程或技术规范。

（三）计量标准的使用条件

《中华人民共和国计量法实施细则》第七条规定，使用计量标准必须具备下列条件：

1）计量标准经计量检定合格。

2）具有正常工作所需要的环境条件。

3）具有称职的保存、维护、使用人员。

4）具有完善的管理制度。

二、建立计量标准的准备工作

（一）建立计量标准的策划

建立计量标准要从实际需求出发，科学决策，讲求效益，减少建立计量标准的盲目性。

1. 策划时应当考虑的要素

1）进行需求分析，研究其对国民经济和科技发展的重要和迫切程度，尤其分析被测量对象的测量范围、测量准确度和需要检定或校准的工作量。

2）需建立的基础设施与条件，如房屋面积、恒温条件及能源消耗等。

3）建立计量标准应当购置的标准器、配套设备及其技术指标。

4）是否具有或需要培养使用、维护及操作计量标准的技术人员。

5）计量标准的考核、使用、维护及量值传递保证条件。

6）建立计量标准的物质、经济、法律保障等基础条件。

2. 策划时应当进行评估

政府计量行政部门组织建立社会公用计量标准前，应当对行政辖区内的计量资源进行调查研究、科学调配、统筹规划、合理组织，建立社会公用计量标准体系，尽可能避免重复投资，最大限度地发挥现有的计量资源的作用。提高法定计量技术机构的技术保障水平，增强对社会开展计量检定和校准的服务能力。

当社会公用计量标准不能覆盖或满足不了部门专业特殊的需求时，国务院有关部门和省、自治区、直辖市有关部门可以根据部门的特殊需要建立部门内部使用的计量标准。

3. 社会经济效益分析

只有具有良好的社会效益或经济效益的计量标准才有必要建立。政府计量行政部门建立社会公用计量标准，应当根据本行政区域内统一量值的需要，着重考虑社会效益，同时兼顾经济效益；部门和企事业单位建立计量标准应当根据本部门和本单位的实际情况，重点建立生产、科研等需要的计量标准，主要考虑经济效益。

（二）建立计量标准的技术准备

申请新建计量标准的单位，应当按 JJF 1033—2016《计量标准考核规范》的要求进行准备，并按照以下七个方面的要求做好准备工作：

1）科学合理配置计量标准器及配套设备。

2）计量标准器及主要配套设备进行有效溯源，并取得有效检定或校准证书。

3）新建计量标准应当经过半年或至少半年的试运行，在此期间考察计量标准的重复性及稳定性。

4）申请考核单位应当完成《计量标准考核（复查）申请书》和《计量标准技术报告》的填写。

5）环境条件及设施应当满足开展检定或校准工作的要求，并按要求对环境条件进行有效检测和控制。

6）每个项目配备至少两名持证的检定或校准人员。

7）建立计量标准的文件集。

三、计量标准的命名规则

按照 JJF 1022—2014《计量标准命名与分类编码》的规定，计量标准的命名应当遵循以下原则：

（一）计量标准命名的基本类型

计量标准命名的基本类型为计量标准装置和计量标准器（或标准器组）。

（二）计量标准装置的命名原则

1. 以标准装置中的计量标准器或其反映的参量名称作为命名标识

命名方式：计量标准器或参量名称＋标准装置。

1）用于同一计量标准装置可以检定或校准多种计量器具的场合。

2）用于计量标准中计量标准器与被检或被校计量器具名称一致的场合。

例如：一项几何量计量标准由计量标准器一等量块和配套设备接触式干涉仪组成，开展二等及以下量块的检定或校准，则该计量标准可以命名为"一等量块标准装置"。

2. 以被检或被校计量器具或参量名称作为命名标识

命名方式：被检或被校计量器具或参量名称＋检定或校准装置。

1）用于同一被检或被校计量器具的参量较多，需要多种标准器进行配套检定或校准的场合。

2）用于计量标准中计量标准器的名称与被检或被校计量器具名称不一致的场合。

3）用于计量标准装置中，计量标准器等级概念不易划分，而将被检或被校计量器具或参量名称作为命名标志，更能确切反映计量标准特征的场合。

例如：由超声功率计、人体组织超声仿真模块及数字万用表等组成检定医用超声源的计量标准，可以命名为"医用超声源检定装置"。又如被校示波器涉及多个参数，用于校准示波器的一套计量标准可以命名为"示波器校准装置"。

（三）**计量标准器（或标准器组）的命名原则**

1. 以计量标准器（或标准器组）的名称作为命名标志

以计量标准器（或标准器组）的名称作为命名标志时，命名为：计量标准器名称＋标准器（或标准器组）。这种命名方式适用于：

1）同一计量标准，可以检定或校准多种计量器具的场合。

2）计量标准仅由实物量具构成的场合。

例如：由计量标准器（1～500）mg F2 等级毫克组砝码组成的计量标准，可以开展电子天平、机械天平、架盘天平等的检定，则该计量标准可以命名为"F2 等级毫克组砝码标准器组"。

2. 以被检或被校计量器具的名称作为命名标志

以被检或被校计量器具的名称作为命名标志时，命名为：检定或校准＋被检或被校计量器具名称＋标准器组。这种命名方式适用于：

1）检定或校准同一计量器具时，需多种标准器进行配套检定或校准的场合。

2）以被检或被校计量器具的名称为命名标志，更能确切反映计量标准特征的场合。

例如：一项几何量计量标准由计量标准器——四等量块和配套设备——光面量规、测长机、平面平晶、表面粗糙度样、测力仪等组成，可以开展千分尺、深度千分尺、内测千分尺、杠杆千分尺等的检定或校准，则该计量标准可以命名为"检定测微量具标准器组"。

（四）命名原则的应用

当涉及某项计量标准的命名时，可以在 JJF 1022—2014《计量标准命名与分类编码》附录 1 "计量"分类目录中查找。若在 JJF 1022—2014《计量标准命名与分类编码》中没有列入，可按上述原则进行命名。

第三节　计量标准的考核

计量标准考核是国家市场监管总局及地方各级质量技术监督部门对计量标准测量能力的评定和开展量值传递资格的确认。被考核的计量标准不仅要符合技术要求，还必须满足法制管理的有关要求。计量标准考核是计量监督的一项基本内容。

一、计量标准的考核要求及有关技术问题

（一）计量标准的考核原则

1. 执行考核规范的原则

计量标准考核工作必须执行 JJF 1033—2016《计量标准考核规范》。

2. 逐项考评的原则

计量标准考核坚持逐项考评的原则，每一项计量标准必须按照本规范规定的六个方面共30项内容逐项进行考评。

3. 考评员考评的原则

计量标准考核实行考评员考评制度，考评员须经国家或省级质量技术监督部门考核合格，并取得计量标准考评员证。考评员承担的考评项目应当与其所取得的考评项目一致。

（二）计量标准器及配套设备的配置

计量标准器及配套设备是保证实验室正常开展检定或校准工作，并取得准确可靠的测量数据的最重要的装备。计量标准器及配套设备（包括计算机及软件）的配置应当科学合理、完整齐全，并能满足开展检定或校准工作的需要。计量标准器及主要配套设备的计量特性必须符合相关计量检定规程或技术规范的规定。

1. 计量标准的溯源性

计量标准的溯源性是指计量标准的量值应当定期溯源至国家计量基准或社会公用计量标准，且计量标准器及主要配套设备均应有连续、有效的检定或校准证书。

计量标准应当定期溯源。也就是说，计量标准器及主要配套设备如果是通过检定溯源，则检定周期不得超过计量检定规程规定的周期；如果是通过校准溯源，则复校时间间隔应当执行国家计量校准规范规定的建议复校时间间隔；如果国家计量校准规范或者其他技术规范没有明确规定复校时间间隔，而校准机构给出复校时间间隔，则应当按照校准机构给出的复校时间间隔定期校准；当校准机构没有给出复校时间间隔时，申请考核单位应当按照 JJF 1139—2005《计量器具检定周期确定原则和方法》的要求，制定合理的复校时间间隔并定期校准；当不可能采用计量检定或校准方式溯源时，则应当定期参加实验室之间的比对，以确保计量标准量值的可靠性和一致性。

计量标准应当有效溯源。"有效溯源"的含义如下：

（1）有效的溯源机构

计量标准器应当向经法定计量检定机构或质量技术监督部门授权的计量技术机构溯源；主要配套设备可以向具有相应测量能力的计量技术机构溯源。

（2）检定溯源要求

凡是有计量检定规程的计量标准器及主要配套设备，应当以检定方式溯源，不能以校准

方式溯源。在以检定方式溯源时，检定项目必须齐全，检定周期不得超过计量检定规程的规定。

（3）校准溯源要求

没有计量检定规程的计量标准器及主要配套设备，应当依据国家计量校准规范进行校准；若无国家计量校准规范，则可以依据有效的校准方法进行校准。校准的项目和主要技术指标应当满足其开展检定或校准工作的需要。

（4）采用比对的规定

只有当不能以检定或校准方式溯源时，才可以采用比对方式，确保计量标准量值的一致性。

（5）计量标准中的标准物质的溯源要求

要求使用处于有效期内的有证标准物质。

（6）对溯源到国际计量组织或其他国家具备相应能力的计量标准的规定

当国家计量基准不能满足计量标准器及主要配套设备量值溯源需要时，应当按照有关规定向国家市场监管总局提出申请，经国家市场监管总局同意后方可溯源到国际计量组织或其他国家具备相应能力的计量标准。

2. 计量标准的溯源和传递框图

计量标准的量值溯源和传递框图是表示计量标准溯源到上一级计量器具和传递到下一级计量器具的框图。计量标准的量值溯源和传递框图应当根据国家计量检定系统表来绘制，但它只要求绘制出三级：上一级计量器具、本级计量器具和下一级计量器具。

计量标准的量值溯源和传递框图中每级计量器具都包括三要素：上一级计量器具三要素为计量基（标）准名称、不确定度或准确度等级或最大允许误差和计量基（标）准拥有单位（即保存机构）；本级计量器具三要素为计量标准名称、测量范围和不确定度或准确度等级或最大允许误差；下一级计量器具三要素为计量器具名称、测量范围和不确定度或准确度等级或最大允许误差。三级之间应当注明溯源和传递的方法。

例如：三等量块标准器组计量标准的量值溯源和传递框图示例如图 7-1 所示，本级计量器具是三等量块标准器组，通过比较仪向上溯源到二等量块标准器组，向下传递到四等或二级量块，以及用直接测量法传递到比较仪、指示表等。

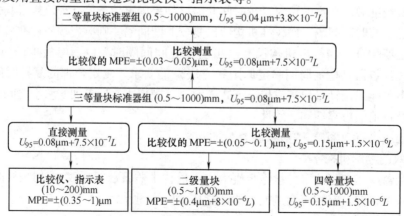

图 7-1　三等量块标准器组计量标准的量值溯源和传递框图示例

（三）对计量标准主要计量特性的要求

1. 计量标准的测量范围

测量范围用该计量标准所复现的量值或测量范围来表示，对于可以测量多种参数的计量标准，应当分别给出每种参数的测量范围。计量标准的测量范围应当满足开展检定或校准的需要。

2. 计量标准的不确定度、准确度等级或最大允许误差

根据计量标准的具体情况，应当按照本专业规定或约定俗成用不确定度、准确度等级或最大允许误差进行表述。对于可以测量多种参数的计量标准，应当分别给出每种参数的不确定度或准确度等级或最大允许误差。计量标准的不确定度、准确度等级或最大允许误差应当满足开展检定或校准的需要。

3. 计量标准的重复性

计量标准的重复性是指在相同的测量条件下，重复测量同一个被测量，计量标准提供相近示值的能力。这些测量条件包括相同的测量程序、相同的观测者、在相同条件下使用相同的计量标准、在相同地点、在短时间内重复测量。计量标准的重复性通常用测量结果的分散性来定量表示，即用单次测量结果 y_i 的实验标准差 $s(y_i)$ 来表示。

（1）重复性的试验方法

在重复性条件下，用计量标准对常规的被检定或被校准对象进行 n 次独立重复测试，若得到的测量结果为 $y_i(i=1,2,\cdots,n)$，则其重复性 $s(y_i)$ 为

$$s(y_i) = \sqrt{\frac{\sum\limits_{i=1}^{n}(y_i-\bar{y})^2}{n-1}} \tag{7-1}$$

式中　$\bar{y}$——n 次测量结果的算术平均值；

　　　n——重复测量次数，n 应尽可能大，一般应不少于 10 次。

对于常规的计量检定或校准，当无法满足 $n\geq10$ 时，为使得到的实验标准差更可靠，建议采用合并样本标准差来评价其重复性。

（2）计量标准重复性试验

对于新建计量标准，只要按照要求进行重复性试验，并提供试验的重复性数据即可；对于已建计量标准，至少每年进行一次重复性试验，如果重复性试验结果不大于新建计量标准时的重复性，则重复性符合要求；如果重复性试验结果大于新建计量标准时的重复性，则应按照新的重复性结果重新进行检定或校准结果的测量不确定度评定，并判断检定或校准结果的测量不确定度是否满足被检定或校准对象的需要。

例如：对一项新建的质量计量标准装置进行重复性试验，选择经常检定的砝码作为被测件进行重复性试验，记录测量数据并计算重复性。每次记录必须注明试验条件，包括环境条件（温、湿度）、所用仪器及被测件的编号。试验时遇到的特殊情况应记录在备注中，完成试验后需试验人员签字。

4. 计量标准的稳定性

计量标准的稳定性包括计量标准器的稳定性和配套设备的稳定性，但不是所有计量标准都能进行稳定性考核，如果不存在核查标准，可以不进行稳定性考核。一次性使用的标准物

质也可以不进行稳定性考核。

（1）计量标准稳定性的考核方法

1）对于新建计量标准，每隔一段时间（大于一个月），用该计量标准对核查标准进行一组 n 次的重复测量，取其算术平均值作为该组的测量结果，共观测 m 组（$m \geq 4$）。取 m 个测量结果中的最大值和最小值之差，作为新建计量标准在该时间段内的稳定性。

2）对于已建计量标准，每年用该计量标准对核查标准进行一组 n 次的重复测量，取其算术平均值作为测量结果。以相邻两年的测量结果之差作为该时间段内计量标准的稳定性。

（2）计量标准稳定性的判定方法

若计量标准在使用中采用标称值或示值（即不加修正值使用），则测得的稳定性应小于计量标准的最大允许误差的绝对值；若加修正值使用，则测得的稳定性应小于该修正值的扩展不确定度（U_{95} 或 U，$k = 2$）。

（3）核查标准的选择方法

在计量标准稳定性的测量过程中还不可避免地会引入被测对象对稳定性测量的影响。为使这一影响尽可能小，必须选择一稳定的测量对象来作为稳定性测量的核查标准。核查标准的选择可以按以下几种情况分别处理：

1）被检定或被校准的对象是实物量具。在这种情况下可以选择一性能比较稳定的实物量具作为核查标准。

2）计量标准仅由实物量具组成，而被检定或被校准的对象为非实物量具的测量仪器：实物量具通常可以直接用来检定或校准非实物量具的测量仪器，并且实物量具的稳定性通常远优于非实物量具的测量仪器，因此在这种情况下可以不必进行稳定性考核，但需画出计量标准器所提供的标准量值随时间变化的曲线，即计量标准器的稳定性曲线图。

3）计量标准器和被检定或被校准的对象均为非实物量具的测量仪器：如果存在合适的比较稳定的对应于该参数的实物量具，则可以用它作为核查标准来进行计量标准的稳定性考核；如果对于该被测参数来说，不存在可以作为核查标准的实物量具，则可以不作稳定性考核。

5. 计量标准的其他特性

计量标准的其他计量特性，如灵敏度、鉴别力、分辨力、漂移、滞后、响应特性、动态特性等也应当满足相应计量检定规程或技术规范的要求。

（四）对环境条件及设施的要求

温度、湿度、洁净度、振动、电磁干扰、辐射、照明、供电等环境条件应当满足计量检定规程或技术规范的要求。应当根据计量检定规程或技术规范的要求和实际工作需要，配置必要的设施和监控设备，并对温度、湿度等参数进行监测和记录。

应当对检定或校准工作场所内互不相容的区域进行有效隔离，防止相互影响。

（五）对操作人员的要求

人员对于计量标准至关重要。实验室水平的高低、计量标准能否持续正常运行在很大程度上取决于计量技术人员的素质与水平。

计量标准负责人应当对计量标准的使用、维护、溯源、文件集的维护等负责。

每项计量标准应当配备至少两名与开展检定或校准项目一致的、并符合下列条件之一的检定或校准人员：

1) 持有所开展检定或校准项目的《计量检定员证》。

2) 持有相应等级的《注册计量师资格证书》和质量技术监督部门颁发的相应项目《注册计量师注册证》。

（六）对规章制度的要求

1. 文件集的管理

计量标准的文件集是关于计量标准的选择、批准、使用和维护等方面文件的集合。为了满足计量标准的选择、使用、保存、考核及管理等的需要，应当建立计量标准文件集。文件集是原来计量标准档案的延伸，是国际上对于计量标准文件集合的总称。

每项计量标准应当建立一个文件集，在文件集目录中应当注明各种文件保存的地点和方式。所有文件均应现行有效，并规定合理的保存期限。申请考核单位应当保证文件的完整性、真实性和正确性。

文件集应当包含计量标准考核证书（如果适用）、社会公用计量标准证书（如果适用）、计量标准考核（复查）申请书、计量标准技术报告、计量标准的重复性试验记录、计量标准的稳定性考核记录、国家计量检定系统表（如果适用）、计量检定规程或技术规范、计量标准操作程序、计量标准器及主要配套设备的检定或校准证书、检定或校准人员的资格证明、实验室的相关管理制度等18个文件。

2. 对5个重要文件的要求

（1）计量检定规程或技术规范

申请考核单位应当备有开展检定或校准工作所依据的计量检定规程或技术规范。

若无计量检定规程或国家计量校准规范，申请考核单位可以根据国际、区域、国家或行业标准，编制满足校准要求的校准方法作为校准的依据，经申请考核单位组织同行专家审定，连同所依据的技术规范和试验验证结果，报主持考核单位申请考核。

（2）计量标准技术报告

新建计量标准，应当撰写《计量标准技术报告》，报告内容应当完整、正确；建立计量标准后，如果计量标准器及主要配套设备、环境条件及设施等发生重大变化而引起计量标准主要计量特性发生变化时，应当重新修订《计量标准技术报告》。

（3）检定或校准的原始记录

检定或校准的原始记录格式规范、信息量齐全，填写、更改、签名及保存等符合相应规定；原始数据真实，数据处理正确。

（4）检定或校准证书

检定或校准证书的格式、签名、印章及副本保存等符合有关规定的要求；检定或校准证书结论准确，内容符合计量检定规程或技术规范的要求。

（5）管理制度

各项管理制度是保持计量标准技术状态稳定和建立正常工作秩序的保证，遵守各项管理制度是做好计量标准管理和开展好检定或校准工作的前提。申请考核单位应当建立并执行实验室岗位管理制度、计量标准使用维护管理制度、量值溯源管理制度、环境条件及设施管理制度、计量检定规程或技术规范管理制度、原始记录及证书管理制度等管理制度，以保持计量标准的正常运行。

（七）计量标准测量能力的确认

计量标准测量能力的确认是对于计量标准器及配套设备、计量标准的主要计量特性、环境条件及设施、人员、文件集等方面的综合检查。

通过以下两种方式进行计量标准测量能力的确认：

（1）现场试验

通过现场试验的结果以及检定或校准人员实际的操作和回答问题的情况，判断计量标准测量能力是否满足开展检定或校准工作的需要。

（2）技术资料审查

通过申请考核单位提供的测量能力的验证、稳定性考核、重复性试验等技术资料，综合判断计量标准是否处于正常工作状态和测量能力是否满足开展检定或校准工作的需要。

申请考核单位应积极参加由主持考核的质量技术监督部门组织或其认可的实验室之间的比对等测量能力的验证活动。获得满意结果的，在该计量标准复查考核时可以不进行现场考评；未获得满意结果的，申请考核单位应当进行整改，并将整改情况报主持考核的质量技术监督部门。

对于准确度较高和较重要的计量标准，如果有可能，建议申请考核单位尽可能采用测量过程控制的方法，对计量标准进行连续和长期的统计控制。对于已经采用测量过程控制对计量标准进行连续和长期的统计控制的计量标准，可以不必再另外进行重复性试验和稳定性考核。

二、计量标准的考核程序和考评方法

（一）计量标准考核的程序

计量标准考核是国家行政许可项目，其行政许可项目的名称为计量标准器具核准。计量标准器具核准行政许可实行分四级许可，即由国家市场监管总局和省、市（地）及县级质量技术技术监督部门对各自职责范围内的计量标准实施行政许可。

计量标准考核应当按照以下流程办理。

1. 计量标准考核的申请

申请考核单位依据《计量标准考核办法》的有关规定向主持考核的质量技术监督部门提出考核申请，并需提交以下六个方面的资料：

1）《计量标准考核（复查）申请书》原件和电子版各一份。

2）《计量标准技术报告》原件一份。

3）计量标准器及主要配套设备有效的检定或校准证书复印件一套。

4）开展检定或校准项目的原始记录及相应的模拟检定或校准证书复印件两套。

5）检定或校准人员资格证明复印件一套。

6）可以证明计量标准具有相应测量能力的其他技术资料。

需要注意的是，如采用计量检定规程或国家计量校准规范以外的技术规范，应当提供技术规范和相应的文件复印件一套。另外，《计量标准技术报告》相应栏目中应当提供《计量标准重复性试验记录》和《计量标准稳定性考核记录》。

申请计量标准复查考核应提交以下十一个方面的资料：

1）《计量标准考核（复查）申请书》原件和电子版各一份。

2）《计量标准考核证书》原件一份。

3）《计量标准技术报告》原件一份。

4）《计量标准考核证书》有效期内计量标准器及主要配套设备的连续、有效的检定或校准证书复印件一套。

5）随机抽取该计量标准近期开展检定或校准工作的原始记录及相应的检定或校准证书复印件两套。

6）《计量标准考核证书》有效期内连续的《计量标准稳定性考核记录》复印件一套。

7）《计量标准考核证书》有效期内连续的《计量标准重复性试验记录》复印件一套。

8）检定或校准人员资格证明复印件一套。

9）计量标准更换申报表（如果适用）复印件一份。

10）计量标准封存（或撤销）申报表（如果适用）复印件一份。

11）可以证明计量标准具有相应测量能力的其他技术资料。

2. 计量标准考核的受理

主持考核的质量技术监督部门收到申请考核单位的申请资料后，应当对申请资料进行初审。通过查阅申请资料是否齐全、完整，是否符合考核的基本要求，确定是否受理。

申请资料齐全并符合要求的，受理申请，发送受理决定书。

申请资料不符合要求的：

1）可以立即更正的，应当允许申请考核单位更正。更正后符合要求的，受理申请，发送受理决定书。

2）申请资料不齐全或不符合要求的，应当在5个工作日内一次告知申请考核单位需要补正的全部内容，发送补正告知书。经补充符合要求的予以受理；逾期未告知的，视为受理。

3）申请不属于受理范围的，发送不予受理决定书，并将有关申请资料退回申请考核单位。

3. 计量标准考核的组织与实施

主持考核的质量技术监督部门受理考核申请后，应当及时组织考核，并将组织考核的质量技术监督部门、考评单位以及考评计划告知申请考核单位（必要时，征求申请考核单位的意见后确定）。计量标准考核的组织工作应当在10个工作日内完成。

每项计量标准一般由1~2名考评员执行考评任务。

4. 计量标准考核的审批

主持考核的质量技术监督部门对考核资料及考评结果进行审核，批准考核合格的计量标准，确认考核不合格的计量标准。审批工作应当在10个工作日内完成。

主持考核的质量技术监督部门应根据审批结果在10个工作日内向考核合格的申请考核单位下达准予行政许可决定书，并颁发《计量标准考核证书》；或者向考核不合格的申请考核单位发送不予行政许可决定，说明其不合格的主要原因，并退回有关申请资料。

《计量标准考核证书》的有效期为4年。

（二）计量标准的考评原则和要求

计量标准的考评是指在计量标准考核过程中，计量标准考评员对计量标准测量能力的评价。计量标准的考评分为书面审查和现场考评。新建计量标准的考评首先进行书面审查，如果基本符合条件，再进行现场考评。复查计量标准的考评通常采用书面审查判断计量标准的测量能力，如果申请考核单位所提供的申请资料不能证明计量标准具有相应的测量能力，或者已经连续两次采用了书面审查方式进行复查考核的，则应安排现场考评；对于多项计量标准同时进行复查考核的，在书面审查的基础上，可以采用现场抽查的方式进行现场考评。

计量标准的考评内容包括计量标准器及配套设备、计量标准的主要计量特性、环境条件及设施、人员、文件集及计量标准测量能力的确认六个方面共 30 项要求。其中重点考评项目有 10 项，书面审查项目有 20 项，可以简化考评项目有 3 项。考评时，如果有重点考评项目不符合要求，则为考评不合格；重点考评项目有缺陷，或其他项目不合格或有缺陷时，可以限期整改，整改时间一般不超过 15 个工作日。超过整改期限仍未改正者，则为考评不合格。

对于构成简单、准确度等级低、环境条件要求不高，并列入国家市场监管总局发布的《简化考核的计量标准目录》的计量标准，其重复性、稳定性、检定或校准结果的测量不确定度评定三个项目可以根据计量标准的特点简化考评。

计量标准的考评应当在 60 个工作日内（包括整改时间）完成。

（三）计量标准的考评方法

1. 书面审查

考评员通过查阅申请考核单位所提供的申请资料进行书面审查。审查的目的是确认申请资料是否齐全、正确，所建计量标准是否满足法制和技术的要求。如果考评员认为申请考核单位所提供的申请资料存在疑问时，应当与申请考核单位进行沟通。

（1）书面审查的内容

书面审查的内容是《计量标准考评表》中带△号的项目，共 20 项，其中包括重点考评项目中的 6 项，即同时带有△号和＊号的项目。

（2）书面审查结果的处理

对新建计量标准书面审查结果有三种处理方式：①基本符合考核要求的，安排现场考评；②存在一些小问题或某些方面不太完善，考评员应当与申请考核单位交流，申请考核单位经过补充、修改、完善，解决了存在问题的，则安排现场考评；③如果发现计量标准存在重大的或难以解决的问题，考评员与申请考核单位交流后，确认计量标准测量能力不符合考核要求的，则考评不合格。

对计量标准复查考核书面审查结果有四种处理方式：①符合考核要求，则考评合格；②基本符合考核要求，存在部分缺陷或不符合项，考评员应当与申请考核单位进行交流，申请考核单位经过补充、修改、完善，符合考核要求的，则考评合格；③对计量标准的检定或校准能力有疑问，考评员与申请考核单位交流后仍无法消除疑问；或者已经连续两次采用了书面审查方式进行复查考核的，应当安排现场考评；④存在重大或难以解决的问题，考评员与申请考核单位交流后，确认计量标准的检定或校准能力不符合考核要求的，则考评不合格。

2. 现场考评

现场考评是考评员通过现场观察、资料核查、现场试验和现场提问等方法，对计量标准的测量能力进行确认。现场考评以现场试验和现场提问作为考评重点。现场考评的时间一般为 1~2 天。

（1）现场考评的内容

计量标准现场考评的内容为《计量标准考评表》中六个方面共 30 项。计量标准现场考评时，考评员应当按照《计量标准考评表》的内容逐项进行审查和确认。

（2）现场考评的程序和方法

1）首次会议：考评组组长宣布考评的项目和考评组成员分工，明确考核的依据、现场考评程序和要求，确定考评日程安排和现场试验的内容以及操作人员名单；申请考核单位主管人员介绍本单位概况和计量标准（复查）考核准备工作情况。

2）现场观察：考评组成员在申请考核单位有关人员的陪同下对考评项目的相关场所进行现场观察。通过观察，了解计量标准器及配套设备、环境条件及设施等方面的情况，为进入考评做好准备。

3）申请资料的核查：考评员应当按照《计量标准考评表》的内容对申请资料的真实性进行现场核查，核查时应当对重点考核项目以及书面审查没有涉及的项目予以重点关注。

4）现场试验和现场提问：检定或校准人员用被考核的计量标准对考评员指定的测量对象进行检定或校准。根据实际情况可以选择盲样、被考核单位的核查标准、经检定或校准过的计量器具作为测量对象。现场试验时，考评员应对检定或校准操作程序、过程、采用的检定或校准方法进行考评，并通过对现场试验数据与已知参考数据进行比较，确认计量标准测量能力。

现场提问的内容包括有关本专业基本理论方面的问题、计量检定规程或技术规范中有关的问题、操作技能方面的问题以及考核中发现的问题。

5）末次会议：末次会议由考评组长或考评员报告考评情况，与申请考核单位有关人员交换意见，对考评中发现的主要问题予以说明，确认不符合项或缺陷项，提出整改要求和期限，宣布现场考评结论。

第四节　计量标准的使用

一、计量标准的使用要求

计量标准经考核合格、取得《计量标准考核证书》后，建标单位应当按照计量标准的性质、任务及开展量值传递的范围，办理计量标准使用手续。

政府质量技术监督部门组织建立的社会公用计量标准，应当在办理《社会公用计量标准证书》后向社会开展量值传递；部门最高计量标准应当经主管部门批准后在本部门内部开展非强制检定或校准；企事业单位最高计量标准应当经本单位批准后在本单位内部开展非强制检定或校准；部门、企事业单位计量标准，需要对社会开展强制检定、非强制检定的，或者需要对部门、企业、事业内部执行强制检定的，应当向有关质量技术监督部门申请计量授权。取得《计量授权证书》后，依据授权项目、范围开展计量检定工作。

此外，建立计量标准的单位应当授权取得计量检定或校准资格的人员负责计量标准的操作和日常检定或校准工作。

二、计量标准的保存和维护

取得《计量标准考核证书》的计量标准，要自觉加强考核后的管理，对计量标准的更换、复查、改造、封存与撤销等应当按照 JJF 1033—2016《计量标准考核规范》的要求实施管理。具体来说，应该注意以下几点：

1）建立计量标准的单位应当指定专门的人员负责计量标准的保管、修理和维护工作。

2）为监督计量标准是否处于正常状态，每年至少应当进行一次计量标准测量重复性试验和稳定性考核。当重复性和稳定性不符合要求时，应停止工作，要查找原因，予以排除。

3）应制定计量标准器及配套设备量值溯源计划，并组织实施，保证计量标准溯源的有效性、连续性。

4）使用标签或其他标志表明计量标准器及配套设备的检定或校准状态，以及检定或校准的日期和失效的日期。当计量标准器及配套设备检定或校准后产生了一组修正因子时，应确保其所有备份得到及时、正确的更新。当计量标准器及配套设备离开实验室而失去直接或持续控制时，计量标准器及配套设备在使用前应对其功能、检定或校准状态进行核查，满足要求后方可投入使用。

5）计量标准器及配套设备如果出现过载、处置不当、给出可疑结果、已显示出缺陷及超出规定要求等情况时，均应停止使用。恢复正常功能后，必须经重新检定合格或校准后再投入使用。

6）积极参加由主持考核的质量技术监督部门组织或其认可的实验室之间的比对等测量能力的验证活动。

7）计量标准的文件集应当实施动态管理，及时更新。

三、计量标准器或主要配套设备的更换

在计量标准的有效期内，若需要对计量标准器或主要配套设备进行更换，应当按下述规定履行相关手续：

1）更换计量标准器或主要配套设备后，如果计量标准的不确定度或准确度等级或最大允许误差发生了变化，应按新建计量标准申请考核。

2）更换计量标准器或主要配套设备后，如果计量标准的测量范围或开展检定或校准的项目发生变化，应当申请计量标准复查考核。

3）更换计量标准器或主要配套设备后，如果计量标准的测量范围、准确度等级或最大允许误差以及开展检定或校准的项目均无变更，则应当填写《计量标准更换申报表》一式两份，提供更换后计量标准器或主要配套设备的有效检定或校准证书复印件一份，必要时，还应提供《计量标准重复性试验记录》和《计量标准稳定性考核记录》复印件一份，报主持考核的质量技术监督部门审核批准。申请考核单位和主持考核的质量技术监督部门各保存一份《计量标准更换申报表》。

4）如果更换的计量标准器或主要配套设备为易耗品（如标准物质等），并且更换后不改变原计量标准的测量范围、准确度等级或最大允许误差，开展的检定或校准项目也无变更的，应当在《计量标准履历书》中予以记载。

在计量标准的有效期内，除了计量标准器或主要配套设备以外，还存在其他情况的更换：

1）如果开展检定或校准所依据的计量检定规程或技术规程发生更换，应当在《计量标准履历书》中予以记载；如果这种更换导致技术要求和方法发生实质性的变化，则应当申请计量标准复查考核，申请复查考核时应当同时提供计量检定规程或技术规范变化的对照表。

2）如果计量标准的环境条件及设施发生重大变化，例如，固定的计量标准保存地点发生变化、实验室搬迁等，应当向主持考核的质量技术监督部门报告，主持考核的质量技术监督部门根据情况决定采用书面审查或者现场考评的方式进行考核。

3）更换检定或校准人员，应当在《计量标准履历书》中予以记载。

4）如果申请考核单位名称发生更换，应当向主持考核的质量技术监督部门报告，并申请换发《计量标准考核证书》。

四、计量标准的封存、撤销、恢复使用

在计量标准有效期内，需要暂时封存或撤销的，申请考核单位应填写《计量标准封存（或撤销）申报表》一式两份，报主管部门审批。主管部门同意封存或撤销的，主管部门应在《计量标准封存（或撤销）申报表》的主管部门意见栏中签署意见，加盖公章后连同《计量标准考核证书》原件一并报主持考核的质量技术监督部门办理手续。封存的计量标准由主持考核的质量技术监督部门在《计量标准考核证书》上加盖"同意封存"印章。同意撤销的计量标准由主持考核的质量技术监督部门收回《计量标准考核证书》。

封存的计量标准需要重新开展检定或校准工作时，如在《计量标准考核证书》的有效期内，申请考核单位应当向主持考核的质量技术监督部门申请计量标准复查考核；如《计量标准考核证书》超过了有效期，申请考核单位应当按新建计量标准向主持考核的质量技术监督部门申请考核。

五、计量标准的技术监督

计量标准的技术监督主要有如下两种方式：

1）主持考核的质量技术监督部门组织考评组对有效期内的计量标准进行不定期的监督抽查，以达到实现动态监督的目的。监督抽查的方式、频次、抽查项目、抽查内容等由主持考核的质量技术监督部门确定。抽查合格的，维持其有效期；抽查不合格的，要限期整改，整改后仍达不到要求的，主持考核的质量技术监督部门注销其《计量标准考核证书》并予以通报。

2）主持考核的质量技术监督部门采用技术手段进行监督。技术手段包括量值比对、盲样试验及测量过程控制等。要求凡是建立了相应项目计量标准的单位，都应当参加由主持考核的质量技术监督部门组织的技术监督活动。技术监督结果不合格的，应当限期整改，并将整改情况报主持考核的质量技术监督部门。对于无正当理由不参加技术监督活动的或整改后仍不合格的，由主持考核的质量技术监督部门注销其《计量标准考核证书》并予以通报。

思考题与习题

1. 什么是计量基准和计量标准?

2. 简述计量标准的分类。

3. 计量标准的计量特性有哪些?

4. 什么是标准物质和有证标准物质?

5. 标准物质有何作用? 标准物质是怎样分级的?

6. 建立计量标准的技术依据是什么?

7. 使用计量标准必须具备哪些条件?

8. 在进行建立计量标准的策划时,应当考虑哪些要素?

9. 建立计量标准时需要进行哪些技术准备?

10. 由测长仪、量块和工具显微镜等组成的,用于指示表类量具检定的计量标准该如何命名? 若该项标准装置仅仅开展百分表计量器具的检定,又该如何命名?

11. 计量标准的考核应当遵守哪些原则? 简述计量标准考核的程序和方法。

12. 如何配备计量标准器及配套设备?

13. 何为计量标准的量值溯源和传递框图中的"三级"和"三要素"?

14. 计量标准的主要计量特性有哪些?

15. 如何进行计量标准的重复性试验?

16. 新建标准和已建标准的重复性考核周期是怎样的?

17. 如何进行计量标准的稳定性考核?

18. 在计量标准稳定性的测量过程中,应该如何选择核查标准?

19. 检定或校准对环境条件及设施有何要求?

20. 计量标准对操作人员有何要求?

21. 什么是计量标准的文件集? 哪些文件属于文件集中的重要文件?

22. 怎样进行计量标准测量能力的确认?

23. 计量标准考核的流程是怎样的?

24. 《计量标准考核证书》的有效期是几年?

25. 计量标准的考评方法有哪些?

26. 计量标准的撤销手续是怎样的?

27. 怎样进行计量标准的技术监督?

28. 检定员小吴进行检测需要使用自动综合分析仪,就向使用过这台仪器的检定员老王询问这台自动综合分析仪的测试软件的测试情况。老王说:自动综合分析仪的测试软件是由本单位研究所设计编制的,使用一直正常。小吴问:软件是否经过确认? 老王回答:没有,如果我们发现问题,可以请研究所的技术人员来处理。请分析该案例中老王的说法是否正确。

29. 某工厂计量实验室里有一台新进口的高精度电子分析天平,准备作为企业计量标准使用。这台天平已经使用了两个月,其使用说明书未翻译出中文,只贴着合格标志。考评员问:这台天平是否进行过检定? 室主任回答:没有,不过国外这个厂家的产品质量很好,我们事先做过调查,买的时候附有厂家产品合格证,质量上应该能够放心。请分析该案例中存在的问题。

▶第八章

比对、测量审核和期间核查

第一节　比　　对

一、比对的概念及作用

比对是指在规定条件下，对相同准确度等级或指定不确定度范围的同种测量仪器复现的量值之间的比较过程。即两个或两个以上实验室，在一定时间范围内，按照预先规定的条件，测量同一个性能稳定的传递标准器，通过分析测量结果的量值，确定量值的一致程度，确定该实验室的测量结果是否在规定的范围内，从而判断该实验室量值传递的准确性的活动。

比对是实现国际互认和考核实验室能力的有效手段。通过比对；能够考察各实验室测量量值的一致程度、考察实验室计量标准的可靠程度，检查各计量检定机构的检定准确度是否保持在规定的范围内。通过比对也能够考察各实验室计量检定人员技术水平和数据处理的能力，发现问题、积累经验。为此，各国家计量院参加国际计量局和亚太区域计量组织组织实施的比对且测量结果在等效线以内，其比对结果可以作为各国计量院互相承认校准及测量能力的技术基础，测量能力得到国际计量局认可，其校准和测试证书在米制公约成员国得到承认。国家实验室按照政府协议参加双边或多边比对且结果满意，可以按协议条款在一定条件下互认证书。

由国家市场监管总局批准的国内计量基准、计量标准的比对是对计量基准、计量标准监督管理、考核计量技术机构的校准测量能力的一种方式，以提高我国计量基、标准的水平，确保量值的正确、一致、可靠。

二、比对的实施

(一) 比对的类型和组织方式

1. 比对的类型

（1）国际计量局组织的比对

关键比对：根据互认协议，由国际计量委员会的各咨询委员会或国际计量局实施而取得关键比对参考值的比对。

辅助比对：由国际计量委员会的各咨询委员会和国际计量局实施，旨在满足关键比对未涵盖的特定需求的比对。

双边比对：如某一研究院参加了相关的关键比对，则此研究院可以作为主导实验室，采用同关键比对相同或相似的技术方案，与另一研究院开展双边比对。

以上比对一般由米制公约成员国的国家计量院参加，其结果进入关键比对数据库。通过国际比对，可以了解并跟踪国际上某量值测量的最新动态，为国内该物理量溯源提供技术依据，同时促进国际互认。

（2）亚太区域计量规划组织（APMP）组织的区域比对

关键比对：由亚太区域计量规划组织实施的比对。

辅助比对：由亚太区域计量规划组织实施，旨在满足关键比对未涵盖的特定需求的比对。

以上比对一般由区域计量组织成员和其他研究院参加，其结果进入关键比对数据库。

（3）双边或多边比对

政府协定中安排的比对：两个或多个政府或国家计量院可以根据签订的协议组织双边或多边比对，其结果可以按照协议规定使用。一般可以用于检测证书的互认以及相关研究工作。

其他形式的比对：各计量实验室可以根据自己的需要开展非官方比对。

（4）国家计量比对

经国家市场监管总局考核合格，并取得计量基准证书或者计量标准考核证书的计量基准或计量标准量值的比对，称国家计量比对。

国家计量比对的组织：可以由全国专业计量技术委员会或者大区国家计量测试中心向国家市场监管总局申报实施。向国家市场监管总局提交国家计量比对计划申报书，经国家市场监管总局审查通过的，由申报单位作为组织单位，组织实施国家计量比对。

也可以由国家市场监管总局直接指定全国专业计量技术委员会或者大区国家计量测试中心作为组织单位，组织实施国家计量比对。

（5）地方计量比对

经县级以上地方质量技术监督部门考核合格，并取得计量标准考核证书的计量标准量值的比对，称地方计量比对。

（6）其他形式的比对

各计量实验室可以根据自己的需要开展非官方的实验室间比对。

2. 比对的组织

由比对的组织者确定主导实验室和参比实验室。

（1）主导实验室

主导实验室是在比对中起主导作用的实验室。2008 年发布的《计量比对管理办法规定》主导实验室应具备的以下条件：

1）计量基准或者计量标准符合国家计量比对要求，并能够在整个国家计量比对期间保证量值准确。

2）能够提供稳定可靠的传递标准或样品。

3）具有与所从事的国家计量比对工作相适应的技术人员。

主导实验室同时履行以下职责：

1）提供传递标准或样品，确定传递方式。

2）前期实验，包括传递标准的稳定性实验和运输特性实验。

3）起草比对实施方案，经与参比实验室协商后确定。

4）在比对涉及的领域内有稳定可靠的标准装置，其测量不确定度符合比对的要求，能够在整个比对期间持续提供准确的测量数据。

5）控制比对过程，确保比对按比对实施方案要求进行。

6）处理比对数据和编写比对报告。

7）遵守保密规定。

《计量比对管理办法规定》：国家计量比对可以由全国专业计量技术委员会或者大区国家计量测试中心向国家市场监管总局申报实施，也可以由国家市场监管总局直接指定全国专业计量技术委员会或者大区国家计量测试中心组织实施；申报国家计量比对应当按照规定要求向国家市场监管总局提交国家计量比对计划申报书，经国家市场监管总局审查通过的，由申报单位作为组织单位，组织实施国家计量比对。指定国家计量比对的，由国家市场监管总局指定的全国专业计量技术委员会或者大区国家计量测试中心作为组织单位，组织实施国家计量比对。因而全国专业计量技术委员会或者大区国家计量测试中心可作为国家计量比对的主导实验室。地方计量比对由相应的县级以上地方质量技术监督部门或组织单位作为主导实验室。

（2）参比实验室

参加比对的实验室称为参比实验室。其应具备的条件和承担的职责如下：

1）当实验室收到比对组织者发布的比对计划时，各实验室应书面回复。若参加比对，则应填写比对申请表并寄回。

2）参与比对实施方案的讨论并对确定的比对实施方案正确理解。

3）按比对实施方案的要求正确、按时完成比对实验，并向主导实验室上报测量结果及其不确定度。若出现意外情况，则应及时报主导实验室。

4）按比对实施方案要求接受和发运传递标准或样品，确保其安全和完整。

5）对比对报告有发表意见的权利。

6）遵守保密规定。

（二）比对方案的制订

下面以全国比对为例说明计量比对技术方案的制订过程。

1. 计量比对实施程序

计量比对应按以下程序进行：

1）由国家市场监管总局下达比对计划任务。

2）比对组织者确定主导实验室和参比实验室。

3）主导实验室针对传递标准进行前期实验，起草比对实施方案，并征求参比实验室意见，意见统一后执行。

4）主导实验室和参比实验室按规定运送传递标准（或样品），开展比对实验、报送比对数据及资料。

5）主导实验室按比对细则要求完成数据处理，撰写比对报告。比对组织者召开比对总结会。

6）向比对组织者报送比对报告，并在一定范围内公布比对结果。

2. 比对实施方案的制订

由主导实验室起草比对实施方案，征求参加实验室的意见后执行。比对实施方案应包括以下几个方面的内容。

（1）概述

说明比对任务来源、比对目的、范围和性质。

（2）总体描述

说明比对所针对的量及选定的量值，对设备和环境的要求。

（3）实验室

明确主导实验室和参比实验室，标明联系人与有效联系方式，包括单位、姓名、地址、邮编、电话、E-mail 地址等。

（4）传递标准（或样品）描述

应对所选用的传递标准（或样品）进行详细描述，包括尺寸、重量、制造商、所需的附属设备、与比对实验相关的特性及操作所需的技术数据；传递标准应稳定可靠；当对可靠性有疑问时，可以采用两台传递标准同时开展实验；必要时需开展相关实验：稳定性、运输、高低温等。以热能表检测装置比对用传递标准——热水流量计为例，在比对前应实验确定：水温变化时其仪表系数是否会变化，变化是否有规律，变化率是多少，安装条件的影响有多大，用何种方法能更好消除，运输性能是否满足实验要求，应做实验设计以得到传递标准稳定性指标。

（5）传递路线及比对时间

根据比对所选择的传递标准（或样品）的特性确定比对路线。应充分考虑实验和运输中各因素的影响，确定一个实验室所需的最长比对工作时间，从而确定参比实验室的具体日程安排。

（6）传递标准（或样品）的运输和使用

针对传递标准（或样品）的特性提出搬运处理要求，包括拆包、安装、调试、校准、再包装。

（7）传递标准（或样品）的交接

规定发送、接收传递标准（或样品）时采取的措施及交接方式。设计传递标准（或样品）交接单。主导实验室确定传递标准的运输方式，并保证传递标准在运输交接过程中的安全。各参比实验室在接到传递标准后应立即核查传递标准是否有损坏，核对货物清单，填好交接单并通知主导实验室。交接单一式三联，交接双方各执一联，第三联随传递标准传递。参比实验室完成比对实验后应按比对实施方案的要求将传递标准传递到下一站，并通知主导实验室。

（8）比对方法和程序

明确比对的方法和程序，包括安装要求、预热时间、实验点、实验次数、实验顺序等。明确数据处理方法。比对方法应由主导实验室提出，由参加实验室讨论通过。比对方法应遵循科学合理的原则，首选国际建议、国际标准推荐的并已经过适当途径所确认的方法和程序，也可以采用国家计量检定规程或国家计量技术规范规定的方法和程序。若采用其他方法，应在比对实施方案中给出清晰的操作程序。

（9）意外情况处理程序

明确传递标准（或样品）在运输过程中出现意外故障的处理程序及传递标准（或样品）在某实验室比对过程中因意外发生延时情况下的处理程序。

（10）记录格式

规定原始记录的内容和格式，应纳入比对结果分析所需的所有信息。对原始记录格式，主导实验室应进行一次试填写，以确定其适用性。必要时应提供 Excel 格式文件，以利于数据分析。

（11）报告内容

明确参比实验室提交证书、报告的时间、内容和要求。可以要求提交实验原始记录的复印件及电子版，但实验结果应以校准证书所示为准。可以要求提交测量结果的不确定度分析报告，但测量结果的不确定度应以校准证书所示为准。作为资料汇总和分析，可以要求提交标准器的情况描述及标准器校准证书。

（12）参考值及数据处理方法

明确参考值的来源及计算方法；明确比对数据处理方法及比对结果判定原则。

（13）保密规定

明确规定在比对数据尚未正式公布之前，所有与比对相关的实验室和人员均应对比对结果保密，不允许出现任何数据串通，不得泄露与比对结果有关的信息，以确保比对数据的严密与公正。

（14）其他注意事项

说明在传送和比对过程中应注意的事项。

3. 对传递标准的要求

由主导实验室提供传递标准、样品及其附件；主导实验室可根据具体条件针对以下情况采取相应措施：

1）传递标准应稳定可靠，必要时，可以采用一台主传递标准和两台或多台副传递标准同时投入比对。

2）根据比对所选择的传递标准的特性确定比对路线，目前国际上通常采用的比对方法有循环比对法、星式比对法、花瓣式比对法等，几种方法各有利弊。循环比对法对传递标准测试一个循环后，将各单位测试结果进行比较分析和误差处理，以发现实验室间测量不一致性，经过误差分析和修正可以改进实验室测量的不确定度，这种方法要求标准在传递过程中要保证完好，一经损坏，有用数据将大量减少。而星式和花瓣式比对方法的特点是，在一至两个单位比对测试后，将传递标准送回主持实验室复测，可获得主持实验室的结果，保证传递标准完好，这样做可减少传递标准不稳定引入的误差，保证数据的可靠性，一经出现问题可及时发现，万一标准发生故障，以前获取的数据仍可使用，如图 8-1 所示。

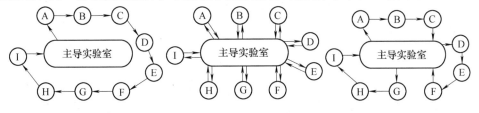

a) 循环比对法　　　　　b) 星式比对法　　　　　c) 花瓣式比对法

图 8-1　比对路线方案（图中 A ~ I 为参比实验室）

3）当传递标准中途发生问题时主导实验室应能提供辅助措施，保证比对按计划进行。

4）应按比对实施方案所规定的时间开展比对工作，当比对时间延误时，主导实验室应通知相关的参比实验室，必要时修改比对日程表或采取其他应对措施。

5）主导实验室确定传递标准的运输方式，并保证传递标准在运输交接过程中的安全。各参比实验室在接到传递标准后应立即检查传递标准是否有损坏，填好交接单并通知主导实验室。

6）参加比对的实验室完成比对实验后应按比对实施方案的要求将传递标准传递到下一站，并通知主导实验室。

4. 参考值及数据处理方法

参考值及数据处理方法应在比对实施方案中明确说明。

（1）确定测量结果的计算方法

1）规定测量的量值点、测量次数。

2）确定什么是测量结果，如流量比对时，测量结果可能是仪表系数，也可能是示值误差，取决于流量计读数方式、计算方便等。由主导实验室在细则中给定，并给出计算公式。

3）测量结果可以是可修正的，如仪表系数随温度变化，当实验温度偏离规定温度时可以进行修正。可以规定该修正由参加实验室完成，也可以在最终数据处理时由主导实验室进行。

（2）参考值的来源

参考值的确定方法有多种，由主导实验室提出并征得参加实验室同意后确定。鼓励各主导实验室根据比对的具体情况采用合理的方式来确定参考值。

以下几种方案在实际比对中比较常见：

1）由主导实验室将传递标准送国家计量基准校准并给出不确定度，由传递标准的校准值作为参考值。此时，参考值是保存在主导实验室的已知值。

2）由主导实验室提供传递标准，当其标准考核证书上的测量不确定度及自己分析的校准传递标准的校准值的不确定度明显小于参比实验室测量结果的不确定度时，可采用主导实验室传递标准的校准值作为参考值。此时参考值的不确定度为主导实验室测量结果的不确定度。主导实验室应在比对报告中给出参考值的来源及其测量不确定度的分析过程。

3）以各参加实验室测量结果的算术平均值作为参考值。当各参加实验室（主导实验室和各参比实验室）的测量方法和测量结果的不确定度差异不大时，可采用算术平均值作为计算参考值；当各实验室量值的测量不确定度可靠性不能被确认且实验室数量较多时，为体现权益上的"平等"，算术平均法也常被采用。比对实验第 i 个测量点的参考值 Y_{ri} 见下式：

$$Y_{ri} = \frac{1}{n} \sum_{j=1}^{n} Y_{ji} \tag{8-1}$$

式中　n——参与参考值计算的实验室数量；

　　Y_{ji}——第 j 个实验室在第 i 个测量点上的测量结果。

若各实验室的不确定度之间完全不相关，且比对实验中传递标准引入的不确定度的影响可以忽略，参考值的不确定度表达式为

$$u_{ri} = \frac{1}{n} \sqrt{\sum_{j=1}^{n} u_{ji}^2} \tag{8-2}$$

式中 u_{ji}——第 j 个实验室在第 i 个测量点上测量结果的标准不确定度;

u_{ri}——第 i 个测量点的参考值的标准不确定度。

4）各参比实验室测量结果的加权平均值作为参考值。当参与参考值计算的各实验室量值的测量不确定度可靠性可被确认而且有明显差异时，可以采用加权平均法计算参考值。若比对实验中传递标准引入的不确定度的影响可以忽略，则权重与各实验室宣称不确定度平方成正比，即 $W_{ji} = 1/u_{ji}^2$。第 i 个参考点的测量值 Y_{ri} 如下式所示：

$$Y_{ri} = \frac{\sum\limits_{j=1}^{n} W_{ji} Y_{ji}}{\sum\limits_{j=1}^{n} W_{ji}} \tag{8-3}$$

此时加权算术平均值的标准不确定度为

$$u_{ri} = \sqrt{\frac{1}{\sum\limits_{j=1}^{n} \dfrac{1}{u_{ji}^2}}} \tag{8-4}$$

5）参考值为主导实验室和部分参比实验室测量结果的加权算术平均值。例如，在流量标准装置比对中，参加比对实验室的测量装置有原始法装置和标准表法装置两种，因为标准表法装置的量值是来自于原始法装置，也就是说它的量值不独立，而是与某一原始法装置相关，且与原始法装置相比，该装置的不确定度偏大，因此在确定参考值时，可以仅采用原始法装置测量结果的加权平均值。此时的计算方法与上面 3）中完全一致，只是参与计算的实验室数量有所减少。

6）参考值为同种类仪器测量结果的加权算术平均值和不同种类仪器测量结果的算术平均值。当用同一种测量设备和测量方法可能会产生系统偏差时可以采用此种方案。例如，在全国衰减量值比对中，比对的参考值计算采用不同种类标准设备间不加权平均的方法，但是当两个或两个以上的实验室采用同一型号的标准设备和相同的测量方法时，则这些具有同种类标准设备的每个实验室的权重为 $1/N$（N 为相同标准设备和方法的实验室个数）。

三、比对结果的评价

比对结果的评价方法和依据取决于比对的目的，由主导实验室提出，参比实验室同意后确定。

比对结果通常用比对判据 E_n 值进行评价，E_n 值又称为归一化偏差，为各实验室比对结果与参考值的差值与该差值的不确定度之比，当 E_n 值小于或等于 1 时，比对实验室测量结果符合要求；当 E_n 值大于 1 时，比对实验室测量结果不符合要求。

$$E_n = \frac{Y_{ji} - Y_{ri}}{k u_i} \tag{8-5}$$

式中 k——包含因子，一般情况下为 2；

u_i——第 i 个测量点上 $Y_{ji} - Y_{ri}$ 的标准不确定度。

当 u_{ri}、u_{ei} 与 u_{ji} 相互无关或相关较弱时，

$$u_i = \sqrt{u_{ji}^2 + u_{ei}^2 + u_{ri}^2} \tag{8-6}$$

式中 u_{ei}——传递标准在第 i 个测量点上在比对传递环节引入的不确定度。

四、比对结果举例

以型号 D26-V、准确度等级为 0.5 级的交直流电压表的某次循环比对为例。活动以直流 150V、100 分度进行评价，各参加实验室数据见表 8-1。

表 8-1　交直流电压表比对结果

参加实验室	x_{LAB}/V	$u_{LAB}/V(k=2)$	$(x_{LAB} - x_{REF})/V$	E_n
1	100.13	0.29	0.09	0.31
2	99.90	0.34	-0.14	-0.41
3	100.10	0.29	0.06	0.21
4	100.14	0.07	0.10	1.41
5	100.15	0.29	0.11	0.38

根据表 8-1 数据可知，第 4 家实验室的 E_n 值大于 1，测量结果为不满意结果，需要仔细查找原因。

第二节　测量审核

一、测量审核的概念及作用

测量审核是指由实验室对被测物品进行实际测试，将测试结果与参考值进行比较的活动。典型的测量审核活动是将一个已校准具有参考值的样品寄送给实验室，将实验室结果与参考值进行比较，从而判断该实验室的测量结果是满意结果、可疑结果，还是不满意结果。测量审核是对实验室具备某项技术能力的实测结果验证，是能力验证活动的重要方式之一，具有广泛性、常态性和实时性。

二、测量审核的实施

测量审核在传递标准（也称测量审核样品）的选取、测量方法的确定、包装和运输等方面与比对基本相同，不再赘述。下面就需注意的几点事项进行说明。

（一）测量审核细则的制定和实施

1. 概述

说明本次测量审核的目的、范围和性质。

2. 总体描述

说明测量审核所针对的量及选定的量值，对设备和环境的要求。

3. 传递标准（或样品）描述

应对所选用的传递标准（或样品）进行详细描述，包括尺寸、重量、制造商、所需的附属设备、与比对实验相关的特性及操作所需的技术数据；传递标准应稳定可靠。

4. 方法和程序

被审核实验室按照规定的规程或标准方法进行测量，首选国家计量检定规程或国家计量技术规范规定的方法和程序，若采用其他方法，应提供作业指导书。

对被审核实验室进行测量审核时，应要求实验室按照日常方式进行测量，并提前告知实验室做好准备。

（二）测量审核样品的选择

测量审核的样品应是稳定的，以期在测量审核活动周期内保持校准状态。当不可能时，必须重新校准。

被测量应避免"整数"的值，例如"十进制"的整数值，这样的值通常不易审核出测量中的误差。

测量审核样品应具有适合于参加实验室的最佳测量能力的准确度。

最好选择已经在实验室间比对或测量审核中使用过的样品，这样可以知道该样品的性能和稳定状况。

通常情况下，测量审核样品的选择及运作程序应要求参加实验室在 8 个小时之内完成测量，但对于有专业特性要求的，按照专业要求运作。

（三）测量审核样品的校准

测量审核是将被审核实验室的结果与参考值进行比较和判断，因此该参考值通常由国家计量技术机构提供。

必须确保参考值的测量不确定度小于被审核的实验室的测量结果的不确定度。

必须确保样品在校准的有效期内。

（四）测量审核结果的判定和报告

测量审核结果的判定采用 E_n 值、稳健统计方法（利用能力验证计划的留样时）等评价技术，详见《CNAS-GL02 能力验证结果的统计处理和能力评价指南》。

对实验室能力的判定，在采用统计技术进行评价的同时，还应考虑实验室获认可项目依据的标准中的相关要求。

测量审核结果报告应至少包括实施机构名称及联系方式、实验室名称及联系方式、测量审核结果及判定依据等相关信息。

（五）测量审核应用举例

以 5700A 多功能校准源校准直流数字电压表 10V 测量点测量结果的不确定度为例，对测量审核结果进行分析。采用 E_n 值评定测量结果是测量审核结果评定的基本方式。申请单位实验室和参考实验室分别校准同一指定样品，并按 E_n 值来评定测量审核结果是否满意。E_n 的绝对值大于1，测量审核结果被判为不满意，E_n 的绝对值越小，测量审核结果越满意。测量审核结果见表 8-2。

表 8-2　校准直流数字电压表某次测量审核结果

测量点	参考实验室			申请单位实验室			测量审核满意度
	标准值	显示值	实测值不确定度	标准值	显示值	实测值不确定度	E_n 值
100mV	100.000 0	99.999 5	0.001 0	100.000 0	99.999 9	0.001 4	0.23
10V	10.000 00	9.999 90	0.000 05	10.000 00	9.999 92	0.000 07	0.23
1000V	1 000.000	999.983	0.006	1 000.000	999.987	0.009	0.37

以上测量点均满足 E_n 的绝对值小于1，因此测量审核结果评定为满意。

第三节 期间核查

一、期间核查的概念及作用

（一）期间核查的概念

期间核查（intermediate check）是指根据规定程序，为了确定计量标准、标准物质或其他测量仪器是否保持其原有状态而进行的操作。期间核查的目的是在两次校准（或检定）之间的时间间隔期内保持测量仪器校准状态的可信度。

GB/T 27025—2019/ISO/IEC 17025：2017《检测和校准实验室能力的通用要求》规定："当需要利用期间核查以保持对设备性能的信心时，应按程序进行核查。"同时规定："期间核查——应根据规定的程序和日程对参考标准、基准、传递标准或工作标准以及标准物质进行核查，以保持其校准状态的置信度。"

期间核查的对象是测量仪器，包括计量基准、计量标准、辅助或配套的测量设备等。"校准状态"是指"示值误差""修正值"或"修正因子"等校准结果的状态。利用期间核查以保持设备校准状态的可信度，指利用期间核查的方法提供证据，可以证明"示值误差""修正值"或"修正因子"保持在稳定状态，可以有足够的信心认为它们对校准值的偏离在现在和规定的周期内可以保持在允许范围内。这个允许范围就是测量仪器示值的最大允许误差或扩展不确定度或准确度等别/级别。

因此，期间核查是指为保持测量仪器校准状态的可信度，而对测量仪器示值（或其修正值或修正因子）在规定的时间间隔内是否保持其在规定的最大允许误差或扩展不确定度或准确度等级内的一种核查。也就是说，期间核查实质上是核查系统效应对测量仪器示值的影响是否有大的变化，其目的与方法同 JJF 1033—2008《计量标准考核规范》中所述的稳定性考核是相似的。只要可能，计量实验室应对其所用的每项计量标准进行期间核查，并保存相关记录；但针对不同测量仪器，其核查方法、频度是可以不同的。

期间核查的常用方法是由被核查的对象适时地测量一个核查标准，记录核查数据，必要时画出核查曲线图，以便及时检查测量数据的变化情况，以证明其所处的状态满足规定的要求，或与期望的状态有所偏离，而需要采取纠正措施或预防措施。

（二）期间核查的作用

期间核查是为保持对设备校准状态的可信度，在两次检定工作之间进行的核查，包括设备的期间核查和参考标准器的期间核查，这种核查应按规定程序和日程进行。通过期间核查可以加强实验室的信心，确保两次溯源间计量标准状态的可信、可靠。一般计量标准和测量设备进行检定和校准已经能够满足保证测量结果准确、可靠性的要求。但是检定、校准还存在一些不足之处，主要表现有：由于在检定校准期间不可避免地会发生偶然故障或其他因素使测量设备准确度下降；送检返回的测量设备是正常的，由于在返回途中振动等原因，设备返回后计量性能发生了变化，引起了失准；还可能由于测量系统的链接不当、人员操作失误、环境条件失控等原因，使测量结果的误差产生较大变化。因此，仅仅采取检定和校准的方法是不能完全满足质量保证的要求，只有联合采用检定、校准和期间核查的控制方法，才能保证计量标准和测量设备产生的测量不确定度持续地控制在规定的允许范围内。

期间核查对于计量技术机构保证工作质量具有现实意义。例如：某单位使用的计量标准在周检后发现其准确度等级已经超出计量要求，因此做了调修，经再次检定合格后可以继续使用。但是由于没有定期的期间核查制度，没有证据说明该测量仪器是何时失准的，只有该仪器上次（比如一年前）送检仪器合格的证书，即只能证明一年前使用该计量标准进行检定或校准所出具的证书是有效的，其后出具的所有证书都存在质量风险。经检索，一年来使用该计量标准检定出具的证书达 2618 份，因此按照规定对这些证书要进行复查，带来的经济损失将十分可观。如果该实验室按照该计量标准的使用频次，在上次检定后做过多次期间核查，就能及时发现仪器的变化。如果核查时发现超差现象，可及时采取纠正措施，需要复查的证书数量不会超过一个月或一个季度的检定量。如果核查时发现有可能超差的趋势，可及时采取预防措施，就可避免上述质量风险。

任何测量仪器，由于材料的不稳定、元器件的老化、使用中的磨损、使用或保存环境的变化、搬动或运输等原因，都可能引起计量性能的变化。在校准有效期内仪器计量性能的变化，通过在有效期内的多次核查可以发现仪器计量性能的变化情况及其变化趋势。

期间核查的优越性是以多次、根据实际情况决定期间核查的范围以及控制的程度。选择的原则取决于适宜性、经济性、风险与成本的比较等因素。

二、期间核查的实施

（一）期间核查对象和时机确定

1. 期间核查对象

实验室的基准、参考标准、传递标准、工作标准为期间核查对象。对于辅助设备及其他测量仪器，应根据在实际情况下出现问题的可能性、严重性及可能带来的质量追溯成本等因素，合理确定是否进行期间核查。

2. 核查时机确定

期间核查分为定期和不定期的期间核查。

定期的期间核查，应规定两次核查之间的最长时间间隔，视被查仪器设备的状况和计量人员的经验确定。为了能充分反映实际工作中各种影响因素的变化，在规定的最长间隔内可以随机选择时间进行。测量仪器刚刚完成溯源时做的首次核查，有利于确定仪器的初始标准状态或初始测量过程的状态，以便于对比观察以后的数据变化，因此，这是最佳时机。

不定期的期间核查时机一般包括以下方面：

1）有较高准确度要求的关键计量标准装置和测量设备。

2）经常携带到现场进行检定、校准和检测的测量设备。

3）计量标准稳定性考核结果表明其检定或校准的数据超出其稳定性允许的误差范围的。

4）大型仪器环境条件发生过很大变化（如温度、湿度），刚刚恢复。

5）在运行过程中，已损坏或有可疑现象发生的计量标准和测量设备。

（二）期间核查的程序文件

实验室应该编制有关期间核查的程序文件，期间核查的程序文件应规定：

1）需要实施期间核查的计量标准或测量仪器。

2）核查方法和评审程序。

3）期间核查的职责分工及工作流程。

4）出现测量过程失控或发现有失控趋势时的处理程序等。

（三）期间核查的作业指导书

针对每一类被核查的计量基准、计量标准以及需核查的其他测量仪器制定期间核查的作业指导书，作业指导书应规定：

1）被核查的测量仪器或测量系统。

2）使用的核查标准。

3）测量的参数和测量方法。

4）核查的位置或量值点。

5）核查的记录信息、记录形式和记录的保存。

6）必要时，核查曲线图或核查控制图的绘制方法。

7）核查的时间间隔。

8）关于需要增加临时核查的特殊情况（如磕碰、包装箱破损、环境温度的意外大幅波动、出现特殊需要等）的规定。

9）核查结果的判定原则与核查结论。

（四）测量标准和检测设备期间核查的实施

1. 基准、参考标准、工作标准的期间核查

1）被校准对象为实物量具时，可以选择一个性能比较稳定的实物量具作为核查标准实施期间核查。

2）参考标准、基准或工作标准仅由实物量具组成，而被校准对象为测量仪器，鉴于实物量具的稳定性通常远优于测量仪器，此时可以不必进行期间核查；但需利用参考标准、基准或工作标准历年的校准证书画出相应的标称值或校准值随时间变化的曲线。

3）参考标准、基准、传递标准或工作标准和被校准的对象均为测量仪器，若存在合适的比较稳定的实物量具，则可用该实物量具作为核查标准进行期间核查；若不存在可作为核查标准的实物量具，则此时可以不进行期间核查。

2. 检测设备的期间核查

1）若存在合适的比较稳定的实物量具，则可用它作为核查标准进行期间核查。

2）若存在合适的比较稳定的被测物品，也可选用一个被测物品作为核查标准进行期间核查。

3）若对于被核查的检测设备来说，不存在可作为核查标准的实物量具或稳定的被测物品，则可以不进行期间核查。

3. 一次性使用的有证标准物质

对于一次性使用的有证标准物质，可以不进行期间核查。

（五）核查方法

1. 常用的期间核查方法

1）设备经高一等级计量标准检定或校准后，立即进行一组附加测量，将参考值 y_s 赋予核查标准。即用被核查对象测量核查标准得到 $\bar{y}_0$ 值，由检定证书或校准证书查找到相应的示值误差 δ，用下式确定参考值 y_s：

$$y_s = \bar{y}_0 - \delta \tag{8-7}$$

式中 $\bar{y}_0$——被核查的测量仪器对核查标准进行 k 次（通常取 $k \geqslant 10$）重复测量所得的算术平均值。

检定或校准后立即进行附加测量的目的是保持校准状态，防止引入因仪器不稳定等因素带来的误差。

2）隔一段时间（大于一个月）后，进行第一次期间核查，测量并记录 m 次（m 可以不等于 k）重复测量的数据，得到算术平均值 $\bar{y}_1$。

3）每隔一段时间（大于一个月）重复上述期间核查步骤，直到 n 次核查，得到各次核查的核查数据：$\bar{y}_1$，$\bar{y}_2$，…，$\bar{y}_n$。

4）以被核查的测量仪器的最大允许误差（Δ）或计量标准的扩展不确定度（U）确定核查控制的上、下限，测量设备期间核查曲线可以参照图 8-2 所示进行绘制，图中给出参考值 y_s 以及控制区间 [上限，下限]：[$y_s - \Delta$，$y_s + \Delta$] 或 [$y_s - U$，$y_s + U$]。如果绘制的是一个检定周期（或校准间隔）内的曲线图，时间轴可以月份为单元；如果绘制历年的期间核查曲线，时间轴则以年份为单元。

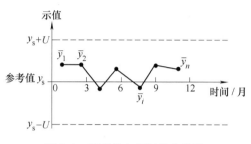

图 8-2　测量设备期间核查曲线

如果确实不存在稳定的核查标准，实验室不能进行期间核查，则此时可依据历年检定/校准证书的数据来绘制稳定性考核曲线，时间轴以年份为单元。

2. 测量过程控制的核查方法——控制图法

控制图是对测量过程是否处于统计控制状态的一种图形记录。对于准确度较高且重要的计量基、标准，若有可能，则建议尽量采用控制图对其测量过程进行持续及长期的统计控制。平均值控制图主要用于判断测量过程中是否受到不受控的系统效应的影响。标准偏差控制图和极差控制图主要用于判断测量过程是否受到不受控的随机效应的影响。

三、核查结果处理和标准保存

当期间核查发现仪器性能超出预期使用要求时，首先应立即停用；其次要采取适当的方法或措施，对上次核查后开展的检测/校准工作进行追溯，分析当时的数据，评估由于使用该仪器对结果造成的影响，必要时追回检测/校准结果。

核查标准的保存应保证其稳定性，因此应保证可能影响其稳定性的保存条件能满足要求，如温度、湿度、电磁场、振动、光辐射等。

对于核查用的消耗性标准物质，应注意保证两次检定或校准期间的所有核查使用同一批次的标准物质，以减少不同批次标准物质之间差异的影响。

核查记录见以下示例：

记录编号：Lab08-3542-05

设备名称	测长仪	设备编号	Ba849
生产商	KBR	测试配备	$\phi 8$ 平面测帽
核查标准	量块	编号	638
核查方法	Zy234-4	环境条件	20℃ ±0.5℃

（续）

核查日期		2012-6-21		核查人员			×××

核查记录： 单位：mm

参考值 y_s	测量1	测量2	测量3	测量4	测量5	平均值	极差
30.0001	30.0004	30.0007	30.0005	30.0005	30.0006	30.0005	0.0003
95.0012	95.0023	95.0021	95.0023	95.0025	95.0022	95.0023	0.0004

被核查测长仪的最大允许误差 $\Delta = \pm 0.002$mm

由于 $|\bar{y} - y_s| < |\Delta|$，核查结论：合格。

核查人：×××　2013年6月21日
实验室主任：×××　2013年6月22日

思考题与习题

1. 什么是比对？比对的作用是什么？
2. 国际比对中辅助比对和关键比对的区别是什么？
3. 比对的主导实验室如何确定？
4. 比对中参加实验室要做些什么？
5. 如何制定比对技术方案？有几种比对路线方案？
6. 比对中数据处理的方法是什么？
7. 如何评价比对结果？
8. 期间核查的作用是什么？
9. 期间核查和校准、检定有何区别？
10. 在比对数据没有正式公布前，所有参与比对的相关人员保密职责有哪些？
11. 当比对延误时，比对组织者需要采取什么措施？
12. 在比对工作中，如何确定参考值？
13. 比对过程中，主导实验室具有哪些职责？
14. 如何评价比对结果？
15. 进行期间核查的目的是什么？
16. 选定核查标准的一般原则是什么？
17. 什么情况下需要进行不定期核查？
18. 某实验室某次直流电压表标准装置比对结果见表8-3，请分析哪些实验室测量结果存在问题。

表8-3　某次直流电压表标准装置比对结果

实验室编号	参考值 $Y_r = 0$	参考值的不确定度 $U_r = 1\mu V$	E_n
	实验室结果与参考值结果之差 $(Y_j - Y_s)/\mu V$	$U_j/\mu V$	
1	-1	2	-0.45
2	2	2	0.89
3	-3	3	-0.95
4	2	1	1.41
5	0.5	1.5	0.28
6	2.5	2	-1.12

▶ 第九章

物理计量（一）

第一节　几何量计量

一、几何量计量的基本概念

（一）几何量计量的概念

几何形状是客观世界中最广泛的物质形态，绝大部分物理量是以几何量信息的形式定量描述的。如温度的测量，可以在规定的温度变化范围内，通过测量某种已知膨胀系数的材料的长度变化来实现；压力的测量也可通过测量汞柱（水银柱）的高低求得；甚至磁场一类的参数也可在有电流通过时测量悬浮体在磁场中的位移而测出。因此，几何量计量在计量领域中具有重要的基础地位，它是发展最早且较为成熟的学科。

几何量计量大体上可分为长度计量、角度计量和工程参量计量，具体包括：从光波波长测量到长度实物标准、端面量具（如量块等）、刻线类量具（如线纹尺、光栅等）以及直径类量具（如环规、塞规等）的测量和各类长度测量仪器（如三坐标测量机、经纬仪等）的校准检定；物体基本几何要素（点、直线、平面、圆、球、圆柱和圆锥等）的轮廓曲线、表面形状及空间相互位置关系的测量；机械工程中用几何尺寸表示的特殊参量即工程参量的测量，它涉及特殊形状和复杂几何图形（直线度、平面度、圆度、圆柱度、锥度、表面粗糙度、波纹度、螺纹、齿轮渐开线、螺旋线等）以及物体表面各部位和空间相互位置的测量。几何量计量的主要任务是研究和确定长度单位的定义，建立、保存长度计量基准和标准，开展长度、角度和工程参量的检定、校准和测试，进行量值传递，以确保量值的统一和准确。无论长度、角度还是其他工程参量，其测量都可归结于长度的测量，因此，习惯上几何量计量又称为长度计量。

目前，几何量计量发展趋势主要有两个方向：

1）朝着极端方向发展，即大尺寸和微观尺寸测量。中等尺寸的几何量计量已得到广泛发展和实际的应用，而随着人们对宏观世界和微观世界探索能力的发展，大型尺寸和微观尺寸的计量成为急需发展的技术，如对于飞机外形的测量、大型机械关键部件的测量、高层建筑电梯导轨的准直测量等精确测量就必须对其测量方法、测量仪器等实现有效的计量，如激光跟踪干涉三维尺寸测量方法和仪器；微电子技术、生物技术中纳米级别的测量已成为世界科技的一大主流，这也必须有计量测试手段的支持。

2）测量方法朝多样化发展。非接触测量技术比传统的接触式测量具有更好的适应性。例如，视觉检测技术不仅在于模拟人眼能完成的功能，更重要的是它能完成人眼所不能胜任的工作，在几何量计量测试领域中的大尺寸测量方面具有独到的优势，如轿车车身三维尺寸的测量、模具等三维形面的快速测量、大型工件同轴度测量、共面性测量等。多传感器融合技术为测量过程中测量信息的获取提供了一种优良的方法，它以不同的方法或从不同的角度获取信息，利用信息融合技术来提高测量精度。虚拟仪器测量技术是一种将多种数字化的测试仪器虚拟成一台以计算机为硬件支撑的实现数字式的智能测试的技术，它为计量测试技术提供了便捷、快速、有效的方法，而虚拟仪器的另一层意思是研究虚拟制造中的虚拟测量，如虚拟量块、虚拟螺纹量规、虚拟坐标测量机等。网络的普及和网络技术的进步使得网络化测量得到了快速发展，很多基于网络的测量方法和测试仪器广泛应用于计量领域中。

（二）几何量计量的基本原则

为保证计量正确，人们在实践中总结了 4 项几何量计量的基本原则，分别是阿贝原则、最小变形原则、最短测量链原则和封闭原则。

1. 阿贝原则

阿贝原则是指被测尺寸线应与标准尺寸线相重合或在其延长线上，否则将会带来较大的测量误差。遵守阿贝原则的长度计量所引起的计量误差为二次微小误差；不遵守阿贝原则的长度计量引起的计量误差为一次线性误差，通常称为阿贝误差。例如，卡尺和千分尺是生产中常用的两种量具，其中，卡尺不符合阿贝原则，而千分尺就符合阿贝原则，卡尺的测量不确定度就比千分尺大得多。因此，在长度测量中应尽量遵守阿贝原则。由阿贝原则带来的系统误差，其补偿可应用爱彭斯坦原则：利用各种机构，使误差相互抵消或削弱，或故意引进新的误差，以减小误差影响，其典型应用如测长机。布莱恩修正了阿贝原则，提出了布莱恩原则：位移测量系统工作点的路程应和被测位移作用点的路程位移在同一条直线上；不可能时，必须使传送位移的导轨没有角运动；或者必须算出角运动产生的位移，然后用补偿机构给予补偿。布莱恩原则更适用于目前普遍开展的双坐标和三坐标测量。

2. 最小变形原则

最小变形原则是指在测量中应该尽力做到使测量链中硬件部分各环节所引起的变形为最小。最小变形原则是仪器设计制造者所必须考虑的基本原则。对仪器使用者来说，只要不违反仪器操作规程，仪器有关构件的变形一般是符合最小变形原则的。故测量中考虑最小变形原则着重在以下几个方面：①测量力引起的接触变形；②由仪器自身重力引起的自重变形；③热变形。

3. 最短测量链原则

在测量系统中，为保证实现测量信息信号转换的每一变换环节按顺序的排列称为测量链，测量信息信号的每一转换称为测量链的环节。测量链的各环节不可避免地引入误差，测量链越长，环节越多，误差因素就越多。因此，为保证一定的测量准确度，测量链的环节应最少，即测量链最短，这就是最短测量链原则。这一原则可使总的测量误差控制在最小的程度。

4. 封闭原则

圆周分度首尾相接的间隔误差的总和为零，这是圆周分度的封闭特性，由此得到封闭原则：在测量中若能满足封闭条件，则其间隔误差的总和必为零。封闭原则是角度计量的最基本原则，它不仅可以使其总累积误差为零，而且实现了自检功能，简化了角度量值的传递过程。

二、几何量计量的基准原理

（一）米定义复现和激光波长基准

几何量计量中的基本参量是长度和角度。长度单位是米（m），是 SI 中 7 个基本单位之一；角度分为平面角和立体角，其单位分别为弧度（rad）和球面度（sr）。根据弧度和球面度的定义，角度测量可归结为长度的测量，因此，几何量计量的基准原理是对长度单位米的定义和复现，按米定义复现米量值的实物标准就是长度计量基准。

长度基准的构成包括定义和复现长度单位和角度单位的仪器和实物标准器，如激光波长基准、端面长度（量块）基准、线纹长度基准、角度基准等。一些工程参量（如形状参量、齿轮参量、螺纹参量等）则由多个长度参数通过复杂的误差叠加关系构成，需要通过实物标准确定量值的统一。

米单位的定义经历了4次定义的变化，1983年国际计量大会上，批准了米的新定义是光在真空中 $1/299792458$ s 的时间间隔内所行进的路程长度。这是按基本物理常数之一的真空中的光速的约定值 299792458 m/s 进行定义的（国际计量局将该值的不确定度约定为零，作为国际计量单位定义的基础）。由此可见，1m 的长度是用时间单位秒的定义和真空中光速的约定值两者导出的，而用光波波长复现米定义时的不确定度完全由光波的频率决定。由于光频的测量不确定度仍有不断减小的趋势，所以米定义的复现准确度就可能不断得到提高。

国际计量委员会（CIPM）推荐了三种米的复现方法：

1）时间法。用于天文、大地等测量工作的复现方法，应根据 $l=ct$ 关系式，由所测出的时间间隔 t 与给定的光速值 c 复现长度 l。

2）频率法。用于实验室计量工作的复现方法，根据关系式 $\lambda=c/f$，由所测出的频率 f 与给定的光速值 c 复现波长值 λ。

3）辐射波长法。用于一般测量工作的复现方法，直接使用米定义咨询委员会推荐使用的五种激光辐射和两类同位素光谱灯辐射的任一种来复现。

上述米定义的复现方法把定义与单位的复现方法相分离，避免了米的复现受某一基准的准确度或某种基准物质的性能影响，而且复现的准确度与定义本身无关，有利于选择合适的复现方法。

目前，各国都采用辐射波长法，以激光波长作为复现来定义长度基准，截至目前，所推荐的辐射源多达十几种。我国已经建立了工作在 3392nm、633nm、640nm、612nm 和 543nm 上的多种激光波长基准，其中以甲烷吸收稳频的氦氖（He-Ne）激光波长 3392nm 的复现精度最高，以碘吸收的氦氖激光辐射波长 633nm 的应用最广，而最新的以碘吸收的氦氖激光辐射波长 543nm 的重要性仅次于 633nm。激光波长基准的常用稳频方法有兰姆凹陷法、饱和吸收法以及塞曼效应法等，图 9-1 所示是由中国计量科学研究院研制开发的 543nm 碘稳频 He-Ne 激光波长基准的工作原理，采用饱和吸收法实现稳频。

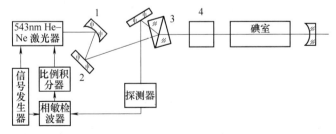

图 9-1　543nm 碘稳频 He-Ne 激光波长基准的工作原理
1—部分反射镜　2—全反射镜　3—沃拉斯顿棱镜
4—法拉第旋转器

（二）激光干涉仪

在量值传递中，通常以激光波长为基准测量各类尺（如刻线尺、光栅尺、磁栅尺）来实现长度计量仪器的量值统一，测量原理为光干涉法。常用的干涉方法和原理有斐索型干涉仪、迈克尔逊干涉仪、柯氏干涉仪等，由此，构成了激光干涉仪。在长度计量中普遍应用的有两种：单频激光干涉仪和双频激光干涉仪。

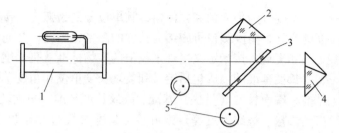

图 9-2　单频激光干涉仪的结构
1—激光管　2—固定角锥反射镜　3—分光镜
4—可动角锥反射镜　5—光电接收器

单频激光干涉仪的结构如图 9-2 所示。这种激光干涉仪结构简单，成本较低，分辨力可达 $0.001\mu m$，量程一般可达 20m。但由于只有一个频率的激光参加干涉，存在抗干扰能力差、测量速度慢等问题，一般只能在恒温、防振的条件下工作。

双频激光干涉仪结构如图 9-3 所示，它的抗干扰能力强、测量位移速度快，分辨力也可达 1nm，良好环境条件下的不确定度可达 1×10^{-7} 以上。这是因为它采用光外差干涉技术。其基本原理仍是基于两束光的干涉。当激光器发出两个具有频率差的光信号时，其中一路为参考光，另一路为测量光，两束光在干涉时产生拍频干涉，当被测对象相对于干涉仪静止时，输出信号为原始频率差的交流信号，而当被测对象运动时，输出信号的频率会增加或减少。这相当于在干涉仪的参考光路中引入一定频率的载波，被测信号通过它来传递，并被光电探测器接收，因而前置放大可采用交流放大器，从而提高了抗干扰能力。

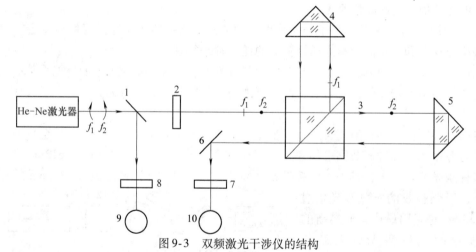

图 9-3　双频激光干涉仪的结构
1—分光镜　2—1/4 波片　3—偏振分光镜　4、5—角锥棱镜　6—反射镜　7、8—检偏器　9、10—光电器件

三、几何量计量的传递和溯源

（一）长度计量

长度计量是几何量计量最重要的内容，长度计量的传递和溯源是几何量量值传递系统中组成最多、准确度等级最多、传递任务最重的系统。长度计量系统最高处是以 He-Ne 激光波长作为基准，往下采用量块、线纹尺等实现量值传递。

1. 量块

量块是长度计量中使用最广泛、准确度最高的一种端面实物标准。它是单值量具，以其两端面之间的垂直距离复现长度量值，该长度称为量块的中心长度。常用的量块是矩形平行六面体（见图9-4）。量块的主要用途是用做计量器具的标准。通常将若干块长度不同的量块组成一套，每套数量从6块至91块不等。

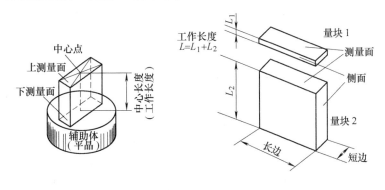

a) 矩形量块及其工作长度　　　　　　　b) 量块的组合测量

图9-4　量块

量块分为不同级别，高等级的量块可用来检定低等级的量块，也可用量块去检定测长仪器。而低等级的量块还可以直接作为精密的量具使用，如在精密测量中，常用量块作为标准，与轴、孔、球等被测工件比较，求得其直径、厚度等量值。

（1）量块的等和级

量块以长度的测量不确定度划分为1等、2等、3等、4等、5等共五个等别，以其长度的偏差划分为k级、0级、1级、2级、3级共五个级别。等级越高，其长度的制造偏差和变动量越小。一般量块按等使用时，使用量块的长度实测值，即按量块的标称值，须引入修正值，适于量值传递或精密测试；按级使用，使用量块的标称值，则无须引入修正值，比较方便，适于车间等现场的一般计量。

（2）量块的技术要求

量块的技术要求包括：

1）量块的长度偏差。量块的长度偏差是量块工作面上任意点的垂直长度对量块标称值之差。

2）量块的长度变动量。量块的长度变动量是两任意点长度的最大差。

3）量块的表面质量。量块的表面质量是为了具有更好的研合性和耐磨性，其测量面硬度和表面粗糙度都有一个规定的量值。

4）工作面的平面度。为配合检定时的研合度，工作面的平面度检定一般选用玻璃平晶，检定时将量块工作面朝上，并用玻璃平晶的工作面朝下覆盖，靠手按压和推合后，观察均匀照明的白光下的表面密合情况。例如，0级量块的研合面没有白色光斑；1、2级量块允许有白色光斑，但无光斑干涉条纹；3级允许有黄斑，但也无光斑干涉条纹。

5）量块的长度稳定性。量块的长度稳定性即量块的实际长度随时间变化的程度，一般1m的0级量块的长度变化量每年不得超过0.5μm；1、2、3级不得超过1μm。

6）量块的耐磨性。量块的耐磨性要求量块经1000次研合后仍能保持不小于25N的切向研合力，这主要选用耐磨的材料，如轴承钢、硬质合金、陶瓷等几种，目前世界上普遍采用GCr15轴承钢制造量块。也有采用石英做量块的，石英量块的稳定性非常好，但它价格昂贵。

近年来还出现了用人造宝石制作的量块，这种材料耐磨性也很好，目前还在深入研究。

7）量块的研合性。量块的研合性是指量块与量块经相互推合或贴合而形成一体的性能，其好坏可通过研合力大小来判断。研合性保证了可用多个量块组成所需的尺寸，从而将单值量具变为多值量具，扩大了量块的计量范围。

2. 线纹尺

线纹尺是线纹标准中最常用的一类尺，它是人类使用最早的量具之一。线纹尺以尺面上的刻线或纹印间的距离复现长度。线纹尺形状多样，按计量学功能分类，有专用于量值传递的基准线纹尺、标准线纹尺、直接用于生产生活的工作线纹尺；按外形结构分类，有杆尺、板尺、直尺、带尺、卷尺、链尺、测绳；按材料分类，有金属尺、玻璃尺、塑料尺、竹尺、皮尺、布尺；还可按专业用途分类，如大地测绘专用的铟瓦基线尺等。

线纹量值传递系统与长度传递系统一直是几何量量值传递中两大平行的传递系统。基准线纹尺的长度可用光波干涉测长仪测量。低精度线纹尺可以用高一等级的线纹尺作标准。值得注意的是，阿贝原则在线纹尺的比较测量中尤为重要，它要求被检尺和标准尺在比较测量时串联地放在同一条直线上。

标准线纹尺按材料一般分为标准玻璃线纹尺和标准金属线纹尺。

1）标准金属线纹尺。标准金属线纹尺分为1等、2等、3等，其中1、2等精度比较高，3等标准线纹尺主要用来检定钢直尺、水平标尺、套管尺等低精度的线纹计量器具。常用的标准金属线纹尺按横截面形状分有H形、X形和U形3种，如图9-5所示。选取这些形状都是为了减少自重变形。

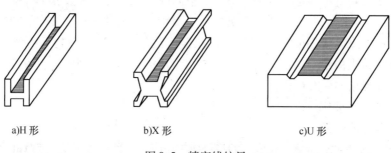

a)H 形　　　　　　b)X 形　　　　　　c)U 形

图9-5　精密线纹尺

2）标准玻璃线纹尺。标准玻璃线纹尺一般多用在光学仪器上，其横截面多为矩形或梯形。玻璃线纹尺的刻线更细，通常用光刻腐蚀而成。

安装在仪器和精密机床中作为测量长度的标准件使用的线纹尺，常用200mm金属或玻璃尺，（500～1000）mm金属标尺。另外，随着科技的发展，其他型式的线纹尺，如光栅尺、磁栅、容栅、编码器和感应同步器等为传统的长度测量提供了新的方法，目前采用这些技术的测长应用已广泛开展起来。

（1）光栅

光栅的基本工作原理是利用光栅的莫尔条纹现象进行测量的。取两块光栅常数相同的光栅，一块为标尺光栅（也称为主光栅），它可以移动（或固定不动），另一块光栅为指示光栅，它固定不动（或可以移动），只要把二者的刻线面相对，中间留有很小的间隙相叠合，便组成了光栅副。当两块光栅的刻线相交一个极小的角度 θ 时，在相对运动时就会出现莫尔条纹。标尺光栅沿垂直于栅线的方向每移过一个栅距时，莫尔条纹就会沿栅线方向移过一个条纹间距。用光电元器件可以接收莫尔条纹信号，经电路处理后用计数器计数可得到标尺光栅移过的距离。所以，计量光栅本质上是一种刻线很密的尺，一般每毫米内刻有 10~100 条线，不需任何细分便可读出 (0.01~0.1)mm 的小数来，实际应用时都进一步细分，一般可达到 1μm，高分辨力可细分到 0.1μm 甚至纳米级。

（2）磁栅尺

磁栅尺是在尺面上涂敷了磁层的直尺，以录制在磁层上的磁波复现长度单位，相当于一把磁尺。主要由磁栅和磁头组成，在位移过程中，磁头把磁栅上的磁信号检测出来，这样就把检测位移转换为了电信号。磁头输出的是正弦波信号，经细分后也可分辨到 1μm。

（3）感应同步器

感应同步器是另一种形式的线纹尺，它是利用两个平面形绕组的互感随位置不同而变化的原理组成的。感应同步器由定尺和滑尺组成，工作方式同计量光栅类似。定尺和滑尺要相互配合，工作时，在定尺或滑尺的一种绕组上通以交流激磁电流，由于电磁耦合，在另一种绕组上就产生感应电动势，该电动势随定尺与滑尺的相对位置变化而变化，通过对此电信号进行处理，经细分可分辨到 1μm。

（二）角度计量

角度是一种重要的物理量，角度计量是几何量计量的重要组成部分，在军事和航空航天领域中有重要应用。国际单位制规定了 7 个基本单位和两个辅助单位，这两个辅助单位就是平面角和立体角。平面角是平面内的夹角，其单位是弧度（rad）。立体角的单位为球面度（sr），球面度是顶点位于球心的一立体角，它在球面上所截取的面积等于以球半径为边长的正方形面积。目前已有的角度标准主要是复现平面角单位，实际上很少要求精确测量立体角。相对而言，测量空间角坐标的情况更多，此时，可用能同时测量两个坐标平面内平面角的仪器如经纬仪来实现。

就原理来说，绝大部分复现平面角的标准计量器具的测量原理与长度标准相类似。

长度单位是通过激光波长复现的，而角度单位的复现方法主要有整圆等分法和三角法两种。

（1）整圆等分法

整圆等分法将整个圆进行等分，就可以得到角度值，其分度之间的均匀性可通过各个分度相互比较求出。

（2）三角法

三角法是利用三角形的边长以反三角函数求得角度值，适用于小角度的高精度复现。

角度计量标准大致有以下四种：

1）端面角度标准：主要是角度块和多面棱体。

2）线纹角度标准：刻线度盘、圆光栅、圆感应同步器、磁性度盘、电栅盘和编码盘等。

3）机械分度标准：多齿分度盘、分度台、分度板和分度蜗轮等。

4）量子测角标准：主要是环行激光器。

其中，光栅莫尔条纹技术、电磁感应分度技术、激光技术、多齿分度技术、光电自准直技术等在角度计量测试中都具有广泛的应用。目前，圆光栅可达到的不确定度为 0.2″，经过电子线路细分可分辨到 0.1″；圆感应同步器的不确定度已可小到 1″，分辨力 0.05″；多齿分度盘目前达到的不确定度为 0.1″。

需要注意的是，在建立圆分度标准及小角度测量中，经常需要使用小角度测量器。在工业和工程计量中用得最多的是水平仪，在精密计量中主要使用自准直光管和小角度干涉仪，其中小角度干涉仪既可用于计量，也可作为小角度标准。而检定这些计量器具时，还使用一些小角度发生器作为标准，它的测量范围较小，但是精度很高。

（三）工程参量计量

工程参量是几何量计量的主要组成部分，是在机械加工中控制工件质量的重要手段。工程参量一般都是复现几何量的复合参量，且这些复合参量是多维的，可以分成通用和专用两类。通用类包括形状和位置（简称形位）参量、表面粗糙度等，专用类如齿轮、螺纹、花键等。每一种复合参量都有若干评定要素。在形位公差中，属于形状的要素有直线度、平面度、圆度、圆柱度、线轮廓度和面轮廓度共 6 项，而属于位置的有平行度、垂直度、倾斜度、同轴度、对称度、位置度、圆跳动、全跳动共 8 项。各种复合参量的评定要素及公差值均可从相应的公差标准中查到。

在实际生产当中应用的大量测量工程参量的仪器，常使用标准样板去校准这些仪器以实现量值的统一。例如，直线度计量时用具有一定宽度的平尺作为标准；平面度计量时用熔融石英制造的标准平晶作为高精度的平面标准；渐开线与螺旋线都有渐开线样板和螺旋线样板。针对不同的工程参量也有专门的计量方法。例如，计量直线度误差可以采用光隙法、平晶基准法、测微仪法和光束基准法；计量圆度误差可以采用比较检验法、特征参数法和坐标测量法；计量表面粗糙度可以采用光切法、干涉法、针描法和激光反射法等。由于工程参量数目较多，计量方法随着新技术的发展也在不断更新。

（四）纳米计量

纳米技术是当前发展最迅速、研究最广泛、投入最多的科学技术领域之一。纳米技术的发展对几何量计量技术在纳米级别上的应用提出了挑战。纳米技术的产品主要可分为纳米器件（大规模集成电路、量子器件）、纳米机构（MEMS）和纳米材料。因此，纳米计量技术需要解决纳米级精度的尺寸和位移的测量，以及纳米级表面形貌的测量。目前，要求有溯源性的纳米技术领域主要来源于微电子工业。纳米计量技术是超脱于传统长度计量、角度计量和工程参量计量的新几何量计量技术，纳米计量方法有其独特性。

目前，可进行纳米计量的仪器有电容测微仪、激光干涉仪、X 射线干涉仪、扫描电子显微镜、共焦显微镜、扫描探针显微镜等。

（1）电容测微仪

电容测微仪结构简单、分辨力高、体积小、容易安装、测量噪声小，且易与机械微位移机构或压电陶瓷一体化，因此在精密测量方面应用较广，适用于在扫描探针显微镜中应用。但电容测微仪的非线性比较大，约有 0.1%，因此在应用电容测微仪进行纳米测量时必须使用干涉仪对其进行校准。另外，电容测微仪的测量范围有限，应用场合受限。

（2）激光干涉仪

激光干涉仪可以用于纳米计量，但在使用中仍需要注意两个问题：一是等光程、同光路的设计原则，以在最大程度消除空气折射率对测量的影响；二是符合阿贝原则的布置，以消除工作台转动所引起的阿贝误差，阿贝误差是纳米计量仪器中影响最大的误差之一，如转角

1″时，1mm 距离造成的阿贝误差就达到 4.84mm。

（3）X 射线干涉仪

X 射线干涉仪中选用了高度完整的单晶硅，其晶格间距为 0.19nm，因此它的分辨力可达到亚纳米级，目前分辨力已达到 5pm 以上，测量准确度达到 ±10pm 以上。X 射线干涉仪结构简单，对环境要求低，测量稳定性好，很有应用前景。

（4）扫描电子显微镜

扫描电子显微镜聚焦电子束垂直于被测物体进行扫描，检测其背向散射电子和二次发射电子信号的变化，有亚纳米级的水平分辨力。由于电子束对边缘变化特别敏感，因此非常适合二维水平结构的测量；电子束焦深非常大，因此在垂直方向上无须伺服调整，测速快、测量范围大。但是扫描电子显微镜要求真空环境，并且信号数学模型复杂，在一定程度上增加了应用难度。现在高性能透射电子显微镜（TEM）和扫描电子显微镜（SEM）的分辨力分别达到了（0.1~0.2）nm 和（0.6~3.0）nm，可以用于各类纳米加工中，大大提高了生产效率。

（5）共焦显微镜

共焦显微镜的扫描系统采用电光器件或转动镜等光学扫描方式进行快速测量，或采用被测物位移扫描方式进行高精度测量；测量方式采用 z 向恒定方式或焦点跟踪方式，适用于二维水平结构的测量。但是因受衍射影响，共焦显微镜对边缘无法准确定位。

（6）扫描探针显微镜

扫描探针显微镜（SPM）的典型是扫描隧道显微镜（STM），它基于量子力学的隧道效应，通过一个由压电陶瓷驱动的探针在物体表面做精确的二维扫描，其扫描精度达到几分之一纳米。当探针尖端与样品表面足够近时，探针尖端与样品表面的电子云出现重叠，在探针和样品表面的偏压作用下，就会有一种被称作为隧道电流的电子流流过探针，电子流的大小与探针和物体表面的间距有关，通过对隧道电流变化的检测，可以重建样品表面形貌。量子隧道是探针与物体之间近场作用的一种表现，根据量子隧道发明了扫描隧道显微镜（STM），而实际上近场多种多样，继而根据不同的近场作用发明了更多的扫描探针显微镜，如基于表面力的原子力显微镜（ATM）、基于水平力的摩擦力显微镜、基于静电力的电荷力显微镜（CFM）、基于磁力的磁力显微镜（MFM）、基于近场光学反射的扫描近场光学显微镜（SN-OM）、基于近场光学透射的光子扫描隧道显微镜（PSTM）、基于表面温度的扫描热轮廓仪（STP）、基于温差电压的扫描化学势能显微镜（SCPM）、基于光吸收效应的光子吸收显微镜（OAM）、基于离子电流的扫描例子传导显微镜（SICM）、基于表面电容的扫描电容显微镜（SCM）、基于低频声的扫描近场声学显微镜（SNAM）等，它们构成了一个不断壮大的扫描探针显微镜族，其水平分辨力范围在（0.1~500）nm 之间。目前，比较先进的 SPM 还能操纵原子、分子，如 IBM 科学家用 35 个氙原子在铅表面排布 IBM 的商标字样。因此 SPM 有非常好的应用前景。

尽管已经出现了多种纳米计量仪器，但有关纳米计量的基准还没有建立起来，现在还是采用样板比对的方法使计量结果趋于一致。目前纳米范围内最重要的传递标准是粒子标样和维度测量标准。日本 AIST 已向世界提供最精密的 100nm 粒径的标准，并正在研究更小尺度的标准。维度测量标准包括线宽、阶高、线纹尺、节距（1D 栅）、网格（2D 栅）等，这些维度测量标准可用于校准隧道、原子力、电子、可见光等，并通过这些传递标准，溯源于国家标准和 SI 基本单位，如计量型原子力显微镜上装有分辨力为原子尺寸五分之一的激光干涉仪并使用目前作为长度标准的碘稳定激光直接溯源于长度标准。纳米传递标准还需进一步发展，一个方向是继续利用维纳加工技术刻蚀出各种纳米结构，一个方向是利用原子晶格研制自然标准，还有一个方向是利用激光会聚原子沉积技术获得纳米结构。

第二节 温 度 计 量

温度是描述物体冷热程度的物理量，它与人类的生产和生活有着密切的关系。气象台发布气象预报，需要预报未来的最高温度和最低温度；一个人感冒发烧，要用体温计测量体温；同样，冶金、化工、纺织、航空、航天及科研部门都与温度有关。在其他物理量的计量中（如长度、流量、压力等），温度也是一个十分重要的影响量。可见，正确地测量温度具有十分重要的意义。

一、温度计量的基本概念

温度计量是指研究和实施温度标准、测温方法、测温装置，保证温度量值统一、准确、可靠传递，以满足各种工程温度计量的需要。

（一）温度

温度是国际单位制的 7 个基本量之一，它的基本单位是开尔文（K），现在通用玻尔兹曼常数定义的，具有很高的准确度和复现性（优于 ±0.1mK）。温度表示物体的冷热程度，在取得定量的温度量值之前的很长的历史时期内，人们只是凭感觉知道物体的冷暖。在热力学发展之后，才有温度的科学定义。

要知道温度的概念，首先要了解平衡态和热平衡态的概念。在不受外界影响的条件下，宏观性质不随时间变化的状态叫作平衡态。假设有 A、B 两个物体，原来各自处在一定的平衡态，且 A 比 B 热，现在将两个物体互相接触，使它们之间发生传热导，之后两个物体的状态都发生变化，A 变冷，B 变热，经过一段时间后，两个物体的状态不再变化了，反映出两个物体达到一个共同的平衡态，这种由两个物体在发生传热的条件下达到的平衡叫作热平衡。进一步取三个热力学系统，物体 A、B、C，若 A 与 B 处于热平衡，B 与 C 也处于热平衡，那么 A 与 C 必定处于热平衡。这个结论通常叫作热力学第零定律，也叫作热平衡定律。热力学第零定律为温度概念的建立提供了实验基础。

处于同一热平衡状态的所有物体都具有共同的宏观性质，决定物体热平衡的宏观性质是温度，也就是说，处于同一热平衡状态的所有物体都具有相同的温度。在微观状态，温度是大量分子热运动的共同表现，标志着物体内部分子无规则运动的剧烈程度，温度越高就表示物体内部分子无规则热运动越剧烈，分子的平均动能越大。

可以设想某一系统为温度计，依次与其他的系统做热交换，以发现它们是否处于相同或不同的热状态。这就是温度计量的理论基础。

（二）温标

温标是温度的量值表示法，只有在确定温标之后，温度计量才有实际意义。要确定温标，首先要规定一系列恒定的温度作为固定点，通常用纯物质的三相点（即物质处于固、液、气三相平衡共存的状态）、沸点、凝固点作为固定点，并赋予固定点一个确定的温度。

然后选择某一随温度变化而呈线性或一定函数关系变化的物理量作为温度指示的标志。这样固定点、内插仪器以及函数关系构成了温标的三要素。在日常生活、工业和研究领域常用到的温标有华氏温标、摄氏温标、热力学温标和国际温标。

（1）华氏温标

早在1714年华伦海特（Daniel Fahrenheit）首先制造了性能可靠的水银温度计，并于1724年公布了该温标。该温标规定在标准大气压下，冰的熔点为32℉，水的沸点为212℉，中间划分为180等分，每一等分为1℉，这种温标称为华氏温标，单位为华氏度。美国和其他一些英语国家日常生活中多使用华氏温度。

（2）摄氏温标

第一个提出百度温标的是摄尔修斯（Anders Celsius）。1742年他建立了百度温标，以冰点为100℃，沸点为0℃。1750年他接受斯托墨的建议，把上述两定点的温度对调，这才成了现在的摄氏温标即百度温标。这种温标在（0～100）℃之间划分100等分，每一等分为摄氏温标1℃。摄氏温标单位为摄氏度，表示为℃。包括我国在内的很多国家使用摄氏温标。

不同物质或同一物质的不同属性随温度的变化关系不同，因此上述方法建立的温标与测温物质属性有很大关系。同一测温对象，利用两种不同属性的物质建立的两套温标测的结果会是一样的吗？答案是否定的。如用玻璃液体温度计在水的冰点和沸点建立了温标，再用铅电阻温度计也在水的冰点和沸点同样建立了温标，这两种温标是否相同呢？通过实验可知除了在水的冰点和沸点相重合外，在其他点是不会重合的。也就是说，在0和100之间选取一点，如用玻璃液体温度计测出为50℃，那么若用铂电阻温度计测量就不会正好是50℃，而是有一定的偏差。可见，为了更精确地测温，需要建立一种完全不依赖于任何测温物质及其物理属性的温标。

应该指出，华氏度和摄氏度虽然在生产和生活中被广泛应用，但在现行的法定计量单位中已经废除。

（3）热力学温标

热力学温标是一种理论温标，也称开尔文温标。1848年英国科学家开尔文（即威廉姆·汤姆逊，William Thomson）以热力学第二定律中卡诺原理为理论依据提出的。热力学温标与任何特定物质的属性无关。

1824年法国工程师卡诺（Carnot）在第二定律基础上提出了卡诺定理，卡诺定理表述为"在相同的高温热源和相同的低温热源之间工作的一切可逆热机，其效率都相等，与工作物质无关。其他热机工作的效率不可能大于可逆热机的效率"。即

$$\eta = 1 - \frac{Q_2}{Q_1} = 1 - \frac{T_2}{T_1} \tag{9-1}$$

式中　η——热机工作的效率；

Q_1——向高温热源吸收的热量；

Q_2——向低温热源放出的热量；

T_1——高温热源的温度；

T_2——低温热源的温度。

从式（9-1）可知：温度只与热量有关，而与测温介质无关；两热源物质温度相同，则工作于两热源间的可逆热机热效率相等，因此在理论上温度不会因为不同介质造成不一致，

所以热力学温标具有唯一性和稳定性。

热力学温标的零度称为绝对零度，它是理论上推导出来的最低温度，只能无限接近，不能到达。

热力学温标是公认的最理想、最基本的温标，可以通过气体温度计、超声波温度计、热噪声温度计等来测量热力学温度。但是这类测温装置结构复杂、成本昂贵，实用性低。因而有必要建立一种便于使用、传递的国际温标。

（4）国际温标

国际温标是经国际协商、决定采用的一种国际上通用的温标。它要尽可能与热力学温标相一致，要有操作简单、准确度高、复现性好等特点。国际实用温标是真正实际使用的温标，它是热力学温标的具体体现。1927 年第七届国际计量大会公布了 1927 年国际温标（ITS-27），借助 6 个定义固定点、3 种标准内插仪器、4 个内插公式来定义。这是第一个国际温标。以后经过多次重大修改，陆续建立了 1948 年国际温标（ITS-48）、1948 年国际实用温标（IPTS-48）、1968 年国际实用温标（IPTS-68）等。1987 年第十八届国际计量大会上国际计量委员会根据第 7 号决议要求建立 1990 年国际温标（ITS-90）。我国从 1991 年 7 月 1 日起施行"1990 年国际温标"。

90 温标定义了国际开尔文温度，符号为 T_{90}，国际摄氏温度符号为 t_{90}，它们之间的关系为

$$t_{90}/\text{℃} = T_{90}/\text{K} - 273.15 \tag{9-2}$$

ITS-90 定义固定点见表 9-1，其中 Wr（T_{90}）为参考函数。由 0.65K 向上到单色辐射的普朗克辐射定律实际可测得的最高温度，ITS-90 通过各温区和分温区来定义 T_{90}，某些温区或分温区是重叠的，重叠区的 T_{90} 差异只有在最高准确度测量时才能觉察到。共定义了四个温区：

第一温区为（0.65 ~ 5.00）K 之间，T_{90} 由 ^{3}He 和 ^{4}He 的蒸气压与温度的关系式来定义。

第二温区为 3.0K 到氖三相点（24.5661K）之间，T_{90} 是用氦气体温度计来定义。

第三温区为平衡氢三相点（13.8033K）到银的凝固点（1234.93K）之间，内插仪器是铂电阻温度计，它使用一组规定的定义固定点及利用规定的内插法来分度。

第四温区为银凝固点（1234.93K）以上的温区，是按普朗克辐射定律来定义的，内插仪器为光电高温计。

表 9-1　ITS-90 定义固定点

序　号	温度（T_{90}）/K	物　质	状　态	Wr（T_{90}）
1	3 ~ 5	He	V	
2	13.8033	e－H_2	T	0.00119007
3	≈17	e－H_2（或 He）	V（或 G）	
4	≈20.3	e－H_2（或 He）	V（或 G）	
5	24.5561	Ne	T	0.00844974
6	54.3584	O_2	T	0.09171804
7	83.8058	Ar	T	0.21585975
8	234.3156	Hg	T	0.84414211
9	273.16	H_2O	T	1.00000000

（续）

序　号	温度（T_{90}）/K	物　质	状　态	Wr（T_{90}）
10	302.9146	Ga	M	1.11813889
11	429.7485	In	F	1.60980185
12	505.078	Sn	F	1.89279768
13	692.677	Zn	F	2.56891730
14	933.437	Al	F	3.37600860
15	1234.93	Ag	F	4.28642053
16	1337.33	Au	F	
17	1357.77	Cu	F	

注：1. 除 ^{3}He 外，其他物质均为自然同位素成分。e-H_2 为正、仲分子浓度处于平衡时的氢。

2. 表中各符号含义为：V-蒸气压点；T-三相点；G-气体温度计点；M、F-熔点和凝固点（在 101325Pa 压力下，固、液相的平衡点）。

二、国际温标的规定

温标的主要内容为标准温度计、固定点和内插公式。由于国际温标是通过四个温区的固定点和各种温度计确定，下面详细介绍各温区基准温度计和固定点。

（一）低温计量

在第一温区（0.65～5.00）K，ITS-90 规定由 ^{3}He 和 ^{4}He 的蒸气压与温度的关系式来定义，它是基于封闭系统中两相系的饱和蒸气压与温度对应的关系。在所有气体中液态氦的临界温度和沸点最低，利用它可以获得 mK 级的低温。氦是惰性气体，有两种同位素 ^{3}He 和 ^{4}He，在该温区氦蒸气压与温度的方程为

$$T_{90} = A_0 + \sum_{i=1}^{8} A_I \left[\ln(p) - B/C \right]^i \tag{9-3}$$

式中　A_I、A_0、B 和 C——常数，可以从 ITS-90 中查得。

氦蒸气压的复现性能达到（10^{-3}～10^{-4}）K，并具有较高的灵敏度。其缺点是响应温区窄，而且是非线性的。

在第二温区（3.0～24.5661）K，用氦气体温度计来定义。气体温度计的基本原理是波意耳定律：一定质量的理想气体在温度保持不变的情况下，它的压强与体积成反比。任何一种气体，在气体压强趋于零时可以看成理想气体。所以可以用气体温度计来很好地复现热力学温标。理想气体温标可分为两种：维持气体体积不变，压强随温度而改变的为定容气体温度计；维持气体压强不变，体积随温度而改变的为定压气体温度计。定压气体温度计结构复杂，操作修正也很麻烦。

（二）中温计量

在第三温区（13.8033～1234.93）K，内插仪器是铂电阻温度计。其测温的基本原理是金属的电阻随温度的变化而变化。铂电阻温度计是用高纯铂丝制成的温度计，其特点是质地柔软，容易加工成形，耐腐蚀，不易氧化，具有良好的物理、化学性能，铂电阻温度计测温准确，准确度为 0.5mK，年变化量为 1mK。因此从 1927 年国际温标（ITS-27）以来一直选用它作为内插仪器。

在 T_{90}（见表9-1）中，定点间电阻比 $W(T_{90})$ 和 T_{90} 的关系由给定的内插函数获得。电阻比为该温度时的温度计电阻 $R(T_{90})$ 与水三相点时的电阻 $R(273.16K)$ 的比值为

$$W(T_{90}) = R(T_{90})/R(273.16K) \tag{9-4}$$

同时电阻温度计还应该满足下列要求，这是对铂金纯度要求的间接规定：

$$W(29.7646℃) \geq 1.11807 \tag{9-5}$$

$$W(-38.8344℃) \leq 0.844235 \tag{9-6}$$

任何一支铂电阻温度计都不能在 $(13.8033 \sim 1234.93)K$ 整个温区内有高的准确度，甚至不能在全温区内合适使用。当铂电阻温度计经受 693.15K 以上温度时，必须进行热处理。

常用的标准铂电阻温度计有3种类型：标准套管式铂电阻温度计、标准长杆式铂电阻温度计、标准高温铂电阻温度计。

1. 标准套长杆式铂电阻温度计

该温度计使用范围为 $(80 \sim 660)K$，其感温元件的结构为：由4根直径为 $(0.05 \sim 0.07)mm$ 的铂丝缠绕直径为 1mm 的螺旋线圈，然后均匀盘旋在螺旋形或麻花形的绝缘支架上，其优点是感温元件能自由膨胀和收缩，增强耐振能力，减少应力，从而提高铂电阻温度计的稳定性。感温元件两端各焊上两根直径为 0.4mm 的铂丝作为内引线。这4根引线的另一端通过石英制成的4孔绝缘管引到保护套管外，然后通过接线柱与铜质外引线连接在一起。保护套管用熔融石英制成，为防止辐射测温误差，感温元件的顶端要进行喷沙打毛处理。为减少测温滞后现象，套管内应充有 30kPa 的干燥空气。在热电阻温度计装配前对铂丝、绝缘管、支架、保护套管必须经过严格的清洗和烘烤，增强测温的稳定性。

2. 标准套管式铂电阻温度计

这种温度计的使用范围为 $(13 \sim 273.16)K$，其基本形状与长杆式相同，只是套管为厚度约 0.1mm 的铂片或石英，套管直径约 5mm，长约 60mm，内部充有 30kPa 的氦气。

3. 标准高温铂电阻温度计

这种温度计的使用上限温度可以达到银凝固点（1234.93K），在水三相点阻值的许可范围为 $(0.25 \sim 5)\Omega$。与长杆式相比，除感温元件的制作有区别外，其他无明显变化，其保护套管由外径约 7mm、内径约 5mm、长约 800mm 的石英制成。内部充有 40kPa 含氧 10%（体积分数）的氩气。影响其准确度的主要因素是高温时由于温度变化而引起的铂丝变形所改变的阻值，以及绝缘材料的电泄露。当前国产高温铂电阻温度计在上限温度银凝固点时绝缘体漏电对测量影响为 $(1 \sim 2)mK$，已经达到复现温标的要求。

（三）高温计量

第四温区（温度大于 1234.93K）是按照普朗克辐射定律来定义的，内插仪器是光电高温计，并通过温度灯来复现亮度温度。

三、温度计量的基准原理

（一）计量原理

普朗克定律是1900年普朗克利用量子统计理论推导出黑体单位表面积向外界发射单位波长的能量（即单色辐射力）的表达式，如式（9-7）所示。所谓黑体是指能完全吸收投射到它表面辐射能的物体，是一切物体中吸收能力最强的一种理想物体。

$$E_{b\lambda} = \frac{C_1\lambda}{e^{C_2/(\lambda T)} - 1} \tag{9-7}$$

式中　λ——波长（μm）；

　　T——物体温度（K）；

　　C_1——常数，$C_1 = 3.743 \times 10^8 \, \mu m^4/m^2$；

　　C_2——常数，$C_2 = 1.439 \times 10^4 \, \mu m \cdot K$。

式（9-7）表明：第一，任何波长下，单色辐射力随温度的升高而增加；第二，黑体发射的单色辐射力随波长连续变化，并存在极大值，随着温度升高，极大值向短波方向移动。相应于极大值的波长和温度的关系为

$$\lambda_{\max} T = 2.8978 \, mm \cdot K \tag{9-8}$$

根据式（9-8），如果能够测量出黑体辐射能量最大值的波长，就可以获得黑体表面的温度。

在实际测量中，直接应用普朗克定律会存在以下三个问题：①实际被测对象不是黑体；②如何得到辐射能量的绝对测量；③如何解决"单色"问题。

对于第一个问题，可以引入亮度温度的概念，亮度温度是指当实际物体在某一波长下的单色辐射亮度和黑体在同一波长下的单色辐射亮度相等时黑体的温度。由于在同温度下，黑体的单色辐射力最大，实际物体的亮度温度永远小于它的真实温度。

对于第二个问题，采用的办法是进行能量的相对测量或比值测量，1990国际温标规定，高温区的温度可以用下式定义：

$$\frac{L_\lambda(T_{90})}{L_\lambda[T_{90}(X)]} = \frac{\exp\{C_2[\lambda T_{90}(X)]^{-1}\} - 1}{\exp[C_2(\lambda T_{90})^{-1}] - 1} \tag{9-9}$$

式中　$T_{90}(X)$——银凝固点温度、金凝固点温度或铜凝固点温度中任意一个；

　　C_2——常数。

由式（9-9）可以得到能量比值 $\dfrac{L_\lambda(T_{90})}{L_\lambda[T_{90}(X)]}$ 与 T_{90} 的关系。

对于第三个问题，可以任意选用一定宽度的光谱带组成，如可见光谱、红外光谱或紫外光谱。

（二）计量器具

最早的辐射测温仪表是以光学高温计为代表的亮度测温仪表，1968年国际实用温标规定的银凝固点以上的温度采用光学高温计作为内插仪器。因为光学高温计不能进行自动测量，在生产现场应用不便，以及用人眼进行亮度平衡会引入主观误差，所以人们利用光电元件代替人眼，发展了光电高温计，所测得的是物体的亮度温度，它们都是非接触式测量装置。

光电高温计按照探头结构可以分为直接式、调制式、辐射平衡式、恒温式和环境温度补偿式等。

辐射平衡式光电高温计在仪表内部设有参比辐射源，利用内部参比源与目标辐射进行比较来测温。参比源主要采用钨丝灯。目标辐射与参比辐射光束经调制器调制，交替射到探测元件上，探测元件产生一个交变信号，调节参比源的辐射，直到探测器上产生的两个信号相等为止，这时参比源的有关参数（电流或电压）代表目标的温度。电流或电压与温度的具体关系取决于钨丝灯发光时的电流或电压和与温度的关系。光电高温计测量原理如图9-6所示。

调整物镜，使目标成像于灯泡灯丝平面上，通过显微镜放大后，目标像和灯丝像成像于音叉的狭缝上。该像通过透镜组和干涉滤光片后成为两束红色的单色光，由于音叉的振动，它们轮流照到光电倍增管上。光电倍增管输出的电信号放大处理后到达指示仪表。当指示仪表指向零时，说明光电倍增管无输出，被测物体的亮度和灯泡钨丝亮度相等。测量流过灯泡的电流（或者钨丝两端电压），由于该电流或电压与钨丝的亮度温度一一对应，从而可以得到被测物体的温度。

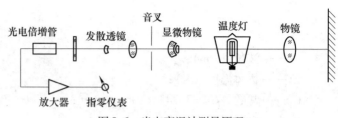

图9-6　光电高温计测量原理

光电高温计的灯泡是光电高温计的核心部件。它的作用是作为亮度比较的测量标准，其灯丝的亮度与通过灯泡的电流呈单值函数关系，电流越大，灯丝的温度越高，其亮度也越亮。灯泡是一个标准辐射源，其稳定性对示值准确性和复现性有很大的影响。为使灯泡有足够的稳定性，新制造的灯泡在进行分度之前要进行退火和老化。退火和老化的目的都是为了实现钨丝的最后结晶，避免钨丝在高温时出现再结晶，因为再结晶会改变钨丝的电阻率和发射率，从而改变钨丝的分度特性。另外，钨丝的温度不能过高，超过1400℃时钨丝会发生氧化，使其电阻值改变。所以测温上限超过1400℃时，要采用吸收玻璃扩展量程。在使用过程中，要注意通过灯丝的电流方向与分度方向一致；同时要考虑室温对测量的影响。

由于辐射源尺寸效应、系统非线性等因素，目前，光电高温计的标准不确定度的常规水平为0.06%，最好水平为0.01%。

亮度温度的复现通过标准温度灯完成，当通过温度灯的电流强度改变时，温度灯的亮度随之改变。如果已知温度灯的温度和电流特性，就可以根据通过温度灯的电流来确定亮度温度。温度灯结构简单，稳定度高，使用方便，且价格低廉。这些特点使其成为目前国际上最重要最常用的一种标准辐射源。

我国采用银凝固点作为复现温标1234.93K以上温区的参考点，银凝固点复现的扩展不确定度为0.056℃（包含因子$k = 2.78$、置信概率$p = 0.99$）。基准温度灯组保存国家基准温度量值，温度范围为（961.78～2200）℃，扩展不确定度为（0.12～0.65）℃（$k = 2.68 \sim 2.98$、$p = 0.99$）。

（三）固定点复现

ITS-90温标定义的固定点主要是三相点和金属凝固点（或熔点），其中水三相点是热力学温度唯一的基准点，也是1990国际温标规定17个固定点中最重要的基本固定点。水三相点高准确度复现和准确测量是ITS-90实施的关键。同样它在热力学温度测量和实际温度测量中都具有重要的意义。

自然界的许多物质以固、液、气三种聚集态存在，它们在一定条件下以平衡状态存在，也可以相互转变。相是指系统中物理性质均匀的部分，它和其他部分有一定的分界面，相是物质以固态、气态、液态存在的具体形式。当温度或压力变化时，物质可以从一相转变为另外一相。纯物质在相变过程中温度保持不变，物质出现气、固、液三相平衡共存的状态，这一点称为三相点，对应的温度和压力称为三相点温度和压力。水三相点是纯水固相、液相和气相三相共存温度点，它存在时容器压力为$p = 610.75 \text{Pa}$，温度$T = 273.16 \text{K}$。水三相点的实现是用水三相点瓶。目前大量使用的是用玻璃制成的水三相点瓶，结构如图9-7所示。

玻璃水三相点瓶的冻制可按照如下步骤进行：

1）先将水三相点瓶在一碎冰和水的容器中预冷（1～2）h。

2）将温度计插管冲洗干净，然后在管内逐渐加进液氮（或干冰）使得在插管周围冻结成一层厚约10mm的均匀冰层。

3）冰套形成后，可将稍高于0℃的水注入插管，使得冰套内融，可自由转动。

4）将插管中的水吸出，换入预冷好的干净水，将水三相点瓶保存在冰槽或低温槽中。水三相点瓶冻制即告完成。冻制后第二天可以开始使用。

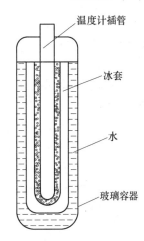

图9-7　水三相点瓶结构示意图

如果将制好的水三相点瓶放在冰水混合物中，则可以保存几个月使之具有万分之一的准确度。水三相点瓶内真空度、水的来源、水中氢氧同位素的含量、水中溶解气体的含量以及不同冻制方法等因素都会对水三相点造成不同程度的影响。通过国际计量局的比对，不同国家水三相点的偏差在±0.1mK之间。

用金属凝固点作为复现温标的基准是由于在一定压力条件下，纯金属固液两相共存时温度是恒定。金属固定点的准确度受金属样品的影响，当样品纯度达到99.999%时误差可在1mK之内。

我国在复现ITS-90温标方面已经做了大量颇有成效的工作，目前，我国复现ITS-90的主要技术指标如表9-2所示。

表9-2　我国复现ITS-90的主要技术指标

序　号	基准装置名称	测量范围/K	不确定度/mK
1	（13.8033～273.16）K温度基准	13.8033～273.16	2～3
2	（83.8058～273.16）K温度基准	83.8058～273.15	2～3
3	（273.15～692.677）K温度基准	273.15～692.677	0.6
4	（273.15～1234.93）K温度基准	273.15～1234.93	2.5～6
5	（1234.93～2473）K温度基准装置	1234.93～2473	0.1～0.6

四、温度计量的传递和溯源

有了国际温标，温度量值就可以在世界各国得到准确复现，然后通过国内各级计量部门定期地、逐级地传递到各种测温仪表上。在我国，复现国际温标的任务由中国计量科学研究院完成。

温度计量仪器按其准确度等级可以分为三类：计量基准温度计、计量标准温度计、计量工作用温度计。计量基准温度计是用来复现和保存国际温标数值的温度计，它们是准确度最高的温度计，也就是第二节介绍的各种温度计。计量标准温度计是用来进行温度量值传递的温度计，具有一定的准确度等级，我国的标准温度计分两等：一等标准温度计和二等标准温度计。在生产和科研中使用的温度计称为计量工作温度计。

由温标规定的标准温度计按照内插方程确定的温度是最接近热力学温度的，为了保证温度的量值传递到实际测温对象，测量仪器必须按照传递系统进行检定。

（一）比对

国际温标定义的固定点，由各国国家实验室进行复现，我国的复现任务由中国计量科学研究院完成。为检查国际温标的可行性和确切的不确定度，国际计量局（BIPM）组织各个国家实验室对固定点进行国际比对。自 ITS – 90 温标建立以来，国际计量局已先后从氩三相点到铝凝固点共 8 个定义固定点复现值进行比对。比对的标准仪器是铂电阻温度计，通过空运到各个国家实验室。各实验室将标准温度计测得的固定点数据汇总到国际计量局。

（二）电阻温度计的检定

第三温区的内插仪器是铂电阻温度计，ITS – 90 温标规定了标准温度计在各分温区的内插公式，为了确定温度计内插方程的各项系数以及新制造和使用过程中的温度计的性能，必须对铂电阻温度计进行检定。根据被检温度计的准确度等级，常采用定点法和比较法。

定点法：国家级标准或高准确度电阻温度计采用定点法进行分度。分度是指确定国际温标规定的温度计内插方程的各项系数。ITS – 90 温标规定的固定点有两类：三相点和金属凝固点（熔点）。将固定点容器准备好后，插入被检温度计，测得该温度计在固定点和水三相点的电阻值，根据式（9-4）可以得到电阻比，从而确定该温度计是否合格。

定点法虽然能够得到较高的准确度，但是要按照国际温标要求使用特定的密封容器，操作复杂，有一定的难度。

比较法：对于准确度要求不高或工业用温度计，采用比较法进行传递。此法需要准确度高的温度计，即采用定点法分度的温度计，使其感温元件与被检温度计的感温元件处于同一均匀温度场内，通过逐点比较，实现被检温度计检定的目的。

标准铂电阻温度计的检定目前是依据 ITS – 90 国际温标和国家计量检定规程 JJG 160—2007《标准铂电阻温度计检定规程》（– 189. 3442 ~ 660. 323）℃。

标准铂电阻温度计在稳定性方面有特殊要求，温度计需经退火处理，一般是在 450℃ 退火后，在检定中多次测得 R_{tp} 之间最大差并换算为温度值。短期稳定性要求一等标准铂电阻温度计（SPRT）不应超过 2. 5mK，二等标准铂电阻温度计不应超过 5mK。相当于电阻值对于一等标准铂电阻温度计是 0. 00025Ω，对于二等标准铂电阻温度计是 0. 0005Ω。对于长期稳定性的要求是与上一周期检定结果相比检定点最多不超过 12mK，对新制成或修理后的温度计要求将温度计在 450℃ 或上限温度以下退火 100h，退火前后检定的电阻值要求在一定偏差范围内。标准铂电阻温度计应使用工作基准铂电阻温度计作标准，二等标准铂电阻温度计应使用一等标准铂电阻温度计作标准。

标准铂电阻温度计的检定除了以上两种方法检查它的稳定性外，还要检查它的外观和结构。对于一支成品温度计，在外观检查时重点是看保护管是否有破裂和裂纹，铂丝螺旋圈之间是否有接触，用万用表测量引线是否正常。

（三）高温区温度传递

在银凝固点以上的温区，采用温度灯作为基准器和标准器。按照准确度可以分为基准温度灯、副基准温度灯、工作基准温度灯和标准温度灯。基准温度灯用于复现和保存银凝固点以及（800 ~ 2000）℃ 国际温标；副基准温度灯用于量值传递；日常传递工作由工作基准温度灯承担。

在高温区，对于分度基准和标准温度计，可以采用固定点黑体炉进行分度。黑体炉利用纯金属在压力一定时，固、液两相共存的温度恒定的特点获得金属凝固点温度，逐点分度。固定点金属为铜、金、银等。对于工业用辐射温度计，可以采用同种类型的标准辐射温度计进行分度。

光电高温计是该温区的内插仪器，根据检定规程的规定，对新制造、使用中和修理后的高温计要进行检定。主要进行外观检查，查看仪器外表面、光学系统、端钮及开关、仪器测量功能和调节范围；通过标准温度灯进行示值检定。若光电高温计的测温上限高于温度灯的上限，则高出部分采用计算方法检定。温度计的检定方法在很大程度上取决于标准和检定实验室的经验，国际上还没有统一的标准。

五、温度计量的发展

近年来温度计量的发展主要在以下几个方面：①如何将 ITS-90 更方便、更准确地传递到工作用的温度计；②如何在特殊要求、传统技术难以解决的测温场合进行重点应用研究和探索；③如何在温度计量仪表中采用高新技术，尤其是信息技术。

（一）国际温标的传递

自 ITS-90 实行以来，各个国家都致力于固定点的复现和温标的传递工作，国际计量组织进行了 5 次关键性的比对，以检查温标的可行性和各国基准实验室的不确定度。

ITS-90 温区的重叠导致了非唯一性，非唯一性引起的不确定度主要有三个因素：第一，重叠温区使用不同种类的温度计；第二，同一温度计在重叠子温区应用不同内插公式；第三，使用真实温度计。为此，国际计量组织起草了《复现和比对定义固定点的推荐技术》，其中《ITS-90 国际温标固定点的优化复现通用准则》细致地规范了固定点复现过程。该文献对提高固定点复现水平具有指导意义。

各国温度基准实验室对国际温标进行了新的研究，对 ITS-90 存在的问题提出了新的解决办法。很多国家都在致力于低温辐射计法测量热力学温度的研究，并取得较大进展：温度（773～1235）K 范围的热力学温度的测量结果与用气体温度计测量结果的外推一致。

在 ITS-90 定义固定点中，温度最高的是铜凝固点（1084.62℃），更高的温标是用辐射法外推定义的，使用不便且高温时不确定度大，很多国家都在研究金属-碳共晶点，以便能在铜凝固点到 2500℃之间实现一系列定点黑体。

在准确度要求不高的场合，可以采用投资不多的简易装置近似复现温标，小型固定点装置的研究就是为了便于在工业现场为温度计进行周期检定。近年来开发的小型固定点装置有水三相点和镓、铟、锡、锑、锌、铝等凝固点装置，其不确定度小，已经在工业界投入使用。在常温范围内对工作温度计的校准采用搅拌式液体槽和管式校验炉，它们体积庞大，使用起来不方便，人们根据金属块良好的传导能力和较大的热容获得均匀稳定的温度，采用金属块作为恒温控制体做成干井式校验器，由于其体积小、升温快、温度均匀性好，已经在各国计量行业得到广泛的应用。

（二）测温方法的研究

1. 直接接触式温度计量的发展方向

实用温度传感器种类繁多，约 1/3 是热电阻和热电偶，我国热电阻和热电偶占的比例更大，达 98%。它们在技术上已经成熟。近年来，它们朝着标准化、小型化、集成化、复合化和智能化的方向发展。标准化是指采用国际产品标准进行生产和检验；采用铠装式热电偶的最小直径小于1mm；将传感器、变送器一体化，克服了远距离信号传输的不可靠性。

选用新型材料，如钨铼热电偶，其具有抗氧化能力强、成本低、性能稳定、使用寿命长的优点，是最好难熔金属热电偶，在1800℃以上测量效果最好，可以代替价格昂贵的铂铑热电偶，在宇航、核能及工业生产部门广泛应用。

采用多芯铠装热电偶可以测出整个温度场和空间的温度分布。美国 Hoskins 公司开发的复合管型铠装热电偶可以长时间在1260℃条件下使用，我国东北大学开发的厚壁粗偶丝复合管型铠装热电偶在1280℃下具有优异的高温稳定性，在冶金工业中得到应用。

新型温度传感器的开发取得了重大进展。新型检测元件与传感器有半导体集成电路温度计、石英温度计、核磁共振温度计、超声温度计、热噪声温度计、激光温度计、微波温度计等。

2. 辐射测温的发展方向

辐射测温相对其他的测温领域显得活跃一些。主要发展方向可归纳为以下几点：

1）建立辐射温度标准的研究：按 ITS-90 定义的标准仪器直接来传递温标给辐射测温仪表是不现实的，也不方便，因而各国都在研究用辐射温度计作标准传递温标，即以标准辐射温度计的输出来定义温度值，工作包括以下几个环节：①作为标准器的辐射温度计的研制；②建立一批固定点黑体和以标准铂电阻温度计为标准的比较黑体；③建立标准辐射温度计的输出与温标的关系，研究它的不确定度。

2）对目标尺寸影响的研究：由于温度计光学系统无法严格限制入射能量的目标尺寸，因而当同一温度计测量不同尺寸黑体辐射源，或在不同距离安装时，会给出不同的输出值，这是建立辐射温标的一个重要不确定度来源，这种误差来源一直受到重视。

3）对技术条件及标准性能测试方法的规范化。对工作级辐射温度计的技术条件、校准及性能测试方法，国际上一直没有权威性、规范性的文件，有此类法规的国家也不多，由于辐射温度计的应用越来越广，由工业发展到日常生活，这方面要求的呼声也越来越强烈。

4）光通道热转换器（也叫光耦或辐射测温探头、红外测温探头）的研究。

5）减少被测物体发射率对辐射测温的影响。20世纪90年代后出现的激光吸收辐射测温法理论上可以完全消除发射率的影响。它利用两束不同波长的大功率激光投射到被测对象表面的两个点，使之吸收能量而产生温升，温升相同时测量两束激光的能量比，再测量不投射激光时在该两个波长的辐射能量比，就可以计算出被测表面的真实温度。目前实验结果较满意，但离工业应用还有一定的距离。

3. 特殊场合温度测量

在测温困难的场合如高温气体、高温熔体、高温真空及粉体等，对测温温度计进行良好的、有针对性的保护也是研究的重要内容。如用实体热电偶测量电辐射加热渗碳炉，使用寿命在1年以上；采用 SiC 非金属保护套测量温度大于1300℃的热风炉；采用耐热耐蚀合金作外管和铠装热电偶构成的复合管形实体热电偶用于测量高温腐蚀性气体温度效果较好；测量高温熔体的保护材料有 Si_3N_4、Sialon；对于高温粉体，流体流动对产生腐蚀和磨损，新研究的耐磨耐高温材料有 Ni-Cr-Si-B、GH1230、Ni-Cr-W-Mo-Al、Co-Ni-Cr-W-Si 等合金。

在常规方法无法测温的场合，光纤测温得到较快的发展。如根据光纤反向散射光强度随温度的变化，探测深埋于地下的油、气管道的泄漏位置；光纤端头直接插入熔融金属液体，通过光纤导入热辐射进行测温等。通过荧光衰减时间法测温，测温探头是受激发可发出荧光的材料制成的敏感元件。荧光的衰减曲线是温度的函数，测量记录测量曲线从而可以确定温度。

（三）与计算机、通信技术的结合

随着计算机及通信技术的发展，温度测量的数字化、智能化特点更加突现。温度计量和现代工业过程自动化系统中的现场总线技术相结合。现场总线是新一代的自动控制系统，是安装在制造或过程区域的现场装置与控制室内的自控装置之间的数字式、串行、多点通信的数据总线。所有的现场仪表都接到现场总线上。这样，各种不同温度计输出必须是统一的电信号。现场总线控制系统中的温度变送器主要是热电偶变送器和热电阻变送器，也有辐射式温度变送器。它们必须具有数字化、智能化特性和通信的功能。目前已经有很多不同类型的相关产品。

近几年发展的热电偶、热电阻自动检定系统，应用了现代控制技术和计算机技术，集测量、控制、数据管理于一体，减少了检定过程中的人为因素，提高了检定的准确性和效率。

（四）开尔文的重新定义对温度计量的影响

从 2019 年 5 月 20 日开始，重新定义后的国际单位制开始实施。在温度单位开尔文重新定义后，为避免对社会造成冲击，BIPM 温度咨询委员会（CCT）通过决议，决定在一段时间内保留国际温标。所以，新定义实施后在短期内不会对社会造成可感觉到的影响。但是，用玻尔兹曼常数定义温度单位开尔文，使得人类历史上首次摆脱了温度单位定义对实物的依赖，将从根本上解决现有国际温标自身的缺陷及实际温度的测量问题，必然会带来测温方式的重大改变。

从长期看，国际温标以及由此产生的繁琐量值传递链条将逐渐退出历史舞台。从理论上来说，采用热力学温度计可以实现从极低温到极高温范围内温度的准确测量。重新定义之后，与传统的测温技术相比，使用基于玻尔兹曼常数以及量子技术的原级测温方法将不再依赖于感温元件的电学与机械特性，从而可以实现自校准。这种测温方法可以为极端领域的温度测量难题提供解决方案，如核反应堆堆芯温度测量、航天材料表面高温精密测量以及全球环境温度监测等。

第三节　力　学　计　量

一、力学计量的基本概念

力学计量包括质量、力值、压力、扭矩、硬度、振动、冲击、流量、流速、转速、容量、加速度等的计量测试。其理论基础是牛顿力学定律，即力＝质量×加速度。常见的是质量计量、力值计量和流量计量。

在力学计量中，质量是最常见的计量对象。描述物体的惯性大小及该物体吸引其他物体引力性质的物理量称为质量。质量是国际单位制的 7 个基本量之一，它的基本单位是千克，也叫公斤（符号为 kg）。在物体运动速度远小于光速时，可以忽略相对论效应，即认为物体的质量是恒量。

力是物体间的相互作用，它能改变物体的运动状态或使物体发生形变。力是矢量，要确定一个力必须确定其大小、方向和作用点。在国际单位制中，力值的计量单位是牛顿（符号为 N），它是导出单位，1N 是使具有 1kg 质量的物体产生 1m/s^2 加速度的力。工程单位制中用千克力，符号为 kgf，千克力与牛顿的换算关系为：$1\text{kgf} = 9.80665\text{N}$。

垂直作用在单位面积上且均匀分布在此面积上的力称为压力。国际单位制中，压力单位是牛顿/平方米，又称帕斯卡（符号为 Pa）。压力分为绝对压力、表压力和真空度。绝对压力就是作用在物体表面的压力；表压力是测压仪表指示的压力，等于绝对压力和大气压之差；真空度是超过绝对压力的那部分大气压，等于大气压和绝对压力之差。

扭矩在物理学中就是力矩的大小，等于力和力臂的乘积，国际单位是牛·米（N·m）。此外还可以看见 kgm、lb-ft 这样的扭矩单位，由于 $G = mg$，而 $g = 9.8\text{m/s}^2$，1kg 的重量为 9.8N，所以 $1\text{kgm} = 9.8\text{N·m}$；而磅尺 lb-ft 则是英制的扭矩单位，$1\text{lb} = 0.4536\text{kg}$，$1\text{ft} = 0.3048\text{m}$，可以算出 $1\text{lb-ft} = 0.13826\text{kgm}$。

硬度是反映固体材料抵抗弹性变形、塑性变形或破坏的能力，或者抵抗其中两种或三种情况同时发生的能力，它不属于物理量，至今尚未发现硬度与材料的某种物理性质有确定的量的关系。硬度属于技术参量，它是评价固体材料力学性能的主要指标之一，硬度试验主要用于检验材料的力学性能和产品质量，成为产品质量检验、确定合理的加工工艺的重要内容，因而硬度计量在工业生产中占据重要地位。

振动计量与冲击计量属于动态计量：连续的简谐振动和随机振动是趋向稳态的变化过程，而冲击则是瞬态的变化过程。振动是一个与平均值相比其运动参量随时间时大时小交替变化的现象，振动计量的主要参数有振幅、频率、相位、速度和加速度。冲击是物体之间短时间内的碰撞，冲击计量的主要参数有持续时间、波形、速度和加速度。振动与冲击计量中所用的物理量较多，有以 SI 中米（m）为单位的位移、以米/秒（m/s）为单位的速度、以米/秒²（m/s^2）为单位的加速度，还有以赫兹（Hz）为单位的频率、以伏特（V）为单位的电压以及以库仑（C）为单位的电荷等。对于不同的计量目的和要求，需选用不同的物理量来表征振动与冲击的状态。一般情况下，习惯选用频率、位移和加速度，其中频率通常从零到几十千赫，位移从零点几微米到几十厘米，加速度从零点零几到几百万米/秒²。在旋转机械的情况下，则以速度为机械振动量的主要依据。

流量是指在单位时间内，流体通过封闭管道或明渠的某截面处的量。这个通过量如果是流体的体积（V），可称它为瞬时体积流量（q_V），简称体积流量或容积流量；如果是流体的质量（m），则可称它为瞬时质量流量（q_m），简称质量流量。它们的表达式是：

$$q_V = \frac{\mathrm{d}V}{\mathrm{d}t} \tag{9-10}$$

$$q_m = \frac{\mathrm{d}m}{\mathrm{d}t} \tag{9-11}$$

SI 中体积流量的单位是米³/秒（m^3/s），质量流量的单位是千克/秒（kg/s），体积流量累积值的单位是米³（m^3）、升（L），质量流量累积值的单位是千克（kg）、吨（t），工程上也常用米³/时（m^3/h）和千克/时（kg/h）等单位。要注意的是，流量计量的对象不仅限于液体，也包括气体（如燃气）等。

流速是流体在单位时间内所经过的距离，单位为米/秒（m/s）。

容量计量就是用量器对各种流体（如水、油、各种溶液）进行体积数量的测量。分为大容量和小容量两个范畴，大容量一般用金属容器，小容量用玻璃容器。国际单位制中容量的单位是立方米（符号为 m^3），常用的单位还有升（符号为 L）。

二、力学计量的基准原理

（一）质量计量的基准

1. 砝码

质量的计量通过砝码和衡器进行，其中砝码是质量量值传递的标准设备。根据准确度不同，砝码可以分为国家千克基准（也叫国家公斤原器）、千克副基准（也叫国家公斤副原器）、千克工作基准、一等标准砝码、二等标准砝码和一级至七级砝码。

我国的国家千克基准是国际计量局按国际千克原器的材质、形状和要求加工复制的第 60 号铂铱合金砝码千克原器，它的质量标称值为 1kg，测定结果的算术平均值的标准偏差为 0.008mg，现保存于中国计量科学研究院。

千克副基准由非磁性不锈钢制成，质量标称值为 1kg，天平单次测定的标准偏差不大于 0.02mg。千克副原器每隔 25 年送到国际计量局对比一次。

千克工作基准器是实心砝码，用材料密度为（8000 ± 15）kg/m^3 的非磁性不锈钢制造。千克工作基准砝码可细分为千克工作基准砝码、千克组工作基准砝码、克工作基准砝码、克组工作基准砝码、毫克组工作基准砝码和微克组工作基准砝码。工作基准砝码真空中实际质量算术平均值的极限绝对误差相应为（0.0007 ~ 5）mg。

对于一等标准砝码，克以上由不锈钢或黄铜制成，克以下由不锈钢、铜合金和铝制成，一等标准砝码的质量标称值为 0.05mg ~ 50kg，砝码的质量总不确定度为（0.002 ~ 75）mg；二等标准砝码的质量标称值为 1mg ~ 50kg，相应的总不确定度为（0.02 ~ 2.5×10^2）mg。

其余各级砝码质量标称值为：零级：100g ~ 50kg，一级（E1）：1mg ~ 50kg，二级（E2）：1mg ~ 50kg，三级（F1）：1mg ~ 50kg，四级（F2）：1mg ~ 5000kg，五级（M1，M11）：1mg ~ 5000kg，六级（M2，M22）：1g ~ 5000kg。

一等、二等砝码和 E1 级、E2 级砝码及各级毫克组砝码必须做成整块材料实心体，其余各级可以做成空心体。制造砝码的材料要求稳定性好、抗磁性能好、结构紧密、无孔隙，并具有一定硬度。对砝码的结构特性（例如形状、尺寸、材料、表面品质等）和计量特性（例如标称值、允差等）均有严格规定。

2. 天平

天平是一种最古老的、也是现在使用最普遍的计量器具。天平的性能极大地影响了质量计量的准确度。根据不同准确度，天平可以分为原器天平、基准天平和标准天平。

原器天平用于原器和基准砝码的比较。国际计量局在建立初期主要采用的是帮奇（Bunge）原器天平和鲁依普里奇特（Rueprecht）原器天平，采用的是高斯双次衡量法（双次交换衡量法），现在国际计量局采用的是美国标准局研制的二刀替代单盘式天平，这种天平在替换砝码时，刀刃与刀承不脱离，可以免除刀刃和刀承接触位置不重复带来的误差，使天平有很高的准确度。

基准天平就是用于比较工作基准砝码的天平。标准天平则用来比较各等砝码。我国的天平根据名义分度值和最大载荷之比定级，共分为十级。当前国际上准确度最高的天平由美国标准局研制，其在称重 1kg 时准确度可达（1 ~ 2）$\times 10^{-9}$。

天平发展到今天，其基本原理可以分为杠杆原理、弹性变形原理、液压原理和电磁力补偿原理等。

1）杠杆原理：杠杆是一种在外力作用下绕固定轴转动的机械装置，平衡时，作用在杠杆上的所有外力矩之和为零。天平就是根据这一原理而制成的计量器具。有等臂双盘天平和不等臂单盘天平两种。

2）弹性变形原理：以电阻应变式称重传感器为例，它由电阻应变计、弹性体和某些附件组成，当被称物或标准砝码的质量作用在传感器上时，弹性体产生变形，应变计的电阻值就产生变化并通过电桥产生一定的输出信号，从而可以实现质量的比较或衡量。这种用称重传感器制成的质量比较仪，其测量准确度已达 $(2 \sim 5) \times 10^{-7}$，而且操作简便，具有许多优于常规天平的性能，已成为日常商品贸易、物料称重、载运工具过磅的衡器。

3）液压原理：根据帕斯卡原理，加在密闭液体上的压强能够按照原来的大小由液体向各个方向传递。液压秤就是根据这一原理制成的，如图9-8所示。m_1 和 m_2 分别表示被称物体和标准砝码的质量，A_1 和 A_2 分别表示两个液压活塞的有效面积，平衡时 $m_2 = m_1 \dfrac{A_2}{A_1}$ 成立，在液压秤上衡量时，得到的是物体的质量。

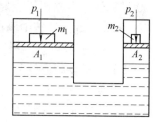

图9-8　液压原理图

4）电磁力补偿原理：电磁力补偿天平，利用放大电路来调节位于恒磁铁气隙中通电线圈所产生的力，直到它与被测物体的重力相平衡。其特点是利用微机来控制数字显示、静态检验、功能检验以及用标准接口输出数据，它使测量过程大大自动化。

（二）力值计量的基准

1. 力值计量方法

力值计量的方法很多，主要分为两类：其一是利用力的动力效应测量，即通过对质量和加速度的测量来求得力值，如静重式标准测力机、杠杆式标准测力机、液压式标准测力机等；其二是利用力的静力效应测量，即通过测量受力物体产生的变形量或内部应力的相应参量求得，如显微镜式光学标准测力仪、百分表式标准测力仪、电阻应变测力传感器、压阻式测力传感器等。

2. 力值基准机和标准机

基准测力机是复现最高准确度力值的设备，是统一国家力值的重要依据。我国于1976年研制成功了1MN基准机，采用标准砝码净重直接产生力值，运行准确度高、性能稳定，能达到国际同类设备的指标。我国还有一种大力基准测力机，载荷在 $(5 \sim 20)$ MN 之间，其基本原理是帕斯卡原理，是一种液压式标准机。

用于力值传递的是力标准机。按照其工作原理可以分为静重式、杠杆式、液压式、叠加式四大类。

静重式力标准机是将砝码产生的重力直接作用在测力仪上进行力值传递，其基础是牛顿第二定律，这种标准测力机的准确度主要取决于砝码质量和稳定性、安装地点重力加速度、空气密度的测量准确度以及机器的结构、载荷的加卸方式，复现力值的准确度可以达到 1×10^{-5}，我国已经建立了 $300N \sim 1MN$ 的不同量程的基准测力机组，它们的准确度为 $1 \times 10^{-4} \sim 1 \times 10^{-5}$。这种力标准机可以定度（标定）或检定相应准确度级别的标准测力计

（传递标准器）和高准确度的专用测力计。

杠杆式标准测力机通过杠杆系统把静重放大后，平稳地施加到被检测力仪上进行定度或检定，所以属于间接加载方式。其特点是造价低、占地小，但准确度比静重式低。

液压式标准机是采用帕斯卡原理制成的力值标准装置，其特点是测量范围大，但测量准确度比较低。国际上这种形式测力机的最大力值达 20MN，复现力值的准确度为（1~5）×10^{-4}，影响其准确度的主要因素有静重、两个缸塞有效面积、液压放大比的测量不确定度、缸塞系统的构造、配合间隙、加工及安装的质量、液压波动的控制水平等。

叠加式力标准机是近些年发展起来的一种新型力标准机，其基本原理是牛顿第三定律。它具有结构简单、操作方便、量程范围大、造价低的特点。

我国的标准测力机根据准确度不同分为三等：一等标准测力机、二等标准测力机和三等标准测力机。其中一等标准测力机的准确度为 ±0.03%。

（三）流量计量的基准

根据流量测量原理，流量计可以分为四大类：第一类是利用伯努力方程原理来测量流量的流量计，如转子流量计、毕托管、均速管流量计等；第二类是容积法，利用很多标准小容器连续测量流体的方法，被广泛应用于高黏度流体测量；第三类是速度式流量计，通过测量流体流动速度获得流量的方法，如涡轮流量计、涡街流量计、超声波流量计和热式流量计；第四类是质量流量计，以测量流体质量流量为目的，又分为直接式流量计（直接测量流体质量）、间接式流量计（通过流体流速和密度获得）和补偿式质量流量计（运用了流体密度、温度和压力关系消除密度变化的影响）。

我国建立的流量计量国家基准有三项：静态容积法水流量国家基准装置、钟罩式气体流量国家基准、PVTt 法气体流量国家基准。其中 PVTt 法气体流量国家基准已经达到国际先进水平，用于微小气体流量量值传递，其流量范围为（0.1~10）m³/h，准确度达到 0.045%。

三、力学计量的传递和溯源

（一）质量传递方法

常用的衡量方法有直接衡量法和精密衡量法。精密衡量法包括交换衡量法（简称交换法）、替代衡量法（简称替代法）、门捷列夫衡量法。交换衡量法要将被衡量物体和砝码位置对换，需要衡量两次，准确度高、速度慢，在高准确度衡量和检定基准时采用。替代衡量法也叫波尔达法，是将被测量物体放在某盘，另一盘放重物，使天平平衡，然后取下被测量物体，在原来位置放砝码，使砝码和重物平衡，这种衡量方法，消除了天平衡量臂长的影响因素。门捷列夫改进了衡量法，他用天平始终在某一载荷下衡量的原理，其方法是在某称盘放上总质量等于该天平最大载荷的砝码群，并用替代物平衡，然后在放砝码群的秤盘放被衡量物体，同时取下一部分砝码，使之平衡。这种测量方法不论物体质量大小，始终在同一灵敏度下衡量，速度快，但准确度较低。

为保证被测量值的统一和准确，需要对砝码和天平进行检定。一等砝码的检定需要在三级天平上进行，要按照交换法和替代法程序重复进行一次，需由两人分别各检定一次，取两人检定的平均值作为最终结果。其余各等砝码采用高一等标准砝码相比较的方法进行。天平的检定包括其外观的检定和性能的检定。衡量天平性能的指标主要是其准确性、灵敏性和示值稳定性。

（二）力值传递方法

力值传递分为定度和检定两种方式。定度是将基准机或标准机的标准力值传递到测力仪表刻度上，确定刻度对应的力值；检定是标准机与被检仪器或设备的示值进行比较的过程，以确定其误差。力值传递是通过高一等级的测力机对下一级测力机的定度和检定实现的。

（三）流量传递方法

流量标准装置分为原始标准装置和传递标准装置两大类，流量传递标准装置通过原始标准装置进行量值传递，具有很好的重复性和稳定性，用于对现场流量计的检定或校准。

流量计的检定分为直接测量法和间接测量法两种。直接测量法以实际流过被检流量计，再用标准流量计量器具测出流过流体的流量，将结果与被检流量计示值进行比较，或对待标定的流量仪表进行分度。这种方法准确可靠，被各国广泛采用，是建立标准流量的方法。间接测量法通过测量与流量相关的量，并按照规定方法间接校准流量值，获得流量计的准确度的方法，如孔板、喷嘴、文丘里管等。

第四节　电磁学计量

一、电磁学计量的基本概念

电磁学是有关电和磁的学科，主要分为电学和磁学。电和磁具有内在联系，相辅相成。1785 年法国物理学家库仑发现库仑定律是电磁学发展的重要里程碑，随后法拉第电磁感应定律和麦克斯韦电磁波理论的发现又大大地推动了电磁学理论研究的发展。电磁计量随着电磁学的研究而逐步发展起来。

电磁学计量根据学科内容的不同分为电学计量和磁学计量；按工作频率，电磁学计量又分直流计量和交流计量。

电学计量的主要内容是电学计量基准的建立和电学计量工作，前者包括电磁计量单位（安培、伏特、欧姆）的复现、自然计量基准、直流实物计量基准（标准电池、标准电阻）、交流实物计量基准（标准电容、标准电感及互感），后者包括对直流电量（电压、电流、功率）标准的建立和计量、直流计量器具的检定、交流电量（电压、电流、功率）标准的建立和计量、交流计量器具的检定。

磁学计量的主要内容是磁学计量基准的建立和磁学计量工作，前者包括磁感应强度基准、磁通基准、磁矩基准，后者包括磁学计量器具的检定、材料直流磁特性的计量、材料交流磁特性的计量。

电压的测量可采用电压天平、液体静电计等方案，其中电压天平达到了 10^{-7} 量级的准确度。欧姆单位的复现利用计算电容的方法，不确定度可达 10^{-8}，是复现准确度最高的单位。

电磁计量单位自然基准的研究是电磁学计量的主要发展方向之一。在电磁计量单位自然基准的研究方面，目前主要采用利用交流约瑟夫森效应建立的电压自然基准和利用量子化霍尔效应建立的电阻自然基准、利用斯塔克效应的电场强度自然基准和利用核磁共振或塞曼效应的磁感应强度自然基准。1988 年国际计量委员会建议从 1990 年 1 月 1 日起在世界范围内启用约瑟夫森电压标准和量子化霍尔电阻标准，从而代替原来的由标准电池和标准电阻维持的实物基准。十几年的实践结果证明新方法的效果显著，其电压单位和电阻单位的稳定性和准确度都比原基准提高了两到三个数量级。

我国在约瑟夫森电压基准和量子化霍尔电阻基准这两方面都取得了很好的研究成果。约瑟夫森电压基准国际上具备溯源统一性的主要有 1V 及 10V，中国计量科学研究院早于 1994 年就研制出了 1V 约瑟夫森结阵电压基准，10V 约瑟夫森结阵电压基准于 1999 年研制成功。10V 的约瑟夫森结阵电压基准是量子基准，它利用低温超导结电子跃迁效应复现电压量值，能够实现在（1~10）V 范围内电压量值的连续、高准确度复现，测量不确定度为 5.4×10^{-9}，在基准本身及量值传递的准确度上均达到了国际先进水平，目前承担着我国量值传递以及 10V 直流电压标准的校准工作。我国的量子化霍尔电阻基准是经过了十多年努力才建成的，2000 年 10 月经过了与日本的国家电阻标准的双边比对；2003 年 4 月由德国 PTB 主持完成了国际比对。该基准数据可靠、准确度极高，达到了 10^{-10} 量级，将传统的标准电阻准确度提高了 1000 多倍。该量子化霍尔电阻基准对于我国的科研、精密仪器制造、经济建设及国防建设各领域起到了很好的支撑和促进作用，推进了我国计量事业的发展。

另外，电磁计量在实物计量标准、计量技术等方面也取得了明显的成果，如比例技术、数字计量技术、无定向回路技术的引入，不仅提高了计量标准的准确度等级，又为计量本身提供了新的技术手段，极大地促进了电磁学计量的发展。由于电磁技术在当前科技发展和社会进步中所起的关键作用，电磁计量研究必将发挥更大的作用。

值得注意的是，随着国际单位制的 7 个基本单位的新定义生效，电流单位安培的最新定义是由固定数值元电荷的量 $e = 1.602176634 \times 10^{-19} \mathrm{A \cdot s}$ 来定义的。目前，单电子检测技术已经成熟，在量子计量学中，单电子泵可以实现安培的量子标准。而根据 SI 基本单位的新定义，普朗克常数 h 和光速 c 也有定义的精确值，这就提供了精确的约瑟夫森常数值 $K_J = 2e/h$ 和冯·克里青常数值 $R_K = h/e^2$，可以通过约瑟夫森效应和量子霍尔效应以更高的精度来复现伏特和欧姆。随着电流基准的量子化，电流量子基准将与现有的电压量子基准、电阻量子基准形成互相依存、互相检验的三角关系，人们形象地称其为"量子三角形"。这对于电磁学计量来说具有极为重要的意义。

二、电磁学计量单位的复现和实物计量基准

就整个电磁学而言，电磁学计量单位实质上只有一个基本单位，即电流单位安培（A），其他单位都可以由安培及力学单位导出。但是仅用安培复现的准确度不高，若结合电压或电阻就可以获得较高的准确度。因此，安培、伏特、欧姆的复现是电磁计量单位复现的基础研究内容。这 3 个单位分别是电学量中电流、电压和电阻的基本单位，因此其复现是根据电流、电压和电阻的定义来实现的。

（一）电流

电流是电磁学计量的基础，也是一个基本物理量，它的单位为安培（A），是国际单位制中 7 个基本单位之一。

电流的复现最初采用电流天平，但不确定度较低，为 10^{-6} 级别，后来采用电动力计法（利用两个通有电流的线圈之间所产生的力矩与一个已知力矩相平衡的原理）以及核磁共振法（将两种不同的测量质子旋磁比 γ_p 的方法结合而求得电流值），不确定度也未能提高。下面介绍最为成熟的电流天平法。

电流天平常被称作安培秤，分为瑞利型和艾顿型两种，它是通过测量天平力来复现电流。图9-9所示为瑞利型电流天平的结构示意图，在图的左下方有两个被固定在天平底座上的不可移动的线圈 A 和 B。在 A、B 之间放置一个悬吊在天平左臂砝码盘上的、可以移动的活动线圈 C。

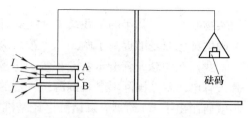

图9-9　瑞利型电流天平的结构示意图

电流天平的基本原理是：首先，在线圈通电流以前，在右边砝码盘上通过加适当砝码使其与活动线圈平衡；然后，将电流 I 引入线圈 A、B、C 中，使 B、C 线圈中电流的流向相同，而 A、C 线圈中电流的流向相反，因此，B 线圈对动线圈 C 是相吸的，而 A 线圈对 C 则是相斥的，其合力是将线圈 C 垂直拉向下方；接着，再次在左边砝码盘上添加砝码，使天平重新平衡，根据两次添加砝码的差值可以得到载流线圈之间的作用力 F。

根据安培力公式，有

$$F = \frac{\mu_0}{2\pi} I^2 \tag{9-12}$$

由式（9-12）可得

$$I = \sqrt{\frac{2\pi F}{\mu_0}} \tag{9-13}$$

将真空磁导率常数 $\mu_0 = 4\pi \times 10^{-7} \mathrm{N/A^2}$ 代入式（9-13）可得

$$I = \sqrt{\frac{F}{2 \times 10^{-7} \mathrm{N/A^2}}} \tag{9-14}$$

式中，F 的单位为 N。

根据式（9-14）可知，想要实现 1A 电流的复现，只需要精密复现 $2 \times 10^{-7} \mathrm{N}$ 的力。通过砝码的调节，可以很方便地对力进行计量，从而实现对电流单位的复现。

物理学指出，电流、电压、电阻三个物理量遵从欧姆定律，即：$I = U/R$。由欧姆定律可知，通过电压、电阻的测量，可以导出电流。这是目前国际上惯用的一种电流复现方法。电流没有实物基准，电压和电阻都具有实物基准，因此该种方法极大地提高了电流复现的速度和能力。此时电流复现的准确度等级由电压和电阻的准确度等级确定。

（二）电压

电压又称电位差、电势差，它的单位是伏特（V），其定义为：伏特是两点间的电位差，在载有 1A 恒定电流导线的两点间消耗 1W 的功率。电压是欧姆定律中的一个重要量，它的复现对电磁学理论十分重要。电压单位不仅可以复现，还可以方便地用实物基准保存。电压单位的复现可采用电压天平、液体静电计等；电压采用的实物基准是标准电池和约瑟夫逊自然电压基准。

1. 电压天平

常见的电压天平结构如图9-10所示。下极板是固定电极，连接高电压 U；上极板是可动电极，连接天平一端，加零电压。如果可动电极表面的静电场是均匀电场，两极板之间距离为 d，可动电极面积为 S，则静电引力 F 可表示为

$$F = \frac{\varepsilon S}{2d^2} U^2 \tag{9-15}$$

式中 ε ——空气介电常数。

静电引力 F 可以由天平计量，d 和 S 可使用几何方法计量，因此，可以得到电压 U。电压天平的不确定度约为 10^{-7} 量级，主要来源有两个：一是极板间静电引力太小，仅为 mN 级，不易准确计量；二是因极板的边缘效应形成的附加误差。

2. 液体静电计

液体静电计工作原理如图 9-11 所示。水平电极位于导电液体（如水银）上方，电极接高电压，导电液体接地。因为极板的电压将会对导电液体的表面产生静电引力，产生附加压强，从而会使液面升高一段距离 h。

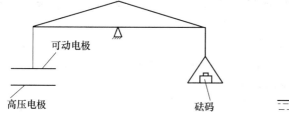
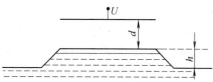

图 9-10 电压天平结构　　　　　图 9-11 液体静电计工作原理

根据物理学原理可知，各物理量之间存在如下关系：

$$\frac{\varepsilon}{2}\left(\frac{U}{d}\right)^2 = \rho g h \tag{9-16}$$

式中 ε ——空气介电常数；

ρ ——液体密度；

g ——重力加速度。

将式（9-16）变换后得

$$U = d\sqrt{\frac{2\rho g h}{\varepsilon}} \tag{9-17}$$

由式（9-17）可见，通过计量液面上升高度 h 以及电极与上升液面之间的距离 d，即可得到相应的电压 U。因为导电液面会有不可避免的不规则波动，h 及 d 的计量存在较大的不确定度，同时导电液体的密度 ρ 的准确度也不易提高，因此，使用液体静电计计量电压的准确度也不是很高，不会超过电压天平的准确度。

3. 约瑟夫森电压自然基准

采用电压天平和液体静电计实现电压单位的复现准确度等级不算太高，采用约瑟夫森效应的约瑟夫森电压基准可以将准确度等级提高到 10^{-10}。

在两块超导体之间隔以极薄的绝缘层，即构成一个约瑟夫森结。按照量子力学，超导电流可以穿透绝缘层而在结内流动。如果在绝缘层的两边加上直流电压 U，则结内会流动频率为 f 的高频交变超导电流，此即为约瑟夫森效应。此时，电压和电流之间存在关系式：

$$f = \frac{2e}{h}U = K_{\mathrm{J}}U \tag{9-18}$$

式中 h ——普朗克常数；

e ——基本电荷量；

K_{J} ——约瑟夫森常数，$K_{\mathrm{J}} = 2e/h$。

由式（9-18）可见，电压 U 可由基本物理常数 h 和 e 的比值及频率 f 的数值决定。f 的测定不确定度可达到 10^{-13} 量级。由约瑟夫森效应得到的结电压在原则上可达到与频率标准相近的稳定度和复现性。单个约瑟夫森结的结电压仅为毫伏量级，通过串联约瑟夫森结可得到更大的电压幅值。1984 年，联邦德国及美国利用约 1500 个约瑟夫森结，得到了约 1V 的结电压，并代替标准电阻，用于监视直流电动势的变化情况。国际计量委员会于 1988 年做出决议，从 1990 年起在世界范围内启用约瑟夫森电压自然基准，并给出了约瑟夫森常数的推荐值：

$$K_{J-90} = 483597.9 \text{GHz/V} \tag{9-19}$$

约瑟夫森电压可作为自然基准，但是由于实现装置使用复杂、价格昂贵，通常只用作自然基准，用于传递量值，不便于直接检定。目前使用的电压实物基准主要是韦斯顿（Weston）饱和标准电池。

4. 标准电池

韦斯顿标准电池又称镉汞标准电池，它分为饱和型和非饱和型两类，结构上都是将硫酸镉溶液装入 H 形玻璃容器制成的。韦斯顿饱和标准电池如图 9-12 所示。

饱和型标准电池使用汞和镉汞合金作为正负电极，因为在电池内有过剩的硫酸镉结晶，使硫酸镉溶液总是处于饱和状态而得名。饱和型标准电池重现性和稳定性好，但温度系数大，必须进行温度校正，可用于精密的测量场合。非饱和型标准电池则不含有硫酸镉晶粒，当温度一旦高于 4℃ 时，硫酸镉溶液就会处于非饱和

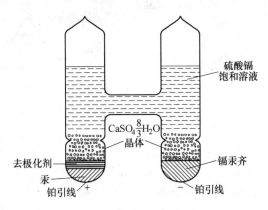

图 9-12　韦斯顿饱和标准电池

状态，正负电极使用汞和硫酸亚铜，该种标准电池的可逆性差，稳定性低，但其内阻较小，温度系数很小，可省去温度校正而用于准确度不太高的测量中。

韦斯顿标准电池的电压为 1.0186V，内阻约为数百欧。按电压的年变化量大小，韦斯顿标准电池可以进行等级划分，见表 9-3。最高的为 0.0002 级，其年变化量不大于 $2\mu V$；最低的为 0.02 级，年变化量不大于 $200\mu V$。标准电池的电动势的年稳定度可达 10^{-7}，并需要定期对其进行修正，称为电压改值。

表 9-3　韦斯顿标准电池等级划分及主要技术指标

等 级 指 数	20℃电动势检定值范围/V	每年电压允许变化范围/μV	内阻值/Ω
0.0002 级	1.0185900 ~ 1.0186800	2	700
0.0005 级	1.0185900 ~ 1.0186800	5	700
0.001 级	1.018590 ~ 1.018680	10	700
0.005 级	1.01855 ~ 1.01868	50	700
0.005 级（不饱和）	1.01880 ~ 1.01930	50	500
0.01 级	1.01855 ~ 1.01868	100	700
0.01 级（不饱和）	1.01880 ~ 1.01930	100	500
0.02 级（不饱和）	10.186 ~ 10.196	200	500

标准电池使用时应注意：使用和存放的温度应符合有关要求；通入或流出的电流不得大

于各级标准电池规定的数值；电池绝不可以倒置或斜放；极性不能接反；不能用普通的电压表或万用表测量标准电池的电动势；在使用标准电池时，应当特别注意限制电流大小（一般不超过 $0.1\mu A$），较大的充放电流会损坏标准电池。

（三）电阻

电阻的单位是欧姆（Ω）。欧姆的定义为：欧姆是一导体两点间的电阻，当在此两点间加上 1V 恒定电压时，在导体内产生 1A 的电流。电阻单位定义的复现是电磁计量的一项基础性工作。

1. 计算电容法

采用电容法可以复现电阻单位，其基本原理是制作一个高准确度的电容器，计量其精确尺寸，再由几何尺寸计算出电容量，以此作为阻抗标准而导出其他电学阻抗。这个计算而得的复现电容通过电容传递电桥复现一个较大的电容 C，再通过平衡方程 $\omega RC = 1$ 的直角电桥导出交流电阻的定义值 R（也可通过平衡方程 $\omega^2 LC = 1$ 的谐振电桥导出电感的定义 L），从交流标准电阻的定义值，再通过交直流转换电阻就可与直流电阻工作基准相比较，确定其不确定度量值，一般在 10^{-7} 量级。

采用相似原理进行电阻单位复现的方法还有计算电感法。计算电感法中电感器的阻抗较低，可直接比较 1Ω 电阻阻抗，但是电感器的几何形状复杂，精密计量困难，用该种方法复现欧姆的不确定度为 $10^{-5} \sim 10^{-6}$ 数量级。

2. 量子化霍尔电阻基准

1879 年美国物理学家霍尔（Edwin Hall）研究载流导体在磁场中导电的性质时发现了霍尔效应。他在长方形导体薄片上通以电流，沿电流的垂直方向加磁场，发现在与电流和磁场两者垂直的两侧面产生了电动势差。1980 年德国物理学家冯·克里青（Klaus von Klitzing）从金属-氧化物-半导体场效应晶体管（MOSFET）发现了量子霍尔效应，因此又称冯·克里青效应。他在硅 MOSFET 管上加两个电极，把 MOSFET 管放到强磁场和深低温下，证明霍尔电阻随栅压变化的曲线上出现了一系列平台，与平台相应的霍尔电阻等于

$$R_{\mathrm{H}} = \frac{h}{ie^2} = \frac{R_{\mathrm{K}}}{i} \tag{9-20}$$

式中　h——普朗克常数；

　　　e——基本电荷量；

　　　i——平台序数；

　　R_{K}——冯·克里青常数，$R_{\mathrm{K}} = h/e^2$。

由式（9-20）可见，一旦确定平台序数 i，就可确定电阻值。国际计量委员会在提出使用约瑟夫森电压自然基准时，同样提出在世界范围内启用量子化霍尔电阻基准，并给出了冯·克里青常数的推荐值：

$$R_{\mathrm{K-90}} = 25812.807\Omega \tag{9-21}$$

量子化霍尔电阻基准的装置相当贵重，使用复杂，常常只作为国家最高一级的量值溯源，或实现高准确度计量，日常的电阻计量还是可以采用实物基准——标准电阻器，它是由电阻单位定义的装置或量子化霍尔电阻基准装置导出的。

3. 标准电阻器

标准电阻器的保存和使用都非常方便，并且容易保存，所以长期以来一直是使用广泛的

实物基准。标准电阻器是由低温度系数的合金丝（如锰镍铜合金丝）绕制而成，在工作温度下，具有电阻温度系数小、接触电动势小、电阻系数大、稳定性好、机械加工性能好等优点。通常使用纯矿物油或惰性气体来密闭保存，以便保证其阻值的稳定。

最基本的电阻标准器的标称值为 1Ω，按照十进位向两边扩展的最小标准电阻值达 $1m\Omega$，最大标准电阻值达 $100k\Omega$。标准电阻器在20℃附近的温度系数约为 $1 \times 10^{-5}/K \sim 5 \times 10^{-6}/K$，电阻单位量值复现的不确定度小于 1×10^{-7}。

标准电阻器根据电阻值偏差和年变化量来划分等级，如0.01级的标准电阻器，表示其年变化在规定的参考条件下小于0.01%。我国的标准电阻器等级从0.0005～0.2级，共分为9个级别。按计量检定系统表的规定，较低档标准电阻器的量值由较高档标准电阻器传递。

标准电阻器通常做成四端钮式，其原理如图9-13所示。图中C、C′为电流端，P、P′为电位端。测量和使用时从C、C′两端通进电流，取出P、P′两点的电压进行测量。此时需使电位端不流过电流，这样P、P′两端钮的电位就分别等于A、B两点的电位，而标准电阻器的电阻值 R 就被定义为A、B两个结点之间的电阻值。这样，CA、PA、C′B、P′B四条引线的电阻的影响均被消除。

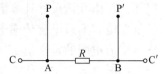

图9-13 标准电阻器及其四端钮式

标准电阻器在使用时要严格遵守标准电阻器的规定使用温度，不允许剧烈波动，并且注意限制使用功率、使用频率和额定功率，以免电阻丝发热引起阻值变化。另外，铭牌上给定的是环境温度为20℃时的电阻值，若在其他温度下使用，标准电阻器的阻值需按相关公式计算。

三、电磁学计量的传递和溯源

（一）直流电量计量的传递方法

直流计量包含内容广泛，在现代工业领域中涉及的内容也很多，它包含了电流、电压、电阻等一系列物理电量的计量。为了满足实际生产和生活的应用需要，需要将复现的电磁学单位进行传递，不同的物理量又有着不同的传递方法。

1. 直流电流计量

（1）分流器

通常使用指针式电流表来进行电流测量，其量程可以从微安到安培量级。对于十几安培或更大的电流，则需要在计量系统中加入分流器，目的是扩大量程。

分流器的实质是一个低阻值的电阻，它并联在电流表的两端，将原本要流过电流表的电流进行成比例的分流，因此电流表的量程成比例扩大。分流器阻值不同，可测量程不同。但使用分流器对测量结果的精度有影响，只有 10^{-4} 量级。

若需更高的计量准确度，可使用精密的四端电阻替代分流器，不使用电流表而使用电位差计获得电阻上的压降，最后利用欧姆定律得到所要测量的电流值。这种方法的计量准确度可优于 10^{-6} 量级。

（2）电流比较仪

分流器的应用简单方便，计量量程也不小，但是对于非常大的电流，如 1kA 以上，则失去计量功能，因为大电流引发的大功率引起分流器发热量增加，使计量的准确度受到影响。此时，宜选用电流比较仪。

电流比较仪的工作原理如图9-14所示。环形的高磁导率铁心上缠绕着三组线圈，当被计量的电流 I_1 流过匝数为 N_1 的线圈时，在匝数为 N_3 的线圈中会产生感应电流 I_3，该电流会控制连接在匝数为 N_2 的线圈上的随动电源产生反方向的电流 I_2，用以抵消铁心中的直流磁动势，直到 $I_3 = 0$。此时，存在关系式

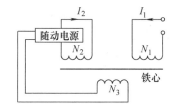

图9-14　电流比较仪的工作原理

$$N_1 I_1 + N_2 I_2 = 0 \tag{9-22}$$

于是可得

$$\frac{I_1}{I_2} = -\frac{N_2}{N_1} \tag{9-23}$$

即当铁心中的磁动势平衡时，流过线圈的电流与线圈的匝数成反比，这样可以将要计量的大电流进行等比例缩小。这种方法得到的电流计量的准确度可达到 10^{-7} 量级。

2. 直流电压计量

（1）电位差计

直流电压不能用电压表或万用表准确计量，因为一旦将电压表并联到电源的两端，就会有电流通过电源内部，电源内阻必然会产生压降，导致测量误差。因此，直流电压的计量选用电位差计，它是最常用的电压计量仪器（表），其原理如图9-15所示。

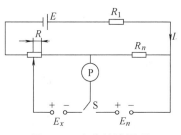

图9-15　电位差计原理

在使用电位差计时，首先由电源产生电流 I，将开关 S 打到右侧接通标准电池，通过调节可变电阻 R_1 可以调节电流 I 的大小。当检流计 P 的读数为零，即 E_n、P、R_n 回路电流为零时，R_n 上的压降等于标准电池电压。此时有

$$I = \frac{E_n}{R_n} \tag{9-24}$$

此电流同时流过了可变电阻 R。将开关 S 打到左侧接通待测电压，因为电流是已知的不变量，通过调节电阻 R 的大小，能够使检流计 P 的读数再次为零，即 E_x、P、R 回路电流为零。此时 R 上的压降的大小等于被计量的电压 E_x，即

$$E_x = IR \tag{9-25}$$

综合式（9-24）和式（9-25），可以得到被计量的电压 E_x 值。使用电位差计计量 1V 左右电压，测量的不确定度为 10^{-6} 量级。当被计量的电压较低时，计量误差会相应增大。

（2）分压器

电位差计通常只计量 1V 左右的电压量，对于从几十伏至几十千伏的高电压，则要使用分压器。分压器的功能是将被计量的电压分压到 1V 左右后再进行计量，其本质是一系列串联的电阻，通过电阻之间的比例获取不同大小的分压。

对于高电压的分压，必须要选取很高的电阻值以减少分压器本身的功耗，以确保分压准确度。通常分压器的不确定度可达 10^{-6} 量级。

3. 直流电阻计量

（1）电阻比例和电桥

直流电阻计量的基本问题是比较被计量的电阻和标准电阻的差值。为了完成计量，必须

首先建立一套不同量值的工作基准，然后才能测出其他各种量限的电阻值。在直流电阻的量值传递工作中，最重要的就是建立电阻比例。建立电阻比例有多种方法，最为方便而又准确的方法是使用哈蒙电阻箱。

哈蒙电阻箱的原理是采用 n 个电阻值为 R 的电阻，将它们串联起来得到 nR 的电阻，再将 n 个同样电阻值的电阻进行并联，得到 R/n 的电阻，进而得到了 $n^2:1$ 的电阻比例。电阻比例准确度取决于单个电阻的准确度，同时又能够达到更高的准确度。例如，当这 n 个电阻的相对差值小于 1×10^{-4} 时，所得的 $n^2:1$ 的电阻比例的不确定度为 10^{-8} 量级。

电阻的比较通常是利用电桥来完成。最简单的电桥是如图 9-16 所示的惠斯顿电桥。该电桥由 4 个桥臂（R_1、R_2、R_n、R_x）、检流计 P 和电源 E 组成，其中 R_1 和 R_2 构成电阻比例，R_n 为已知阻值的标准电阻。调节 R_1、R_2 和 R_n 能够使通过检流计 P 的电流为零，称此状态为电桥平衡状态。此时，R_x 可由下式导出：

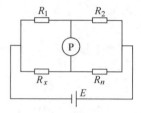

图 9-16　惠斯顿电桥

$$R_x = R_n \frac{R_1}{R_2} \tag{9-26}$$

惠斯顿电桥结构简单，使用方便，但它只能计量两端电阻，而且不能消除引线电阻带来的计量不确定度。为了进一步提高准确度，可以采用适于四端电阻计量的开尔文电桥，可用于实现高准确度的电阻计量比较。

（2）高阻计量

通常把大于 $1M\Omega$ 的电阻称为高阻，因为高阻的阻值要远远大于计量时引线的电阻，因此可以采用两端直接计量方式。

高阻值的标准电阻不易制作。如果使用锰铜丝绕制的电阻，其阻值很难超过 $1M\Omega$；使用碳膜或金属膜制作的电阻能够达到高阻的要求，但是其电阻的稳定性和准确度都不够。为了完成高阻的计量比较，可以由电阻网络等效得到高电阻，即使用一些阻值不超过 $1M\Omega$ 的电阻进行电阻网络连接，获得总的阻值非常高的（可以高达 $10^{11}\Omega$）等效标准电阻。使用此等效标准电阻与待计量的高电阻进行两端比较，就可以完成高电阻的计量。

（二）　交流电量计量的传递方法

交流电量计量与直流电量计量在内容上很相似，同样可以分为电流、电压、阻抗等几个方面，但是在计量的方法和手段上，各个物理量的交流计量与直流计量有着很大的不同。

1. 交流阻抗计量

交流阻抗的计量主要是使用各种类型的交流电桥，其比例往往是由电阻来确定。由于电桥的电阻比例准确度通常不高（约为 10^{-5} 量级），因而阻抗的计量准确度也受到了限制。近年来，各种感应耦合式的比例器件得到了快速发展，交流比例的准确度随之大大提高，现在已达到 $10^{-7} \sim 10^{-8}$ 量级。

交流阻抗的计量对象通常都具有两个或两个以上的分量。例如，电容器除了电容这个主要分量外，还有损耗角正交分量；电感器有电感量和串联电阻两个分量；电阻器呈现的物理状态除了电阻 R 以外，还会存在残余电感 L 和分布电容 C，其等效电路如图 9-17 所示。

此时电阻器呈现的物理状态可以用阻抗 Z 表示，其大小为

$$Z = \frac{1}{1/(R + j\omega L) + j\omega C} \qquad (9-27)$$

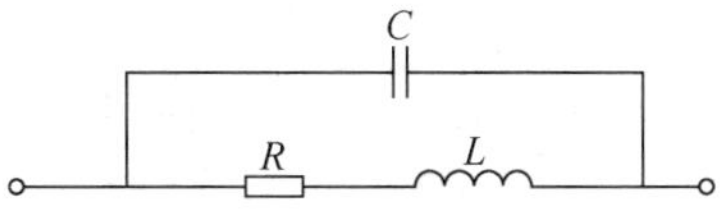

式中　ω——角频率。

图 9-17　交流电阻的等效电路

当频率不高的情况下，有 $R \gg \omega L$；$R \gg 1/(\omega C)$，此时由式（9-27）可以得出 Z 的实数分量为 R，虚数分量为 $\omega \tau R$，其中 τ 为电阻的时间常数，它仅取决于电阻器的结构，而与频率无关，可以使用已知时间常数的标准量具来进行计量。对于阻值在（$1 \sim 10$）$k\Omega$ 范围内的电阻器，τ 为（$10^{-9} \sim 10^{-8}$）s。

2. 交流电流与电压计量

交流电流或电压不同于直流量，它的大小是时刻变化的，因此没有复现的实物基准。交流量的计量通常是将计量对象进行交直流转换，再将直流量的基准、标准作为参考进行比对，其量值分为有效值、平均值、峰值三种。

（1）有效值计量

交流电量的有效值是通过其力效应或热效应来体现的。常用的热效应转换器件是热电偶，因为其使用方便、准确度高，从而得到了广泛的应用。在使用热电偶进行计量时，将交流电量及直流电量分别加入热电偶，如果两种情况下热电偶的输出热电动势相等，即加热丝的发热量相等，就认为交流电流的有效值等于直流电流的数值。因此，对交流电量有效值的计量可以转化为对相应的直流电流的计量工作。热电偶的计量不确定度为 $10^{-4} \sim 10^{-5}$ 量级。

（2）平均值计量

交流电量平均值的计量是通过整流电路来完成的。基本方法是使交流电量通过整流电路，然后再计量整流后电量的直流分量，即是所要计量的交流电量平均值。

使用这种计量方法的不确定度为 $10^{-3} \sim 10^{-4}$ 量级，主要的不确定度来源是整流元件的正向压降和反向泄漏电流，此外，高频时整流电路的结间电容也会影响计量准确度。

（3）峰值计量

交流电压的峰值也是一个经常需要计量的量值。将被计量的交流电压和一个可调的标准直流电压进行串联，然后接入高倍数的直流放大器的输入端。根据放大器本身的特性，当直流电压的绝对值大于交流电压的峰值时，放大器始终处于负的饱和状态。逐步调节直流电压的大小，当直流电压等于交流电压的峰值时，放大器会跳跃到正的饱和状态，同时输出电压出现窄脉冲，从而确定交流电压的峰值。该方法的计量不确定度为 10^{-3} 量级。

（三）磁计量的传递方法

磁计量是电磁计量的重要组成，主要是各种磁学量如磁通、磁感应强度、磁矩等的计量，以及磁性材料各种交、直流磁特性的计量。

1. 磁通计量

在国际单位制中，磁通（Φ）的单位是韦伯（Wb）。韦伯的定义是："韦伯是单匝环路的磁通量，当它在 1s 内均匀地减小到零时，环路内产生 1V 的电动势。"因此磁通是联系磁计量和电计量的纽带，磁通的变化可以直接反映到感应电动势，因此磁计量中所用的标准均由电计量标准推导得出。

磁通的标准量具是标准互感线圈，其互感值可通过两种方法计算得到。

一是计算法，即通过对精密互感线圈各部分尺寸计算来获得互感值，其中最常用的是康贝尔线圈。它是一种特制的互感线圈，一次（初级）线圈是由两个被隔开一定距离、同轴放置的单层螺旋线绕组同相串联而成；二次（次级）线圈是一个多层绕组，线圈与一次线圈同轴并位于两个一次绕组的正中间。线圈的磁通常数可以通过线圈的几何尺寸和匝数计算得出，即得到一次绕组中电流变化 1A 时二次绕组中的磁通。该方法建立的磁通基准准确度约为 $10^{-5} \sim 10^{-6}$ 量级。

二是电容计算法，即通过计算电容值得出定义的阻抗系统，选择电容、电感或电阻中的一个或两个量来导出互感量。无论采用何种方法，导出互感量 M 的定义数值后，在一次线圈上通以电流 I，就可以获得二次线圈所耦合的磁通 $\Phi = MI$。

2. 磁感应强度计量

与磁场相关的另一重要的物理量是磁感应强度，又称为磁通密度。它用来描述某一点磁场的强弱，通常用符号 B 来表示，它的单位是特斯拉（T）。设在均匀磁场中有一个与磁场方向垂直的平面，面积为 S，则磁场的磁感应强度 B 与面积 S 的乘积就是磁通，即 $\Phi = BS$。这是磁通的另一个定义，也揭示了磁感应强度与磁通之间的关系。

磁感应强度的计量方法较多，常用的几种方法如下：

（1）计算线圈法

将导线按一定方式绕在规则的骨架上可以得到精密线圈，常用的基准线圈有亥姆霍兹线圈和螺线管。根据线圈的几何尺寸，使用数学方法可以计算出当线圈通入单位电流时在线圈某一范围内所产生的磁场值。使用此方法的磁场计算准确度可达 10^{-7} 量级。

我国的计算基准线圈为亥姆霍兹线圈，它是由镀金的纯铜线或无氧铜线在石英管骨架上绕制而成的，该线圈常数的计算结果为 $2.28060272 \times 10^{-4} \text{T/A}$，准确度约为 10^{-7}。

通常情况下精密线圈都是单层的，但是当磁感应强度的准确度要求低于千分之一时，可以使用多层线圈，以增加线圈的磁场强度。

（2）霍尔效应法

霍尔效应是物理学上一个重要的现象，它的含义是当一个金属或半导体器件置于磁场中，如果在垂直于磁场的方向有电流通过，那么在器件的端面上会产生一个垂直于磁场和电流方向的稳定电动势，该电动势称为霍尔电动势，通常以 U_H 来表示。霍尔电动势可由下式表达：

$$U_H = R \frac{IB}{d} \tag{9-28}$$

式中　R——霍尔系数（取决于材料）；

　　　I——电流；

　　　B——磁感应强度；

　　　d——样品厚度。

该方法使用简便、样品小，适用于小范围内的磁场计量，其计量不确定度为 $10^{-2} \sim 10^{-3}$ 量级。

（3）核磁共振法

当原子核在磁通密度为 B 的磁场中发生旋进时，旋进的角频率 $\omega = \gamma B$，其中 γ 为原子核的旋磁比，是一种基本物理常数。若原子核同时还受到角频率为 ω 的电磁波的辐射，就会发生共振吸收。这种现象称为核磁共振。

利用此种效应可测得发生共振时的角频率 ω，然后求出磁感应强度 B。该方法的计量不确定度为 $10^{-6} \sim 10^{-7}$ 量级。

磁场按强弱可以分为弱场（$10^{-8} \sim 10^{-3}$）T、中场（$10^{-3} \sim 10^{-1}$）T 和强场（10^{-1}T 以上）。弱场主要是使用亥姆霍兹线圈进行计量；中场主要是使用螺线管；强场则采用水冷或油冷的螺线管或低温超导螺线管，可产生高达几十特斯拉的强磁场。

采用核磁共振法获得的磁感应强度可作为自然基准使用。

3. 磁性材料的磁特性计量

磁性材料的磁特性计量为磁性材料的广泛正确应用提供了技术支持，在目前磁性能源广为使用的大环境下，具有非常重要的战略意义。磁性材料的磁特性计量包括直流磁特性计量和交流磁特性计量。前者指材料的静态磁特性，后者一般是指在交流状态下运行的交流电动机和变压器的铁心等的磁特性参数。

（1）直流磁特性计量

材料的直流磁特性主要是获得材料的磁化曲线，即 B-H 特性曲线。B 是磁感应强度，H 是磁场强度，可以由单位长度的安匝数算出。通常情况下，B-H 特性曲线呈回线形状，故又称磁滞回线。

待检测的样品首先需要进行退磁，以消除剩磁的影响，然后从某一个 H 点处开始，通过不断改变 H，并测量 B 值，获得整个磁滞回线。起始点不同，得到的磁滞回线也不同。如果把整个一族回线的顶点连接起来，就构成了基本磁化曲线。基本磁化曲线上的点与原点连线的斜率称为磁导率，它表征单位 H 所激励出的磁感应强度，表示了材料的磁化性能的强弱，用符号 μ 表示，即

$$\mu = \frac{B}{H} \tag{9-29}$$

快速获得整族磁滞曲线的方法可通过冲击检流计实现，它是一种积分装置，通过感应电动势求出磁通。但这种冲击检流计的读数不确定度较大，达 $10^{-2} \sim 10^{-3}$。

（2）交流磁特性计量

材料的交流磁特性主要指饱和磁感应强度、比损耗功率、起始磁导率和最大磁导率等几个参量。

饱和磁感应强度的计量是通过材料磁感应强度的峰值 B_{max} 的计量来实现的，材料磁感应强度的峰值 B_{max} 是通过线圈中感应电动势的平均值 $\bar{e}$ 来确定的，有关系式

$$B_{max} = \frac{T}{2nS}\bar{e} \tag{9-30}$$

式中　n——线圈匝数；

　　　S——线圈的截面面积；

　　　T——交流周期；

　　　$\bar{e}$——感应电动势的平均值，$\bar{e} = \frac{1}{T}\int_0^T edt$，感应电动势 e 可由磁通 Φ 的导数求出。

比损耗功率的计量可用瓦特计法，这种方法常用于硅钢片损耗功率的计量。用瓦特计法可获得 10^{-2} 量级的不确定度。此外，还有量热计法，其优点是对电源波形不敏感，但费时较多。

磁导率的计量常用电桥法，其基本原理是把绕在铁心上的线圈当作电感线圈来计量，计量出电感量后与几何形状相同但无铁心的线圈的电感量相比，从而获得磁导率及其损耗角，其磁导率的不确定度为 10^{-2} 量级。

上述计量方法不仅与材料特性有关，还涉及各种非线性引起的问题。因此，为保持计量装置计量结果的统一，常由国家计量研究机构提供各种标准计量物质样品来实现计量。

思考题与习题

1. 几何量计量的几个基本原则是什么？
2. 简述激光干涉仪的基本原理。单频激光干涉仪和双频激光干涉仪有何区别？
3. 量块为什么要分等和级？量块共分几等和几级？
4. 4 等量块用什么级别的量块进行检定？
5. 三等标准线纹尺主要用于哪些线纹计量器具的量值传递？请举例说明。
6. 温标的三要素是什么？
7. 简要说明温度测量的原理。
8. 在温度计量中，为什么采用水三相点和金属凝固点作为固定点？
9. 温度计量中为什么要定义固定点？
10. 简要说明 ITS-90 温标的主要内容。
11. 查阅相关规程，并试分析若检定一支 A 级的 Pt 100 热电阻，如何选用标准器？检定哪些项目？检定结果如何处理？
12. 简要说明当前温度计量的发展趋势。
13. 画出标准套长杆式铂电阻温度计的结构示意图。
14. 力学计量包含哪些方面？
15. 力值计量采用什么方法进行？
16. 如何进行力值传递？
17. 振动计量与冲击计量的特点是什么？
18. 天平工作的基本原理有哪些？
19. 电流、电压、电阻的单位是什么？这三个单位用什么方法复现？
20. 直流大电流采用什么方法进行计量传递？说明其原理。
21. 简述磁场计量的 3 种方法和它们各自的原理、应用对象范围。
22. 什么是磁场计量的霍尔效应法和核磁共振法？
23. 试具体说明霍尔效应法在磁计量传递中的应用原理。

第十章

物理计量（二）

第一节　光　学　计　量

一、光学计量的基本概念

人类的生活生产离不开光，光的研究由来已久。从计量学诞生以来，光学计量就是其重要组成部分。光学计量围绕着光学物理量的测试技术和量值传递开展工作，主要任务是不断完善光学计量单位制，复现物理量单位；研究新的计量标准器具和标准装置；建立量值传递系统和传递方法等。

随着科学技术的飞速发展，光学计量技术也得到了快速发展。光学计量包含的内容较多，我国已在许多方面建立起了计量标准和测试手段，主要包括光度计量、辐射度计量、激光计量、色度计量、光学材料和成像系统计量、光探测器计量等。

（一）光度计量

在可见光波段范围内，一定功率的光辐射通过人的视觉系统会产生一定的亮度感觉，光度计量就是对这种可见光进行计量的科学。光度计量是光学计量的最基本部分。1997 年，在第十四届光度与辐射度咨询委员会的会议上，决定此后将要进行如下 6 项国际比对：①光谱辐射照度；②发光强度单位——坎德拉；③光通量单位——流明；④光电探测器的光谱响应度；⑤标准白板的光谱漫反射比；⑥中性减光玻璃滤光片的光谱透射比。这 6 项被认为是在光学计量领域内最具基础性、应用最广泛的项目，并可派生出许多为国民经济建设和进出口贸易所常用的实用标准。

早在 1760 年，朗伯就建立了光度学的基本体系，定义了发光强度、光亮度、光照度以及光通量等主要的光度学参量，并阐明了它们之间的关系。光度计量需要确切地表述光源和光照场的各种光度特性及它们之间的关系，并要求能对描述这些特性的光度量进行定量测量。光度学中的"量"，不是一个单纯的物理量，而是一个复杂的生理心理物理量，它必须与人类视觉系统本身的特性一起加以考虑。正因为这样，光度学中的计量单位不能直接从其他量的单位导出。在国际单位制中，把发光强度的单位"坎德拉"定为 7 个基本单位之一。在 1979 年的第十六届国际计量大会上通过了发光强度坎德拉的新定义。通过这个光度学基本单位可导出光亮度、光通量以及光源产生的照度和色度等单位。我国计量部门已建立了光强度、光亮度、光照度以及光通量计量标准。

以下是光度计量涉及的几个主要参数的定义：

1）光通量：用标准眼来评价的光辐射通量，它表示辐射作用于人眼时所产生的"光"

效应，单位为流明（lm）。

2）发光强度：点光源在指定方向上的发光强度等于该光源在包含给定方向的立体角内发出的光通量与立体角之商，即单位立体角（sr）内所发出的光通量，单位为坎德拉（cd）。

3）光亮度：光源表面上一点在给定方向的光亮度是包含该点的面元在给定方向的发光强度与面元在垂直于该方向的平面上的正交投影面积之商，其单位为 cd/m^2。

4）光照度：表面上一点的光照度是投影到包含该点面元上的光通量与面元面积之商，单位为勒克斯（lx）。

由于光度计量针对的是可见光，因此，它在照明工程设计以及各种发光体的设计和制造过程中具有重要的作用。随着现代工业的不断发展，一系列新型光源不断产生，如荧光灯、高压汞灯、高压钠灯、高压氙灯、LED 等。新光源给光度计量带来了很多新问题，使光度计量越来越离不开辐射度计量的方法和手段。

（二）辐射度计量

随着红外线、紫外线的发现和各种物理探测器的发展，对于各个波段光辐射的应用范围日益广泛，于是辐射度计量也逐渐发展起来。辐射度计量的主要任务是在整个光谱范围内进行辐射能量和辐射功率的测量。辐射度计量类似于光度计量，但它不考虑人类视觉系统的特性。辐射计量的主要计量参数有辐射通量、辐射强度、辐射亮度和辐射照度，其定义类似于光度计量中的光通量、发光强度、光亮度、光照度。辐射通量又称为辐射功率，计量单位为瓦特（W）。

辐射度计量的标准形式主要有两种：一种是标准辐射源，另一种是标准探测器。

标准辐射源的理论基础是黑体辐射理论，即斯特藩－玻耳兹曼定律，它指出黑体的总辐射出射度与绝对温度的 4 次方成正比。所谓黑体，指的是一个能在任何温度下将加在上面的任何波长的辐射能量全部吸收的物体。显然，在现实生活中理想的黑体是不存在的，物理学家们制造的人工黑体一般为圆筒腔形。目前我国计量部门已建立起了低温(-60～+80)℃黑体辐射计量标准，中温（500～1000)℃黑体辐射计量标准，以及高温（2927℃）黑体辐射计量标准。

标准探测器是另外一种辐射度计量方法。例如，美国国家标准与技术研究所（NIST）和英国国家物理实验室（NPL）利用标准探测器作为辐射度计量标准，他们利用硅光电二极管自校准技术，用二极管的内量子效率作为光辐射测量标准，达到了很高的不确定度。

（三）激光计量

激光是一种单色性、方向性好且亮度极高的相干辐射，激光计量实际上属于辐射度计量，计量方法与辐射度计量方法基本一致。激光计量的主要参数有连续激光器的功率、能量、脉冲激光器的峰值功率、能量、平均功率以及其他激光参数。

对于波长（16～200）nm、功率范围为（0.1～100）mW 的连续激光，它属于小功率激光计量，使用绝对辐射计进行计量，它把收到的激光信号转换成电信号，因此电功率就相当于激光功率。只要辐射计设计合理，它的光－电等效效果就很强，在常温、常压下可达到 0.5% 左右的不确定度。若辐射计处于超低温、高真空的测量环境中，那么辐射功率的测量不确定度可达到 10^{-4} 量级，就可以作为小功率的激光功率基准使用。功率在（0.1～100）W 之间的属于中等功率范围，用常温常压下的绝对辐射计就可作为基准接收器使用，总的测量不确定度为1.0% 左右。功率在（100～10000）W 之间的属于大功率范围，此时使用流水式功率计实现计量，它能快速散开激光能量，防止局部温度升高破坏计量器具，其测量不确定度可达 3%。

对于不能进行功率计量的激光，如冲激时间极短的脉冲激光和持续时间内功率不恒定的激光，应采用能量的方式进行计量。经典的计量方法是量热法，它可以测量（0.1~100）J之间的脉冲激光，不确定度约为1%。

现在激光所发出的波长几乎可以覆盖整个光学辐射波段，而且它们的功率也是从微瓦级至兆瓦级，因此用于激光计量的标准接收器也是多种多样的。我国计量部门已建立的激光参数计量标准比较全，准确度也较高。在激光技术广泛应用于各行各业的今天，面对国内外正在研制用于军事用途的特大功率和特大能量激光武器的现实，我国的激光计量技术还需加快建设的步伐，一方面要提供特大功率和特大能量激光的计量方法，另一方面也要开展极微弱激光的计量研究，用于军用激光夜视仪等场合。

（四）色度和感光计量

人的眼睛在一定波长的光辐射刺激下，不但能产生明暗的感觉，还能产生颜色感觉。以量值来表示颜色、以物理方法来测量颜色，就是色度计量的基本内容。三色原理的色匹配实验表明，任何一个颜色都能够用三个原色的适当比例相加而获得。假如红、绿、蓝三个原色的单位量用 R、G、B 代表，混合得到的颜色用 C 代表，则有下面的表达式：

$$C = r(R) + g(G) + b(B) \tag{10-1}$$

式中　r、g、b——匹配颜色 C 中红、绿、蓝三个原色所用的量，也代表了一个颜色对眼睛的三个刺激量。

选取不同的三原色，三个刺激量也会发生变化。1931 年，国际照明委员会（CIE）推荐了一个国际上通用的表示颜色的方法，叫作"1931CIE-XYZ"表色系统。用 X、Y、Z 三个数值表示一个颜色，称为三刺激值，可用式（10-2）求得：

$$\begin{cases} X = K\int_{\lambda}\varphi(\lambda)\bar{x}(\lambda)\mathrm{d}\lambda \\ Y = K\int_{\lambda}\varphi(\lambda)\bar{y}(\lambda)\mathrm{d}\lambda \\ Z = K\int_{\lambda}\varphi(\lambda)\bar{z}(\lambda)\mathrm{d}\lambda \end{cases} \tag{10-2}$$

式中　K——归一化系数，将照明体的 Y 值调整为 100 时得到；

$\bar{x}(\lambda)$、$\bar{y}(\lambda)$、$\bar{z}(\lambda)$——标准色度观察者光谱三刺激值，也称色匹配函数，是标准数据；

$\varphi(\lambda)$——颜色刺激函数，表示被计量的那个颜色的光谱成分。

式（10-1）和式（10-2）是色度计量的标准计算公式。对于色度计量而言，对光源色的计量实际上就是计量这个光源的相对光谱功率分布 $P(\lambda)$；对不发光的物体的透射样品和反射样品的色度计量，则是对样品的光谱透射比和光谱反射比的计量，常用的色度计量器具有标准色板、色度计以及光谱光度计等。

色度计量需要为环境监测、石油化工、粮食、棉花、纺织、印染、造纸、印刷、陶瓷、搪瓷、塑料、农林产品及食品工业提供相应的标准色板。

感光计量主要包括感光材料的感光度、曝光量以及光密度等参数。感光度表征感光材料感光的快慢；曝光量表征感光材料接受光照的大小程度；光密度表征感光材料经过曝光以及化学处理后变黑的程度。其中，曝光量和光密度需要建立计量标准器具。

曝光量定义为光照度与照射时间的乘积。为了得到标准的曝光量，标准照度可用发光强度标准灯来产生，在测量时，加一个适当的快门，让光照射到感光材料的时间能准确地完成。

光密度定义为透射比倒数的对数，它采用标准密度片来传递量值。每一套标准黑白密度片由两片各有 12 级不同密度的小方格来体现 0~4D 的标准密度值；对于彩色感光胶片，需要用红、绿、蓝三种光密度来表示，这三种彩色光密度的量值用标准彩色密度片来传递。

（五）光学材料和成像系统计量

在光学工程和照明工程中，光学材料的计量参数主要包括透射比、反射比和折射率标准。色度计量标准和光密度计量标准实质上也是反射比或透射比标准，只不过前者的波长局限于可见光波段而已。

透射比常采用透射比标准板进行量值传递。采用性能稳定的中性灰色玻璃或镀有金属膜的玻璃片做成形状、大小一定，透光程度不等的滤光片，形成透射比标准板，它可用来校准各种透射计量仪器。

反射比标准板采用高反射性能且中性良好的材料制成。制作反射比标准板的材料通常有白陶瓷片、硫酸钡或氧化镁粉末、聚四氟乙烯粉末等。反射比标准板的量值，即其绝对反射比，可用多种方法定值，采用较多的有变角反射比法、辅助积分球法等。

光学材料透射率的测量常用方法有阿贝测量法、V 棱镜测量法以及精密测角法（包括最小偏向角法、自准直法和直角照射法），其中阿贝测量法和 V 棱镜测量法的精度要差一点，不确定度分别为 3×10^{-4} 和 2×10^{-5}，而精密测角法的测量不确定度为 2×10^{-6}。由于阿贝测量法和 V 棱镜测量法的测量过程简单，仪器价格低，对样品的要求也比较简单，一般工厂均采用此类仪器。折射率计量标准是用精密测角法对标准样品进行精确测量，用定值后的样块对阿贝折射仪、V 棱镜折射仪进行检定。

对于成像系统，需计量的参数主要有像质的好坏、光学系统的总透光率、光学系统的杂散光等。传统的计量方法由鉴别率板法、星点法、刀口法等。鉴别率板法由美国标准局发行，有几十年的历史。而在工厂中常用的是星点法，它观察点光源通过镜头后所得的相伴的形状来对镜头成像系统的成像效果进行计量。最新发展起来的光学传递函数法可用来评定像质的好坏，它采用很多数学处理方法如傅里叶变换等，采用计算机可很好地实现评定。另外，对标准镜头也可进行计量，可以使用扫描法和干涉法。

（六）光探测器计量

光探测器的种类比较多，最常用的光探测器一般可分为两大类型：①以光电效应为理论基础的光电探测器；②以光热效应为理论基础的光热型探测器。所谓光电效应，是指光照射到某些材料表面时，与材料中的束缚电子发生相互作用，使电子变为自由电子的效应。而光热效应是指由于受到入射光照射，材料的温度发生变化，从而使材料的某些特性发生变化的效应。

光热型探测器是无选择性探测器，它对各种不同波长的响应比较平坦，但响应时间较长。常用的光热型探测器有热敏电阻、辐射热电偶和热电堆、气动式热探测器、绝对辐射计等。光电探测器是一种有选择性的探测器，对各种不同波长的光电响应峰谷明显，它的特点是响应速度快，响应度高。常用的光电探测器有面阵 CCD、超大规模镶嵌式焦平面列阵器件、光电管、光电倍增管和微光像增强管等。

光探测器的类型不一样，所需计量的参数也不一样，因而光探测器的计量参数较多，如响应度、探测率、暗电流、等效噪声功率、响应区域不均匀性、上升时间、温度系数等。

除以上各种光学物理量的计量外，还有许多光学计量相关的内容，如：农业方面的植物生长，太阳能利用，医疗上的紫外线治疗和杀菌消毒、红外线治疗、蓝光治疗、激光治疗等，都要求有相应的计量标准；空间技术、核物理和生命科学需要紫外和真空紫外的计量标准；目前作为通信工程主要材料的光纤的光学特性如衰减率、折射率分布、模场直径等都需要有相应的计量标准；近年来还在发展的一些不同于透镜、棱镜等传统光学元件的光学纤维材质光学元件，它们的计量也是光学计量的研究课题。

二、光学量计量基准

每种光学计量量都可以建立相应的计量基准或标准，其中最重要的是发光强度计量基准，它不仅涉及坎德拉这一单位的复现，还可以由它导出其他光学计量。本节主要介绍发光强度和总光通量的国家基准。

（一）发光强度基准的复现

发光强度的单位是坎德拉（cd），1979 年第十六届国际计量大会上对发光强度单位坎德拉进行了重新定义：坎德拉是发出频率为 $540 \times 10^{12}\,Hz$ 的单色辐射的光源在给定方向的发光强度，该方向上的辐射强度为 $1/683\,W/sr$。这是一个开放式的定义，各个国家的计量研究部门可以通过不同的途径来复现坎德拉。目前国际上复现发光强度单位的方法主要有两种：光谱辐射法和电校准辐射计法。电校准辐射计法准确度高，所以国际上大多采用此法来复现坎德拉。

我国用锥腔型电校准辐射计复现坎德拉，其原理如图 10-1 所示。$V(\lambda)$ 滤光器用以修正辐射计光谱响应度，使之与光谱光视效率相一致；辐射计用来测定标准灯在辐射计的限制光阑表面上所产生的辐照度；通水挡屏是用来阻挡杂散辐射进入辐射计内的。测量时，将灯丝平面、通水挡屏、滤光器和辐射计的限制光阑的中心精确地调整在同一测量轴线上，且使限制光阑和灯丝平面垂直于该轴线。射到锥体内的光被吸收，使锥体温度升高，热电堆的热电动势增大；用快门切断光源后，给加热丝通以电流，腔体温度升高，使热电堆输出的热电动势达到与前者相同的值。测定流过加热丝的电流和两端的电压，计算出电功率，即为欲测的光功率。为了避免在测量过程中环境温度对辐射计的影响，通常极性相反地串联两个性能相同的锥腔型接收器，其中一个锥腔接收器受光照射，另一个不受光照射，就会起到补偿作用。为了避免环境温度变化使锥型辐射计产生热电动势的漂移，锥腔型辐射计置于热屏蔽箱内，待热屏蔽箱内的温度分布均匀后，辐射计才开始工作，进行测量。在得到光照度后，根据距离平方反比定律，可算出光源的发光强度。1982 年我国用标准辐射计复现发光强度单位坎德拉，其不确定度为 2.8%，其国际比对结果处于先进水平。

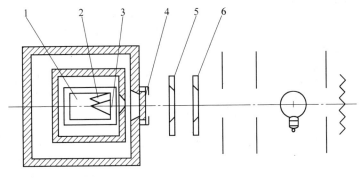

图 10-1　坎德拉复现的发光强度原理

1—绝对辐射计　2—补偿探测元件　3—光阑　4—$V(\lambda)$ 滤光器　5、6—通水挡屏

（二）光通量计量

计量光通量的方法可分为绝对法和相对法。绝对法是测量光源发光强度的空间分布，再

由此计算出光源发出的总光通量，这种方法有较高的准确度，但使用的装置复杂，成本高，因此绝对法主要用于计量基准的建立。相对法是将被测光源与总光通量已知的标准光源进行比较而求得总光通量的方法，该方法准确度略差于绝对法，可用于标准灯的检测。

1. 总光通量计量法

通过光度计测出光源在空间立体角的光强分布，然后通过积分法得到光源总光通量，这是总光通量绝对测量法的基本原理。

2. 分布光度计法

为了建立光通量副基准或测定光源的发光强度分布，各国光度实验室建立了各种形式的分布光度计。我国研制的分布光度计主体结构如图10-2所示。

灯架用来安装被测灯并能使灯自转，可将灯调整在主体结构的回转中心上。利用光分布测量装置放置接收器，并能绕被测光源在垂直面内做圆周运动，从而测得被测光源在 4π 空间立体角的发光强度分布。光分布测量装置上面有接收器1和两面反射镜。接收器1随装置转动，直接测定小功率、小尺寸光源。反射镜用来测定大功率和大尺寸光源。从光源发出的光经反射镜反射后到装置后面，由接收器2接收。在测光源光通量之前，必

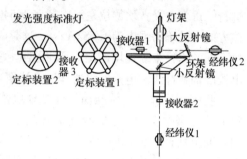

图10-2　分布光度计主体结构

须用定标装置对光通量进行定标，以提高测量的准确度。定标装置1可以点亮5支发光强度标准灯，当1支灯在定标时，其他灯处于预热状态，因此能方便地进行连续定标。另一个定标装置2用做反射式测量定标，其上装有接收器3，测量时先用发光强度标准灯对接收器3定标，然后用它测出被测灯面向接收器方向的发光强度，利用此发光强度通过两面反射镜对接收器2定标，从而测出被测灯的光通量值。

在1985～1986年国际光通量比对中，我国总光通量基准的不确定度为0.5%，在参加比对的国家中处于中等水平。

三、光学量的传递与溯源

这里仍以光度计量中的发光强度和光通量为例介绍光学量的传递和溯源。其他光学量也有自己的一套传递和溯源系统。

在光度和辐射度方面，我国仍然是用标准黑体和标准灯组作为基准和传递的标准，按检定系统框图逐级向下进行量值传递。其中标准灯组更易于进行计量工作，因此大多以标准灯组进行量值传递。我国研制了发光强度标准灯系列和总光通量标准灯系列。发光强度标准灯用于复现和传递发光强度单位量值；总光通量标准灯用于复现和传递总光通量单位量值。

（一）发光强度标准灯和总光通量标准灯

标准灯一般具有如下特点：稳定性好，寿命长，灯丝的结构稳定、蒸发少，玻璃泡壳无色透明、化学稳定性好，无条纹、气泡等瑕疵。

1. 发光强度标准灯

发光强度标准灯的特点是钨丝排列在一个平面内，标准灯所保存的发光度强度值指的是灯丝平面中心的法线方向上的发光强度值。灯丝平面应尽可能小，使之符合点光源的要求。

我国的发光强度标准灯系列由 BDQ1 型 ~ BDQ8 型 8 种灯组成，采用无色透明的球形玻璃壳，灯丝平面正好处在球心上，这样从灯丝后面泡壳反射的像正好落在灯丝的位置上，它与灯丝本身构成一个白炽发光体。它采用高稳定度的直流电源（电流不确定度为万分之二左右）供电，确保标准灯发光的稳定和准确。由于发光强度标准灯是在指定方向上使用的，所以在设计标准灯时，应充分考虑到当偏离这个指定方向时，发光强度值不应有显著的变化。对于一、二级发光强度标准灯，当其水平偏离 ±1.5° 或在垂直方向偏离 ±1° 时，其发光强度值变化应不大于 ±0.3%，副基准、工作基准灯要求则更高。

BDQ 型灯分别用于不同的测量场合。在弱光测量中用 BDQ1、BDQ2 作标准，强光测量和照度标定计中一般使用 BDQ7、BDQ8。每种型号的标准灯（包括光通量标准灯）都是在某一特定的色温下使用的。色温是颜色温度的简称，对于钨丝白炽灯这类光源来说，是指分布温度。当光源发出的光谱与黑体在某一温度下发出的光谱很相似时，光源与黑体的颜色是一样的，则黑体的这个温度就定义为这个光源的色温。在进行发光强度计量时，一般都是在标准光源与被计量光源色温相同的情况下进行的，这样可以将传递误差减到最小。

2. 光通量标准灯

光通量标准灯的类型有多种，如 BDT 型、BDP 型等。BDT 型光通量标准灯是加工精细的高级标准灯，主要用于计量部门的量值传递。根据灯丝结构以及主要光电参数的不同，BDT 型光通量标准灯可分为 3 种型号。BDP 型光通量标准灯作为生产部门技师检验的标准，这个系列包括 11 种灯，它们按灯泡的电功率进行排序，功率覆盖范围从 15W 到 1000W。BDP 型光通量标准灯与普通照明光源结构相似。我国还有一种小型光通量标准灯，型号为 BDX 系列，共有 7 种灯，额定电压在（5 ~ 12.5）V，光通量范围在（6 ~ 700）lm 之间，它主要用于飞机灯、汽车灯以及各种低电压、小型特种灯的总光通量标准。

（二）发光强度标准灯和总光通量标准灯的检定

1. 发光强度标准灯的检定

发光强度计量设备如图 10-3 所示。导轨一般长 5m 以上。标准光源及待计量的光源安装在滑车上，可沿光轨移动。光轨的中部放一台光度计。当发光强度计量方法采用目视法时，光度计为 L-B 光度计；当发光强度计量方法采用光电方法时，光度计采用光电光度计（数字式发光强度色温比较仪）。

采用目视法时，在 L-B 光度计的两侧放置标准灯与同色温的比较灯。首先移动标准灯，目视观察，当光照度平衡时，记下标准灯

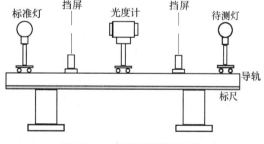

图 10-3　发光强度计量设备

到光度计的距离；然后将待测灯代替标准灯，但光度计和比较灯的位置不变，移动待测灯，使光照度平衡，记下待测灯到光度计的距离，则可计算待测灯的发光强度。参加实验的观察者的眼睛光谱响应度应接近国际上规定的光谱光视效率。

采用光电等照度法时，将待测灯、标准灯和比较灯安装在光度测量装置的灯架上，使光度计接收面和灯丝平面垂直导轨的测量轴线，并使它们的中心都位于此轴上。首先固定比较灯与光电光度计（它们的距离应大于灯丝长度的 15 倍以上），将灯泡用规定的电流和电压点燃，在将光电光度计预照后，将光电光度计对准比较灯，使接收器的响应为 i，然后光电

光度计转 180°对向标准灯，调节标准灯的位置，使接收器的响应仍为 i，反复进行几次，记录标准灯到光电光度计的距离；取下标准灯，装上待测灯，待测灯与比较灯比较，调整待测灯到光电光度计的距离，使接收器的响应仍为 i，记录待测灯与光电光度计的距离，然后可计算出待测灯的发光强度。

除目视法和光电等照度法，发光强度计量方法还可采用光电等距离法，如图 10-3 所示，待测灯、标准灯到光电接收器接收面的距离相等。

2. 发光强度计量器具检定系统

对发光强度及其计量器具，有一套严格的量值传递和溯源系统。JJG 2034—2005《发光强度计量器具检定系统表框图》如图 10-4 所示。

3. 总光通量标准灯的检定

光源总光通量的测量可采用绝对法和相对法。前述第二节中光学量计量基准的建立采用绝对法。相对法则可用于标准灯的检定。相对法将被测光源与总光通量已知的标准光源进行比较而求得总光通量，其中用到积分球光度计进行光通量的测量。

积分球光度计由积分球和测光系统组成，如图 10-5 所示。积分球是一个内壁涂有白色漫反射涂料的空心球体。一般把待计量的光源放在球心位置上，球壁上有一窗口，在窗口上放一块漫透射玻璃板，在玻璃板的外侧放一个光度计，在光源与窗口之间放一个挡板。测光系统装在窗口的外侧，通常由快门、可变光阑、中性减光片、明视觉函数修正滤光片、光电探测器以及示数仪表等组成。在制作积分球时，应尽量避免积分球内附件对测量的影响，使之逼近理想积分球的测量结果。

光度计所测量到的光照度与光源的总光通量成正比。计量时，先在球心位置上放一个已知总光通量值为 Φ_1 的标准灯，在规定电流或电压下点燃标准灯，这时假定光度计测得的光照度为 E_1，然后换上一个总光通量值为 Φ_2 的未知光源，在相同的电流或电压下点燃待测灯，如果此时光度计的光照度为 E_2，则有

$$\frac{\Phi_1}{\Phi_2} = \frac{E_1}{E_2} \tag{10-3}$$

用式（10-3）即可得到被测灯的总光通量。用这种方法，可以把光通量副基准灯的量值传递到光通量工作基准灯，再从它传递到各级光通量标准灯。因为不同种类的光源在形状、尺寸、功率、光强分布及光谱成分等方面的差别很大，为了保证量值传递的准确度，不同类型的光源需要建立相应的总光通量标准。如果把不同类型的光源放在积分球内直接比较，则计量误差会较大。

测量前，在积分球内点燃一只和被测灯功率接近的普通灯泡，烘烤球壁去除积分球内的潮气，同时预测光电接收器，使测量灵敏稳定。

4. 总光通量计量器具检定系统

JJG 2035—1989《总光通量计量器具检定系统框图》如图 10-6 所示，图中 δ 为不确定度。

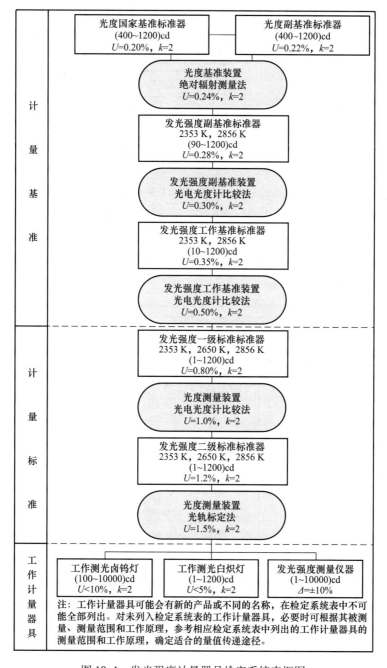

图 10-4 发光强度计量器具检定系统表框图

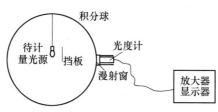

图 10-5 积分球光度计结构

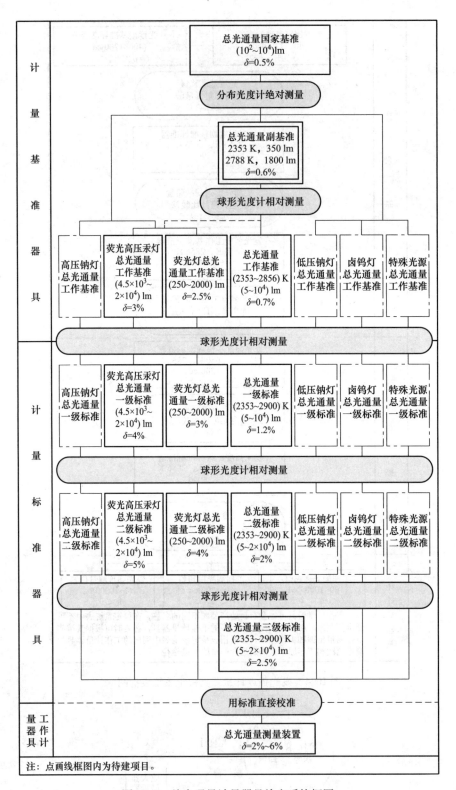

图 10-6 总光通量计量器具检定系统框图

第二节 声学计量

声学是一门古老的科学，它随着人类的进步而不断地得到发展。近年来由于电子技术、传感器技术和信息处理技术的发展，声学被广泛地应用于国防、工业、农业、医疗卫生和人们日常生活等方面。它是研究物质声波的产生、传播、接收和影响的科学。

一、声学计量的基本概念

（一）基本概念

声学计量是研究声学基本参量（如声压、声强和声功率等）、主观评价参量（如响度、听阈和听力损失等）的测量及保证单位统一和量值准确的科学技术，它涉及基准和标准的建立和保存、量值的传递、测量方法和技术的研究等。根据声波传播媒质和频率的不同，声学计量分为空气声计量、水声计量、超声计量等。

无论是在空气、还是在水中，声波的幅度变化范围都非常大，因此为了数值表达方便，在计量测试中用分贝（dB）作为声学量的单位；声波频率的变化范围也很宽，传声器和水听器都在较宽的频率范围内工作，加之人对响度的主观感觉与相对频率呈对数关系，故声学量值在图示时多用对数刻度。声学计量器具相对热、力、电学计量较少，且传递误差相对较大，故在声学计量中往往通过一级标准器把声压或声功率量值直接传递到声学测量器具上。同时，由于声学计量的频率范围宽，不可能对整个频率范围建立一套基准或标准，也不可能使用一种测量方法，而必须分频段建立数套基准或标准装置，且需要不同的测量方法。

（二）几个基本声学量

在声学计量中，只有少数基本量值具有传递性，主要是声压、声强、声功率和质点振速，其中使用最广泛、最基本的量值是声压。声压标准器和测量器具（在水声和超声计量中称水听器，在空气声计量中称传声器）的校准是声学计量的重点任务。

1. 声压（p）

声压定义为在有声波时，介质中的压力与静压的差值。单位为帕（斯卡），符号为 Pa（$1\text{Pa} = 1\text{N/m}^2$）。静压为没有声波时媒质中的压力。存在声压的空间称为声场，声场中某一瞬时的声压称为瞬时声压 $p(t)$，通常用有效声压 p 表示声压的大小：

$$p = \sqrt{\frac{1}{T}\int_0^T p^2(t)\,\mathrm{d}t} \tag{10-4}$$

式中 T——声压周期的整数倍（对周期信号）或不致影响测量结果的足够长时间（对随机信号）。

2. 声强（I）

声强定义为声场中某点处，在单位时间内从与质点振速方向垂直的单位面积上通过的声能。单位为 W/m^2，用 I 表示。按定义的声强是瞬时矢量值：

$$I(t) = p(t)u(t) \tag{10-5}$$

式中 $I(t)$——瞬时声强；

　　　$p(t)$——瞬时声压；

$u(t)$——瞬时质点振速。

3. 声功率（W_a）

声功率定义为单位时间内通过某一面积的声能。单位为 W。

声波为纵波时，声功率可用下式表示：

$$W_a = \frac{1}{T}\int_T \mathrm{d}S\int_0^T p(t)u_n\mathrm{d}t \tag{10-6}$$

式中　S——面积（m^2）；

u_n——瞬时质点振速在面积 S 法线方向上的分量（$\mathrm{m/s}$）。

4. 质点振速（u）

质点振速定义为因声波通过而引起的媒质中质点相对于其平衡位置的振动速度。单位为 $\mathrm{m/s}$。若不另加说明，则通常指的是有效值。质点振速是矢量值，要注意其方向性。

（三）声学量的分贝表示

1. 声压级的定义及其基准值

声场中某点的声压级可表示为

$$L_p = 20\lg\frac{p}{p_r} \tag{10-7}$$

式中　p——测量点声压的有效值（即方均根值）；

p_r——作参考的基准声压值；

L_p——测量点的声压级（dB）。

2. 声强级的定义

声场中某点的声强级 L_I 定义为该点的声强值 I 与其基准值 I_r 之比的常用对数乘以 10，即

$$L_I = 10\lg\frac{I}{I_r} \tag{10-8}$$

这里的基准声强值 I_r 应与前面所述的基准声压值 p_r 相对应。

二、空气声计量

空气声计量与测试的内容可以归纳为三个方面：一是基本声学量的传递，目前最主要的是空气声声压量的传递。传递的主要方式是对各类标准传声器和测试传声器的声压灵敏度或自由场灵敏度进行校准及对其他相关特性测试；二是对诸多空气声测量器具的检定，目前空气测量器具主要包括声校准器、声级计、噪声剂量计、标准噪声源、1/1 和 1/3 倍频程滤波器、测量放大器、声级记录仪及声强测量仪；三是对各种发声设备或物体的发声特性测试，如对噪声特性的评价和测试。

（一）标准传声器的计量

传声器是把空气中的声信号转换为电信号的传感器。按照准确度等级和用途不同，传声器可分为工作基准传声器、计量标准传声器和工作级传声器三种类型。

工作基准传声器又称实验室标准传声器，主要用作复现和保存声学计量单位的基准器，通过互易法或比较法检定计量标准器具。在 20Hz ~ 2kHz 频率范围内用耦合腔互易法校准，不确定度为（0.05 ~ 0.1）dB；在（1 ~ 20）kHz 范围内用自由场互易法校准，不确定度为 0.3dB。

计量标准传声器即标准电容传声器是计量标准器具的一种，主要用作二次标准，通过比较法检定计量器具。在 20Hz ~ 2kHz 频率范围内不确定度为（0.1 ~ 0.2）dB；在（1 ~ 20）kHz 范围内不确定度为（0.4 ~ 0.5）dB。

工作级传声器即测试传声器，是工作计量器具的一种，用于各种目的的空气声学计量。在 20Hz ~ 2kHz 频率范围内用比较法校准，不确定度为（0.3 ~ 1.0）dB。

标准传声器可按国际标准和国家标准进行分类。IEC 实验室标准传声器是按照尺寸和灵敏度类别进行分类的。它的型式由字母 LS 加一个数字再加一个字母 P 或 F 命名，其中 LS 代表"实验室标准"，数字代表传声器的机械尺寸分类，字母 P 或 F 表示传声器声压灵敏度或自由场灵敏度。我国实验室标准传声器的型号用字母 CB 加数字 1 或 2 再加字母 a 或 b 以及字母 P 或 F 表示，其中头两个字母 CB 表示标准传声器，后面的数字表示传声器标称尺寸分类，字母 a 或 b 为系列号（a 系列为 24，12；b 系列为 23.77，12.7），最后的字母 P 或 F 表示电声特性，P 为声压型，F 为声场型。

（二）空气声计量器具的检定

1. 声校准器的检定

声校准器是一种标准计量器具，当把声耦合到传声器上时，能在设定的工作频率下产生一定的声压级，用来测定传声器的声压灵敏度，校准声级计或电声测量装置的声级。目前声校准器有活塞发声器、声级校准器、多功能声校准器三种类型。

（1）检定装置

声校准器的检装置主要包括标准传声器、测量放大器、精密衰减器、交直流电压表和正弦信号发生器，这些测量仪器应满足以下要求：

标准传声器：开路声压灵敏度级的校准不确定度应不大于 0.05dB。

测量放大器：在检定期内稳定度应优于 ± 0.02dB，对于所需频率谐波失真应小于 0.1%。

精密衰减器：在使用量程范围内不确定度应不大于 0.01dB。

交直流电压表：不确定度应不大于 0.5%。

正弦信号发生器：在检定期内稳定度优于 ± 0.05dB，谐波失真应小于 0.1%，信噪比应大于 60dB。

（2）检定方法

包括声压级的检定、频率的检定、谐波失真的检定。

2. 声级计的检定

（1）声级计

声级计是一种能对声音作出反应的仪器，通常由传声器、具有频率计权网络的放大器和具有一定时间计权特性的检波指示器所组成。对声级计可按准确度等级分为四种类型：0 型、1 型、2 型、3 型，按用途又可分为精密声级计、普通声级计、积分声级计等。

（2）声级计的检定法

声级计的检定分为声性能检定和电性能检定两种方法。声性能检定又可分为采用替代法在消声室内进行校准及直接用声校准器对声级计进行校准两种方法。采用替代法进行校准时将标准传声器正对自由行波，调节声频信号发生器 1kHz 输出，使距声源 1m 处的标准传声器收到 94dB 的声压级，然后用被检声级计代替标准传声器（位置要重合），此时声级计示值与94dB的差值，应满足公差的规定。

电性能检定包括以下性能检定：固有噪声量程控制器有效值特性、时间计权特性、不同级的线性、线性范围、脉冲范围、时间频率特性检定等。

3. 标准噪声源的检定

（1）标准噪声源

标准噪声是一种具有稳定声功率输出和宽带频谱特性的声源。可根据工作原理分为空气动力式、电动扬声器式及机械打击式三种类型。标准噪声源可产生已知功率的噪声源，用于测定机器或设备的噪声功率级、房间的吸声、隔声及混响的时间、传声器输出功率、噪声分布等。

（2）检定方法

检定内容是频带声功率级和计权声功率级，检定方法有半消声室方法和混响室方法两种。对环境（声学环境和物理环境）有特殊要求。

4. 噪声剂量计的检定

噪声剂量计是一种个人佩带式噪声测量仪器，用于测量工作人员在一日工作中所受的噪声剂量。根据ISO和我国标准规定，在我国一天工作8小时，规定参考时间为 $T_{ref}=28860s$，参考声级为 $L_{ref}=90dB$。

噪声剂量计实际上是一种特殊的积分声级计，通常由传声器、具有A频率计权特性的放大器检波器、低声级截止器、积分器、指示器和电源等部分组成。其技术指标有绝对灵敏度（为二级或三级）、频率计权特性、频率范围、固有噪声、积分器特性等。

噪声剂量计的检定方法分为绝对灵敏度的检定、频率计权特性的检定、固有噪声的检定、检波特性的检定和积分器特性的检定等。同样，对环境和设备提出了特殊的要求。

（三）噪声测量

对声音主要从强弱和高低两个方面衡量。表示噪声强弱的客观物理量主要有声压、声强、声功率以及它们的"级"。表示噪声高低的客观量主要有频率、频程。而噪声频谱则同时表示了噪声的强弱与高低，噪声的评价参数有响度、响度级、计权声压级、等效连续A声级、有效感觉噪声级、等效连续感觉噪声级、计权有效连续感觉噪声级、累积百分声级、昼夜等效级、噪声污染级等。

1. 噪声声压级测量

（1）测量的选择

若测量或评价机器设备的噪声水平，测点应在机器近旁，对已有专门测试规范的机器，测点位置应按规定选取。对于尚无测点规定的机器噪声，可按下述方法选取测点位置。

空气动力设备进气噪声测点在距进口轴线1m处或一个叶轮直径处。排气噪声测点选在偏离排气口轴线45°方向距离出口1m处或一个叶轮直径处。对于小型机械设备如砂轮等，可在四周距表面300mm处布置4个测点。对于特大型或危险性的设备，测点可取在较远处。

（2）读数记录方法

对稳态噪声与似稳态噪声，用声级计慢档计量，直接读取示值。对离散的冲击声，用脉冲声级计读取脉冲。对载运工具（如飞机、火车等）通过时的噪声，用声级计快档计量，读取最大值。对无规则变动噪声，用声级计慢档计量，每隔5s读取一次瞬时值。

（3）外界因素的影响

噪声测量时经常会受到环境因素和气象条件的影响，如存在反射物体、风吹、本底噪声的影响等，测量及处理数据时必须考虑这些因素的影响。

2. 噪声声功率级测量

（1）半消声室中的精密测量方法

所谓消声室是指 6 个面都铺有吸声系数达到 99% 以上的吸声材料的实验室。而半消声室是地面为全反射地面、其余墙面与消声室相同的实验室。这类方法适于宽带稳态噪声、窄带稳态噪声和非稳态噪声等声源类型，可获得 A 计权声功率级、频带声功率级声源的指向性特性。测试的频率范围为 100Hz ~ 10kHz，不确定度为（0.5 ~ 1.0）dB（消音室）和（1.0 ~ 1.5）dB（半消音室），主要用于计量部门。

（2）混响室中的精密方法

所谓混响室是指房间 6 个面均由表面光滑的硬质材料构成，以形成全反射条件，并且室内装有不同形状的扩散体。主要适用于稳态的噪声源计量和测试。

（3）声功率级测量的工程法

上述方法都是在特殊的声学实验室中进行的，在实际工作环境中，往往既不能形成理想的自由声场，也不能形成理想的扩散声场。此时，只能采用工程法测量，可分为双表面法、混响时间测量法和标准噪声源比较法几种。

（4）声强测量方法

目前有 3 种基本测量方法，即表面声强法、双传声器直接法和双通道 FFT 法。

三、超声计量

超声技术在医学和工业领域的地位越来越重要，如人们熟知的"B 超"技术，航空件的探伤也基本是采用超声现代超声探测技术，因此，超声计量近年来得到了快速的发展，超声设备所能产生的输出功率在不断增加，工作频率不断上升。在超声应用中，高频、高声强声波测量及各种新型超声设备的性能检测问题被不断提出和解决，促进了超声计量测试技术的不断发展。

超声计量与测试主要有三个方面：一是超声量值的传递；二是超声设备的检定；三是媒质声学性能的测量。

（一）超声量值的传递

超声计量具有声学计量的一些共同特点，如传递的基本量不多，一般只有声压量值和声功率两个量值。由于受诸多因素影响，超声测量的总不确定度一般都比较大。超声计量测试通常需要在水媒质中进行，即声压量值的传递主要是通过标准水听器进行。超声水听器是测量超声声压、声功率和超声场的基本设备，是处于接收状态的超声换能器，主要用于接受水中声压信号，具有较高的灵敏度，频响特性较为平坦，在较大的动态范围内保持线性且有较好的温度稳定性。目前敏感元件的直径可小于 1mm 的量级，可对 1MHz 以上的医疗设备的声场进行测量。

超声水听器目前主要用于测量超声声场的声压量值、声场声压分布及声压波形。为了准确给出声场中的声压量值，必须对声压灵敏度进行校准，而且由于水听器的灵敏度会随着时间和使用次数而发生变化，仍须定期对水听器的灵敏度进行校准。

在（0.5～15）MHz 频率范围内使用的超声水听器主要是用压电陶瓷和压电薄膜材料作为敏感元件制作的，有探针和膜片两类型，按性能可分为 A（精密测量用）和 B（一般测量用）两种类型。（0.5～15）MHz 频段超声水听器的绝对法计量检定主要包括两换能器互易法、平面扫描法和激光干涉法。

1）两换能器互易法：用该法校准分为两个过程：首先采用自易法校准辅助换能器的表观发送电流响应，然后在辅助换能器产生的已知声场中校准水听器的自由场灵敏度。

2）平面扫描法：超声波由已知输出功率的平面活塞换能器产生，测量中，被测水听器保持不动。测量用换能器在与水听器声轴垂直的平面上进行面扫描。

3）激光干涉法测量：在水媒质中传播的超声波作用到透声反光膜片上时，由于膜电厚度远小于超声波波长，膜片将跟随周围的水媒质点做相同的运动。这时可用激光干涉仪测量出膜片的振动位移或振动速度，便可算出该点的声压值。

（二）超声设备的检定

超声功率量值的传递一般通过标准超声功率计进行。超声功率计通常按功率大小分为毫瓦级和瓦级功率计两种。毫瓦级超声功率计的检定通常根据辐射力原理进行检定，由消声水槽、靶、传感器和读数装置组成，即利用微力传感器和接收靶等构成测量系统，测量超声场中的反射或吸收辐射力，再按声力转换公式得出相应的平均超声功率。瓦级超声功率计的检定用辐射压力或声光法进行检定，辐射压力法使用标杆式浮子声辐射计、悬浮子辐射计和声辐射计。声光法则是通过测定各级衍射光强的相对变化值，经计算得到平面波声束的声功率。

（三）媒质声学性能的测量

媒质声学性能的测量包括媒质中超声声速的测量和衰减的测量。

声速是描述超声在媒质中传播特性的一个重要声学参数。声速的测量有直接法和间接法两种。所谓直接法是通过测量声波在媒质中传播一段距离 s 所用的时间 t 得到声速 $c = s/t$。脉冲测量法是直接法的一种，此法是向被测媒质中发射短促声脉冲，测定脉冲通过一段被准确测定的媒质长度。所谓间接法是通过测量在给定频率 f 下声波在媒质中的波长 λ，根据公式 $c = f\lambda$ 确定声速的方法。

超声波在媒质中传播时，由于存在扩散、吸收和散射等现象，声能随距离的增加而减小，这种现象称为超声衰减。测量液体中声衰减的方法很多，如声压法、脉冲透射插入取代法等。

四、水声计量

水声计量与测试主要是水声基本量值的溯源和传递、专用水声测量设备的校准和水声技术工程参数的测量或者校准。

（一）水声标准器

水声标准器包括标准水听器或测量水听器、标准发生器（标准水声源）和其他专用测量换能器。标准水听器是其自由场灵敏度或声压灵敏度已经校准的、在规定工作条件下具有优异稳定性的水听器，用于精确地传递和测量水声声压，分为一级和二级标准水听器两种。

标准发射器是其发送电压响应已经校准的、在规定条件下具有良好线性和稳定性的发射换能器，用于校准测量水听器。专用测量换能器是为了某些特殊测量需要而专门制作的换能器，如声压梯度水听器等。

（二）水声标准器计量

1. 互易法计量

（1）自由场互易法

在球面波声场中使用 3 个换能器：一个为发射声波用的辅助换能器（F），一个为接收水听器（J），一个为待测满足线性、无源、可逆的互易换能器（H），通过测量 FH、FJ、HJ 三对换能器的转移阻抗，利用互易公式可计算出水听器的灵敏度。

（2）耦合腔互易法计量

将发射器（F）、互易换能器（H）和接收水听器（J）安装在充满液体的刚性密封腔内，在低频下利用均匀的声压场进行测量，适用于在低频高静水压下对标准水听器检定。当发射器（F）和互易换能器（H）分别被激励时，会向液腔中发送声压，互易换能器（H）和接收水听器（J）就会在该声压的作用下产生不弱电压。通过测量 FH、FJ、HJ 三对换能器的转移阻抗，利用互易公式可计算出水听器的灵敏度，换算时需要计算耦合腔互易常数 J。

2. 比较法计量

比较法检定是建立在具有已用绝对法检定的水声声压标准器的基础上的。目前主要有自由场比较法和声压场比较法两大类。前者是在自由场条件下进行的，根据所用标准器的不同，分为标准水听器法和标准发射器法，经常使用的是标准水听器法。后者是在密闭小容器内声压场中进行的。自由场比较法适用于较高频率，声压场比较法适用于较低频率。标准水听器的检定参数是自由场（或声压）开路电压灵敏度，标准发射器的检定参数是发送电压（或电流）响应。

3. 振速水听器计量

振速水听器用于测量声波在水中传播时媒质质点的振动速度。由于沿某一方向 x 的质点振速 u_x 与同一方向上的声压梯度 $\dfrac{\partial p}{\partial x}$ 成正比，即 $\dfrac{\partial p}{\partial x} = \mathrm{j} k \rho c u_x$，因此振速水听器有时也称为声压梯度水听器。振速水听器的电压输出正比于它所处的质点振速，其主要评价参数是振速灵敏度。振速水听器除了对振速和声压梯度有响应外，对于它所处的声压同样也有响应，对此响应的评价参数为声压灵敏度。

（三）水下声压和声场测量

1. 声压和声场测量

可用直接或间接方法测量水下声压，间接测量是借助灵敏度值已知的标准水听器进行测量，由它的开路电压值和灵敏度计算声场中的声压：

$$p = \frac{U_{\mathrm{oc}}}{M} \tag{10-9}$$

式中　U_{oc}——标准水听器的开路电压（V）；

　　　M——标准水听器的灵敏度值（V/Pa）。

2. 水下声强测量

有多种测量水下声强的方法：在自由场条件下可以利用单个水听器的声压信号推算水声声强；也可以利用双水听器的声压信号通过积分、平均等运算得到水声声强，称为双水听器直接测量法。还可通过双水听器信号互功率谱的计算实现水声声强的测量，称为双水听器互谱法。

第三节　电子学计量

电子学计量是以无线电电子学中经常遇到并需要测量的高频与微波电磁参量为研究对象，在我国又称为无线电计量或无线电电子计量，许多国家还称之为高频计量、射频和微波计量等。

电子学计量是在电磁计量的基础上发展起来的，与其他基本物理量（如长度、力学、热学、电学等）计量相比发展历史较短。20 世纪 50 年代以来，电子学技术得到了快速的发展，其研究对象不再限制于直流和低频频段，而是逐步扩展到了高频、微波、毫米波和亚毫米波段。由于各种智能型的测量仪器和自动测试系统的广泛应用，电子学计量测试技术范围不断扩大，测试速度不断加快，准确度不断提高，计量参量不断增加。多数工业发达的国家随之将电子学从电磁学中分离出来，并作为计量学的一个重要分支，给予了足够的重视，使其不断发展。

一、电子学计量的基本概念

电子学计量具有极为宽广的频率覆盖，其低端往往与交流电磁计量交叉，高端可达亚毫米波段（300 ~ 3000）GHz，并与光学计量交叉。国际通行的电子学计量的频率覆盖范围为 10kHz ~ 3000GHz，通常（1 ~ 300）MHz 称为高频，300MHz ~ 300GHz 称为微波，（30 ~ 300）GHz 称为毫米波，（300 ~ 3000）GHz 称为亚毫米波。因此，从覆盖的电磁频率范围看，电子学计量包括高频计量、微波计量、毫米波和亚毫米波计量 3 部分。但以上频率范围在国际上并没有明确和统一的规定和划分，有时其低端频率可以延伸到超低频，在有些场合（如宽频带衰减器等的计量）甚至可以延伸到直流。

与其他计量分支相比，无线电计量涉及的内容非常多，仅它的计量对象就涉及 30 多个参量，而且还在不断增加。目前的研究主要是围绕着电压、电流、功率、噪声、场强、品质因子、阻抗、衰减、相移、失真、频偏、调制、介电常数、介质损耗等参量进行的。本章只对其中几个参量的计量予以叙述。

（一）高频电压

高频电压是电子学计量中一个基本参量，它的涉及面广、影响大，几乎所有的电子仪器、设备都直接或间接与电压有关，同时高频电压又是电信号的主要描述参量，是模拟信号的重要表现形式，其通用表达式为

$$U_{ab} = \int_a^b E \mathrm{d}l \tag{10-10}$$

式中　U_{ab}——ab 两点间的电压；

　　　E——电场强度；

　　　l——积分路径。

显然，U_{ab} 的大小不仅与积分限 a、b 两点的位置有关，而且还与具体的积分路径有关。因为电压是电场能的表征，只有当积分具有唯一值时，电压的定义才有意义，所以要求电场

强度 E 沿任何闭合回路的积分都为零。因为只有横电磁波（TEM 波）的电场才满足积分为零的条件，所以只有在传输 TEM 波的系统（如双线和同轴线）中才能计量电压，而在传输非 TEM 波的系统（如单导体波导）中只能计量功率，不能计量电压。

高频电压计量的量值按范围可以分为大电压（10V 以上）、中电压（0.1V ~ 10V）、小电压（1μV ~ 0.1V）和超小电压（1μV 以下），其中中电压的计量准确度最高，其计量水平反映了高频电压的计量水平。高频电压标准建立在中电压量程内，其他量程电压标准的量值由中电压标准的量值导出。

（二）高频（微波）功率

对于低频信号，电压由于其测量方便、准确度高而成为了描述信号的主要参量，从而获得了广泛的应用。但是对于高频信号，由于测量系统大多采用了分布参数电路，使得电压失去了其测量优势，而由功率取代了电压。

高频功率（又被称为微波功率）是一个描述高频信号的大小以及信号通过系统时传输能量特性的物理量，它是电子学计量中最重要的基本参量之一。功率的单位是瓦特（W），按照功率的大小可以将计量范围大致分为小功率（10mW 以下）、中功率（10mW ~ 10W）和大功率（10W 以上）。

功率计量通常都采用将高频信号能量转换成热、力、直流或低频电量等能量形式的方法，然后对其以计量，因此一个功率计量装置总是由能量转换器和相应的指示器组成。按照能量转换形式进行分类，功率计量装置有热效应功率计、力学效应功率计、霍尔效应功率计、量子干涉效应功率计和电子注式功率计等许多种。

（三）衰减

衰减是电子学计量中的一个重要参量，它描述的是无线电信号在传输过程中能量损耗和减弱的程度。衰减的量度通常是由电压或功率的比确定的，描述了两个同名量值之间的相对差。衰减的单位是分贝（dB）。

衰减计量的主要对象是各种高频器件，其主要内容是这些器件的信号幅度传输特性。在高频系统中，通常要求在发射、传输和接收过程中信号的功率损耗尽可能小，这需要有大范围、高准确度的衰减计量。同时，衰减计量的精密测量水平对微小电压、微小功率的测量，以及电压、功率、噪声标准的建立都有着重要的作用。

二、电子学计量标准

（一）高频电压标准

高频电压标准种类很多，按转换器件不同可以分为功率敏感和电压敏感两种。功率敏感高频电压标准使用功率敏感组件将高频电压转换为直流电压或电阻；电压敏感高频电压标准使用二极管将高频电压转换为直流电压。由于被计量的高频电压频率范围非常宽，在不同频段要采用不同的转换组件和转换方式。

1. 高频中电压标准

目前，国际上建立高频中电压标准的方法主要有 4 种：功率计法、测辐射热器电桥法、补偿式电子管电压表法和真空热电偶法。

（1）功率计法

美国、英国、加拿大等国家采用功率计法作为建立高频中电压国家标准的方法，这种电

压标准可以等效为一个二端网络，其实质是一个输入阻抗被精确确定的标准功率计，测量电压由功率和阻抗计算得出，即

$$U = \sqrt{PZ_i} \tag{10-11}$$

式中　U——功率计输入端面上的电压；

　　　P——功率计计量所得的高频功率值；

　　　Z_i——功率计的输入阻抗。

功率计法的优点是不必研制专门的电压标准，能够将高频电压标准和高频功率标准统一起来，并且可以方便地校准信号源和电压表。使用该方法建立起来的计量标准通过国际比对说明其量值可靠，测量不确定度也很小。该方法的缺点是必须准确测量功率计的输入阻抗，这在宽频范围内通常很难做到，同时还有不可避免的功率损耗存在，造成功率的测量误差。

（2）测辐射热器电桥法

使用测辐射热器电桥法的原理如图 10-7 所示，它是一个高频电压源。该电压标准主要由测辐射热器座和显示读数的直流平衡电桥组成。

测辐射热器是高频电压计量敏感组件，它具备很好的频率特性，从直流到超高频段均可被看作一个纯电

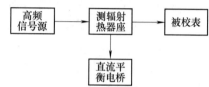

图 10-7　测辐射热器电桥法的原理

阻，同时它还有良好的热变特性和较高的功率灵敏度，即消耗在测辐射热器上单位功率所引起的电阻值会很大。

这种方法可以避免功率计法的缺点，但必须配备足够精密的电桥和指示器，而且必须借助于稳定的过渡指示器才能校准信号源。直流平衡电桥是进行高频和直流功率替代的平衡装置，利用它可以判断交直流引起的阻值变化是否相等，它直接影响标准装置的测量不确定度。一般采用双测热电阻电桥以抵消环境温度变化所引入的误差。

测辐射热器座的性能与电压标准的工作频段、可计量电压量程及其测量不确定度等均有直接关系。目前多数国家都采用薄膜测热电阻，我国研制的辐条状薄膜电阻既有较高的灵敏度，又有很小的电感分量，使该计量标准指针达到国际先进水平。

除了上述两种适合于建立国家计量标准的方法外，补偿式电子管电压表法和真空热电偶法主要用于计量标准器具（传递标准和工作标准）。用真空热电偶做成的同轴热电转换器，由于其结构简单、稳定性好，故常常被用作国际比对的传递标准器。

2. 高频小电压标准

高频小电压标准对于确定接收机灵敏度和本机噪声等指标是很重要的。高频小电压标准主要有两种：校准接收机和高频微伏标准。

（1）校准接收机

校准接收机是专门用来校准高频信号发生器的输出电压的装置，它由高频电压源和高灵敏度测试接收机构成。高频电压源提供高频标准电压，并用以对接收机定度，使其不仅能够作电压的相对计量，也能够在较小的测量不确定度情况下直接计量电压。进行相对计量时，测量不确定度主要来自于整机的非线性；进行绝对计量时还要考虑标准电压的测量不确定度。

（2）高频微伏标准

微电位计是目前国际上最常用、最理想的高频小电压标准，它可以直接校准电压表，也可以通过电压测量仪校准高频标准电压源。由于它的结构简单、性能稳定、输出电阻小，所以常常被用作工作标准和比对用的传递标准，其原理如图10-8所示。

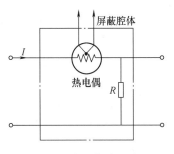

图10-8　微电位计原理图

微电位计由放置在金属屏蔽盒内的一个高频热电偶和一个高频圆盘电阻 R 组成。保证高频热电偶的电阻值在高频时和直流相同，则可以使用交直流替代法来确定其输出电压 U，即在输入端加入等量的直流电流 I 替代流经高频圆盘电阻的高频电流（两种电流分别输入，热电偶的输出电压 U' 相同），从而在选择不同的电流和电阻组合情况下获得从微伏到毫伏量程的电压输出。

世界各国采用的高频小电压国家标准不完全一样。我国的国家标准是测辐射热器电压标准和标准步进衰减器的组合装置，能够保证标准具有较小的测量不确定度。

（二）高频功率标准

1. 量热式功率计

量热式功率计是将被测功率转换为热能来进行测量的，其功率敏感元件就是量热体（通常是微波金属膜电阻负载），由于直接测量的物理量是量热体耗散的高频功率所产生的热量，所以称之为量热式功率计。

量热体一旦吸收了高频信号能量便会发热，如果该量热体与外界绝热，则它的温度将随所吸收信号的时间而逐渐升高。若能测得时间 Δt 内的温升 ΔT，就可以求出该时间段内的平均功率：

$$P = mc \frac{\Delta T}{\Delta t} \tag{10-12}$$

式中　m——量热体的质量；

　　　c——量热体的比热容。

但在实际的应用中，通常不直接采用式（10-12）进行测量，而是通过替代法来提高测量的便捷性，即使用已知的直流或低频功率去替代产生同样热效应的高频功率。这样既可以省去对量热体质量和比热容的测量过程，又能够降低对绝热条件的要求。

双负载量热式功率计（又称为对偶式或双干量热式功率计）可以进一步消除环境温度对测量的影响，其原理图如图10-9所示。这种功率计将两个完全相同的负载放置于同一个隔热腔体内，工作负载用来接收高频信号或替代的直流（低

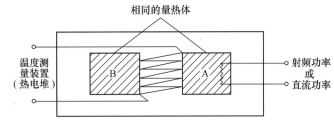

图10-9　双负载量热式功率计原理图

频）信号；参考负载不加任何信号，从而保证工作负载的温度变化起点。在两个负载之间连接了许多相互串联的热电偶（称为热电堆），用来测量两个负载之间的微小温差。由于负载所处的环境相同，对外界温度变化的影响也相同，也就是说，尽管温度变化起点随环境温度的变化而变化，但是两个负载之间的温差却只由外加信号的功率所决定，即输出的热电势

大小只取决于工作负载所吸收的外加信号的功率大小，所以可以将热电势作为功率的替代测量对象。

量热式功率计是一种准确度很高的功率计，其量程一般为 mW 级。由于测量功率的传输系统不同，其应用的频率范围亦不同。小功率的功率标准的基本准确度约为 0.1% ~ 1%，1GHz 以下可优于 0.3%。中、大功率的计量通常使用流动式负载（即以流动的液体或气体为负载，也被称为水负载）功率计，或用小功率计和功率衰减器组合测量。

2. 测辐射热器式功率计

测辐射热器式功率计是利用温度敏感电阻元件（测辐射热器）在吸收电磁波能量前后阻值发生的变化来计量功率的。如图 10-10 所示。将测辐射热器连接在直流自平衡惠斯登电桥的一个臂上，在未加被计量高频功率时，电桥达到平衡状态时测辐射热器元件的阻值为 $R_\mathrm{T} = R_0$，此时电桥的偏置电流为 I_1；加入高频功率后，测热电阻吸收功率导致阻值发生变化，通过调节电位器 RP 的大小可以改变流过测辐射热器元件电流的大小，使其电阻值回到 $R_\mathrm{T} = R_0$，电桥将重新平衡，此时电桥的偏置电流为 I_2。测辐射热器元件对直流和高频功率的响应相同，所吸收的高频功率等于电桥两次平衡的直流偏置功率之差，即

$$P = \frac{R_\mathrm{T}}{4}(I_1^2 - I_2^2) \tag{10-13}$$

测辐射热器功率计使用直流替代测量方法属于绝对测量，常年性能稳定、响应时间快，量程通常小于 100mW。使用时只要环境温度在两次平衡时间内变化不大，便不会对准确度有明显的影响。该类功率计的准确度较高，经过量热计校准后可以作为传递标准使用。

3. 微量热计

量热式功率计虽然具有很高的准确度，但却有着测量时间长、对环境要求高等缺点；测辐射热器式功率计响应时间快、稳定性高、使用方便，但却需要进行校准后才能准确测量功率。微量热计结合了前两种方法的优点，它借助于测辐射热器座为量热体，使用量热计方法确定测辐射热器座的有效效率，从而获得准确度高、测量速度快并且使用方便的功率标准。微量热计实际上是测辐射热器功率计和量热计的组合，其原理图如图 10-11 所示。

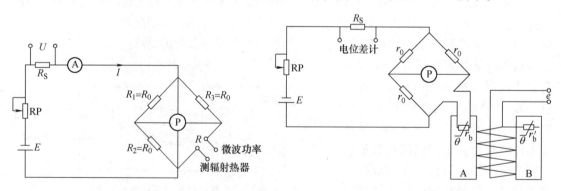

图 10-10　测辐射热器式功率计原理图　　　　图 10-11　微量热计原理图

A、B 为两个结构和热学性能完全相同的测辐射热器座，它们被同时安放在一个隔热容器内，其中测辐射热器座 A 作为量热体，吸收被测高频功率后会产生稳定的升温；测辐射热器座 B 作为参考量热体，为 A 提供温度参考，A、B 之间安装了热电堆，用来测量两者之

间的温差热电势 e。r_b 和 r_b' 为热敏电阻。测辐射热器座 A 的偏置功率由电桥提供，使用测辐射热器电桥测量测辐射热器元件上的直流替代功率，并根据其直流平衡和高频平衡时的两个电压以及热电堆所对应的两个热电势确定出测辐射热器座的有效效率。

微量热计既有量热计的低测量不确定度，又有测辐射热器功率计的快速方便的优点，它可以作为高频小功率的国家基准。将测辐射热器座和高准确度电桥相组合，可以用作高频小功率工作标准。

（三）衰减标准

在衰减计量中，常用的衰减标准有波导截止衰减器、电感衰减器和回转衰减器，它们的衰减量可以通过长度、角度等其他物理量得到，并且具有稳定的结构和可靠的读数准确度。

1. 波导截止衰减器

波导截止衰减器利用了电磁波在截止状态下的传输衰减特性，即当电磁波的波长大于波导的截止波长时，衰减量大小正比于截止波导的长度，其原理如图 10-12 所示。它由一个内置了一个激励电极和一个接收电极的圆形截止波导组成，因为外形像活塞，所以又被称为活塞式衰减器。

波导截止衰减器一端为激励线圈，由信号源激发电磁场；另一端为安装在活塞上的输出线圈，可以沿波导管

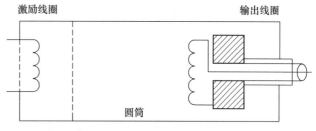

图 10-12　波导截止衰减器原理图

的轴向移动。波导截止衰减器的结构保证了在波导中只存在一种波形，当两个电极之间的距离增加时，输出电极的感应电压将按指数规律下降，下降的速率可以根据波导直径算出。

使用波导截止衰减器，只要精确测量出活塞的位移，便可精确地得出相应的衰减量。由于衰减量连续可变、量程大（可以达到 160dB）、线性刻度并具有很高的准确度（可达 10^{-4} ~ 10^{-5} 量级），波导截止衰减器可以用作基准衰减器。

2. 回转衰减器

回转衰减器的衰减量是通过回转角度来精密确定的，其原理示意图如图 10-13 所示。回转衰减器是由方、圆波导段组合而成，两端是矩形波导，中间是能够随轴转动的圆形波导，每一段圆形波导的中心都固定了一片衰减片，用来吸收平行于衰减片的电场信号。将圆形波导与转角读数装置相连接，就能够获得中间衰减片相对于两端衰减片的夹角。

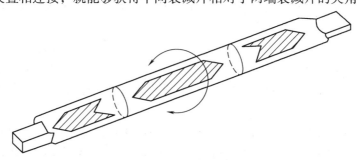

图 10-13　回转衰减器的原理示意图

当中心三段圆形波导中的衰减片在同一平面时，电场与衰减片相重合，此时信号的衰减最小；再将中间的圆形波导回转 θ 角，信号的衰减量便随之增大，该衰减的变化量 A（单位为 dB）可由下式求得：

$$A = 40\lg\sec\theta \qquad (10\text{-}14)$$

回转衰减器的衰减量只受中间圆形衰减片和两端衰减片的夹角影响，而与频率几乎无关。回转衰减器的温度系数和相对相移都很小，准确度高，40dB 以内能够达到 1×10^{-3}，20dB 以内准确度更高。回转衰减器的准确度不如截止衰减器高，通常只作为二级标准使用。

3. 电感衰减器

电感衰减器亦称感应分压器、比率变压器，它是在音频范围内准确度很高的可变衰减器，是电子学计量中常用的标准器。

从结构上来说，电感衰减器实际上就是感应线圈分压装置，由于存在着线圈寄生参数等干扰量，它只能用于低频［一般为（1~10）kHz］，但准确度能够达到 10^{-8} 量级。在 1kHz 的频率下工作时，它具有最小的测量不确定度（可达 $10^{-8} \sim 10^{-9}$ 量级），但随着工作频率增高，测量不确定度增加很快。

电感衰减器还有输入阻抗高、输出阻抗低、相移小等一系列优点，主要在音频、低中频替代和调制副载波衰减校准装置中作标准器，在衰减计量领域有着重要的地位。

三、电子学计量的量值传递

电子学计量标准的测量能力对应的不确定度大多在 0.1% ~ 1.0% 量级，所以在电子学计量各参量的检定系统表中，传递等级比其他专业计量的传递等级要少，一般都只有三级，少数参量只有两级，即工作计量器具和国家计量标准。

（一）高频电压的校准方法

1. 检波法

检波法测量电压的基本原理是将被测的高频电压通过检波器转换为与其成比例的直流电压或电流，然后使用高准确度的直流电表对其进行测量，电表测量值正比于被测的高频电压大小，达到对其测量的目的。

检波法测量的电压频率范围从低频至超高频，量程能够从微伏级至上千伏，因此检波式电压表成为了数量最多、使用最频繁的电压测量仪，从结构上可以分为检波放大型和放大检波型，两种类型的核心都是检波器。检波器又可以分为峰值检波器、平均值检波器和有效值检波器，一般由晶体二极管或真空电子二极管构成。检波式电压表的测量不确定度约为百分之几至百分之十几。

2. 补偿法

补偿法电压表实际上是一种特殊形式的检波式电压表。它使用检波器将被测的高频电压转换为直流电压，再与已知的直流补偿电压相比较，由直流补偿电压的大小来确定被测电压的大小。

补偿式电压表可作为标准电压表，测量从数百赫至数百兆赫的电压，量程从数十毫伏至上百伏，测量不确定度为千分之几至百分之几，频率较低的情况下补偿式电压表有较高的准确度，较高的频率下必须进行频响修正才能达到较高的准确度。

3. 热电偶法

热电偶法是利用直流和高频在同一负载上产生相同热效应的原理工作的，负载上的热效应由真空热电偶的输出热电势来指示。真空热电偶是一种有效值转换器，具有很好的波形响应，并且能够使被测电路与热电偶电路之间的耦合大大减弱，在很宽的频带范围内引起的测量误差都不大，具有精确度高、稳定性好、结构简单、价格低廉等优点。

热电偶的主要缺点是灵敏度较低，而且输入阻抗不高，因此在构成电压表时，通常将被测信号经交流放大器后再送到热电偶，以便提高电压表的灵敏度和测试准确度，有时还会在热电偶的输出端加直流放大器进一步提高灵敏度。

（二）高频功率的校准方法

高频功率量值的传递主要内容也就是对功率座进行校准。由于功率座本身的高频损耗，以及其他像高频和直流信号之间的替代不等效等原因的存在，高频功率测量结果中存在着各种原因带来的测量不确定度。为了便于修正，引入了效率、有效效率和校准因子等概念，高频功率的校准也就是对功率座的有效效率和校准因子进行校准。

1. 交替比较法

交替比较法是最常用、最简单的功率座校准方法。将标准功率座和被校准功率座交替连接到频率、幅度稳定的信号源输出端，可以得到标准座和被校准功率座之间的关系，然后就能够确定出被校准功率座有效效率和校准因子，从而达到校准目的。

交替比较法所使用的设备简单、操作简单方便，但引入的测量不确定度较大，只能够在大功率、脉冲功率或其他测量不确定度要求不高的场合进行校准。

2. 定向耦合器法

定向耦合器法可以分为单定向耦合器法和级联定向耦合器法。单定向耦合器比较系统由定向耦合器、热敏电阻座以及高准确度功率计组成。该系统经过高准确度功率标准校准后可以作为功率传递标准。单定向耦合器法主要应用于对高频中、小功率的量值传递；级联定向耦合器法则用于中、大功率的量值传递。

3. 调配反射计法

在功率测量量值传递的过程中，由于阻抗失配引起的校准不确定度相当大，借助调配反射计技术能够将高频信号的等效输出反射系数调配到 $10^{-2} \sim 10^{-3}$ 量级，并能计算出负载吸收的净功率，从而使阻抗失配引起的校准不确定度减少 $1 \sim 2$ 个数量级。该种方法技术复杂，只应用于精密测量领域。

4. 功率方程法

在高频系统中，有些参量是不随参考端面的变化而变化的，功率方程法就是基于端面不变参量来描述和计算高频系统的一种方法。该方法利用传输线中实数净功率参量取代复数行波幅度来分析高频系统，对失配引起的不确定度修正进行了确定。该种方法技术复杂，同调配反射计法一样只应用于精密测量领域。

（三）衰减计量方法

衰减的计量方法很多，其中运用最多的是替代法，它是将被计量的衰减量与已知衰减量进行替代与比较，用以确定被计量的衰减量。根据替代衰减器工作频率的不同，替代法又可以分为直流、音频、中频和高频替代。

1. 高频替代法

高频替代法又常常被称为直接替代法，是最简单的一种替代法。高频替代法是将被测衰减器的衰减量与工作在同一频率的标准衰减器相比较，标准衰减器通常使用截止式衰减器或波导回转式衰减器。

高频替代法的优点是设备简单、量程大、准确度高、工作简便；主要缺点是量值只能同频率传递，局限性很大。使用直接替代法建立的 30MHz 截止衰减器标准，量程为 100dB，准确度在 80dB 的范围内可达 1×10^{-4}。

2. 中频替代法

中频替代法是衰减计量测试中使用最广泛的方法，它的原理是使用变频的方法将高频信号线性转换为中频信号，然后再使用精密的中频衰减器对被测衰减器进行替代。中频替代法分为串联和并联两种。

串联中频替代法的设备简单，操作亦比较方便，但是其量程小，并且系统中的任何部分都会导致较大的测量误差。若用截止衰减器作为标准衰减器，则在其低量程区域(20~30)dB 会有很大的非线性；若能用标准电感衰减器作标准衰减器，则不会对系统的量程产生影响，并可以获得较高的准确度。中国计量科学研究院用串联中频替代法建立的电信载频衰减标准，量程达到 80dB，在 50dB 的范围内准确度可达 1×10^{-4} 量级。

并联中频替代法的系统相对比较复杂，操作难度大，但它的量程和准确度指标要远大于串联中频替代法指标。并联中频替代法能够在一个大的范围内获得很高的准确度，量程为 (70~100)dB，准确度能够达到(0.01~0.05)dB/10dB。

3. 调制副载波法

调制副载波法是将高频信号线性地转换为音频信号，然后再使用高准确度的音频衰减标准替代被测的高频衰减，其过程为：高频信号被耦合器分成两路，一路经平衡调制器和被测衰减器后，再与另一路合成，然后经包络检波器线性检波成为调频信号，最后用高准确度的电感标准衰减器进行替代，从而实现准确的衰减计量。

调制副载波法只需要一个微波振荡器，其测量范围较大，并且可以同时进行相位的测量，在 40dB 的范围内，其衰减测量准确度可达每 10dB ±0.004dB 量级。

四、电子学计量动态

电子学计量所包含的内容是在不断发展和变化的。20 世纪 90 年代以来，伴随着光纤通信、移动通信和数字通信技术等技术的快速发展，频谱资源得到越来越多的开发利用，电子学的分支越来越多，越来越细，电子学计量无论是研究对象的数量还是研究频率的范围都变得越来越宽。

（一）毫米波计量

近些年来，毫米波技术获得了突飞猛进的发展，并且在通信、射电天文、生物医学、地面和空中交通管制、汽车防撞雷达、焦平面成像等领域得到了广泛的应用。迄今，(30~100)GHz 的毫米波波导技术已经达到了厘米波技术的水平，这给当代电子计量提出了新的课题。各国都先后研制了毫米波频段功率、衰减、阻抗、噪声标准。

俄罗斯、德国、英国、法国、日本、加拿大、荷兰等国和我国计量研究机构都在部分毫米波段范围内建立了相应的国家标准，并在不断地向更高的频率拓展。同时，国际计量局安排了一系列毫米波段的国际比对，为各国验证已建立的国家计量标准的不确定度及其评定的可靠性。

（二）时域和脉冲波形的计量

脉冲测量是时域测量领域中非常重要的项目。传统的测量方法是使用实时示波器，将射频重复信号经过取样，变换成低频重复信号后进行测量。新型的测量仪器为波形记录仪（分析仪）或数字示波器，它包含了后接数字存储器的 A/D 转换器，在触发脉冲到来之前能记录和观察数据，通过应用自激型记录器连续取样和存储数据，以及在发生触发时或触发后停止其记录。存储器的内容用 CRT 显示，也可用计算机进行进一步处理。目前世界上最快的时域测量仪器是波形记录仪，该仪器与低温控制和超导电子学相结合，能够获得 70GHz 的带宽和 5ps 的上升时间。

波形标准的研究亦取得了进展。美国国家标准与技术研究院研制了一组转换时间为 50ps、100ps 和 200ps 的参考波形标准和标准波形发生器。它由超低通滤波器作用的损耗液体介质同轴线组成，并用 20ps 的隧道二极管阶跃发生器激励形成标准信号。

（三）通信中的电子学计量

随着通信技术，特别是数字通信技术的发展，对电子学计量的对象范围提出了新的需求。数字通信系统同模拟系统差别很大，数字通信测量仪器的性能指标既有模拟部分，又有数字部分。因此，其技术标准和测试方法与模拟系统有很大差异。

数字通信计量测试的内容更加丰富。测量特性包括频率、天线功率、调制特性、占用频率带宽，相邻信道功率泄漏以及寄生信号等。目前我国发展最为迅速的是数字移动通信。由于 GSM 制式标准是我国目前移动通信的主流制式，CDMA 技术因为容量大、抗干扰能力强、保密性好等优点而具有潜在的应用前景。

中国计量院已研制 GSM 制式数字移动通信综合测试仪校准系统，同时还开展 CDMA 制式综合测试仪器的校准，它们可以分别溯源到国家频率基准、国家 RF 和微波功率基准、国家 RF 电压标准、国家 RF 衰减基准、国家失真度标准和标准数字调制信号发生器等。

数字通信带来了大量的计量标准和装置要求，目前已经具有的装置有误码率测试仪检定装置、数字通信信号抖动计量标准、通信协议分析仪校验装置、信令测试仪校验装置、移动通信电台综合测试仪校验装置、PCM 终端分析仪与编码解码器校验装置、星座分析仪校准装置、微波线路分析仪校准装置、传输损耗测试仪校准装置、通信信号干扰计量标准、帧信号分析仪校准装置、卫星通信地球站设备校准系统、卫星通信地球站天线校准系统及图像信号测试仪校准系统等。

第四节　时间频率计量

时间是一个基本物理量，它的单位是秒（s）。在单位时间内周期运动重复的次数称为频率，它的单位是赫兹（Hz）。在国际单位制中，秒是 7 个基本单位之一，赫兹是导出单位。

时间与频率是紧密相关的两个量，是周期运动及其属性不同侧面的描述和表征。时间的量纲和频率的量纲是倒数关系。因为时间和频率的关系密切，且二者可以共用同一个计量标准，所以时间和频率的计量实际上可归结为对其中的任何一个进行计量。也就是说，只要获得其中一个量就能导出另一个量，因此通常把有关时间和频率的计量统称为时间频率计量。

目前，在所有的物理量中，时间和频率计量具有最高的准确度和稳定度，并且是唯一可以在全球范围内实现远距离传递和校准的物理量。近年来测试计量技术的一个明显的发展趋势是尽可能地把不同的量值转换成频率或者时间量来加以测量。

一、时间频率计量的基本概念

（一）时刻

"时间"在一般概念上通常有两个含义：一是"时刻"（俗称标准时间），指的是连续流逝的时间中的某一瞬时，时刻依赖于一个约定的起始点；二是指"间隔"，即两个时刻之间的时间延迟。要在国际范围内确立准确而统一的时刻及时间间隔，需要保持准确的时间单位以及具备一个计算时刻的起点（也称原点），同时还要有一个从起点开始累积时间间隔的计量系统，这样便构成了一个完整的"时间参考坐标"，通常简称为"时标"。

（二）时标

时标就是能给各个事件赋予时刻的时间参考标尺的简称。在时标上的任何一点即为时刻，坐标原点即是时刻的起点，称为"历元"。两个时刻之差即为时间间隔。也就是说，任何时刻所表示的都是该时刻与历元之间的时间间隔。根据起点和时间单位的不同，时标可以分为很多种。

1. 世界时（UT）

按照时间的流动性特点，稳定的周期可以用来定义时间单位，但这样的周期需要具有很高的稳定度和重复性。物理学家和天文学家在长期的实验观测中，首先选择了地球的自转周期。人们把地球自转一圈的时间称为视太阳日，将每个视太阳日均分为 86400 等分，便可得到一天内昼夜皆相等的时间单位秒，称为太阳秒。

太阳秒容易获得，但是从全年来看变化不均匀，其中最长和最短的太阳日之差可达 51s。为了得到全年一致的时间单位值，人们把全年长短不等的视太阳日加以平均，得到一个平太阳日，再将平太阳日分为 86400 等分，每一份便是时间单位秒。世界时秒定义为：1s 等于平太阳日的 1/86400。

世界时的秒是以地球自转运动周期为基础确定的。因为地球的自转有长期减速和无规则变化，所以平太阳秒的准确度只达 10^{-8} 左右，但是它准确地反映了地球自转的角位置，所以在大地测量、天文导航和生活等方面仍有重要的用途。

但只有时间单位和计时系统还不能完全决定时间，即只能得出时间间隔，而不能得出时刻。也就是说，要完全决定时间还需要有一个起点。1884 年，在美国华盛顿召开的国际子午线会议决定，以通过英国格林威治天文台的经线作为计算全球经度的起点（0°），每隔 15°定一条标准经线，在其两侧各 7°30′的地区（时区）内均采用标准经线处的地方时，称为该时区的标准时（或区时）。这样，全球一共分成 24 个时区，相邻时区的标准时相差 1h。世界各地的标准时，都归算到零时区的标准时（格林威治平太阳时），称为世界时。时刻的起点为 1858 年 11 月 17 日零时。我国跨越了 5 个时区，北京时间采用的是东 8 时区的区时。

2. 历书时（ET）

为了进一步提高时间的稳定性和重复性，1960 年第十一届国际计量大会决定采纳基于地球公转周期的历书时。历书秒的定义为："1s 为 1900 年 1 月 0 日历书时 12 时起算的回归年的 1/31556925.9747。"

历书时是以地球绕太阳的公转运动周期为基础确定的，是一种均匀的、稳定的时标，但由于它观测困难，并且测算复杂，使用起来也不方便，利用对太阳和月亮的综合观测三年的资料才能得到 10^{-9} 的准确度，也只比世界时精确了一个数量级。因此，历书时在采用不久后即被原子时所替代。

3. 原子时（AT）**与国际原子时**（TAI）

随着量子理论和电子学的发展，人们发现，当原子或分子从一个能级跃迁到另一个能级时，将辐射或吸收一定频率的电磁波。这种电磁波的频率稳定性相当高，利用其定义秒可使秒的准确度大大提高，因此用这种方式来定义秒，并称为国际原子时。

国际原子时的时间单位是原子秒，其定义也就是国际单位制中秒的定义。它的时刻起点为 1958 年 1 月 1 日零时。

国际原子时的稳定性是由分布于世界各地、隶属于十多个国家的数十家实验室的原子钟定期比对来保证的。这些原子钟的比对是通过罗兰-C 系统、电视与 GPS 系统进行的。比对的不确定度根据比对方法的不同而不同，但都小于 $0.2\mu s$。

4. 协调世界时（UTC）

尽管时间基本单位已经定义为原子秒，但以平太阳秒建立的时标给出的时刻在某些部门（如导航定位、天文大地测量和深空探测等）还在应用。于是目前就有用两种不同的秒建立的时标，即原子时和世界时。从应用出发在两者基础上又产生了第三种时标——协调世界时。

协调世界时由原子时和世界时结合而成。原子时的建立，使人们摆脱了以地球自转为基础的世界时。但原子时对于一些与地球的自转角位置密切相关的、适应于不均匀的世界时的工作，则有些不便。也就是说，出现了准确的时间间隔和不均匀的时刻之间的矛盾。

为解决这一问题，提出了"闰秒"协调的办法。当世界时与国际原子时不一致时，就在适当的时刻增加或减少 1s，使两者的时刻基本一致，这就是协调世界时。由于地球自转越来越慢，因此闰秒都是增加 1s（正闰秒）。协调世界时的秒长与原子时的秒长一致，时刻与世界时基本一致（两者的时差控制在 0.95s 以内）。协调世界时以 1960 年 1 月 1 日世界时零时为起点。

自 1972 年起，世界各国的标准频率与时间发播台都正式播发协调世界时。1974 年，国际会议决定把协调世界时作为国际的法定时间。实施闰秒的具体时间，一般是在当年的 6 月 30 日或 12 月 31 日的最后一分钟，时间同步到 1ms 以内，频率同步到 1×10^{-10} Hz 以内。

二、时间频率基准

目前世界各国用于复现和保存时间单位"秒"的基准是铯原子时间频率基准（简称铯基准）。自 1967 年第十三届国际计量大会将时间间隔单位定义为原子秒以来，已经先后研制成功三代铯原子基准装置：磁选态热束型、光抽运热束型以及激光冷却铯原子喷泉型，它们分别以德国 PTB 的 Cs-1 和 Cs-2、美国的 NIST-7、法国 LPTF 的 F-1 为代表。

铯基准必须独立地评估所给频率的不确定度。通过特定的测量实验程序逐项测量和评估所有误差源引起的频移及其不确定度，按国际规范进行合成后独立地给出基准的总不确定度。

影响铯基准频率不确定度的主要频移来源包括腔相位差（含一级多普勒效应）、腔牵引、微波源频谱不纯、邻线牵引、C 场不均匀性、二级多普勒效应、Majorana 跃迁、黑体辐射效应、引力频移、电子线路、冷碰撞、光频移等。人们不断地在工作原理、设计、结构以及测量方法等方面进行改进，尽量减小、控制或消除上述频移，从而使得三类铯基准的不确定度均进入到 10^{-15} 量级。

（一）铯原子时间频率基准的工作原理

根据量子理论，原子或分子只能处于某一个特定的能级，其能量不会发生连续变化，而只能进行跃迁。当原子或分子从一个能级向另一个能级跃迁时，会以电磁波的形式辐射或吸收能量，电磁波的频率严格地决定于二能级间的能量差，即

$$f = \frac{\Delta E}{h} \tag{10-15}$$

式中　h——普朗克常数，$h = 6.62607015 \times 10^{-34} \text{J} \cdot \text{s}$；

ΔE——跃迁能级间的能量差。

若从高能级向低能级跃迁，便辐射能量；反之，则吸收能量。由于该现象是微观原子或分子所固有的，所以非常稳定。若能设法使原子或分子受到激励，便可得到相应的稳定而又准确的频率，这就是原子频标的基本原理。根据这一结论，如果可以设法使原子或分子受到激励，使其产生能级跃迁，就能够得到其对应的稳定而又准确的频率。

原子时间频率基准选取铯 – 133 作为工作基础。铯 – 133 原子的原子核是由 55 个质子和 78 个中子组成，外围则有 55 个电子围绕原子核运动。铯 – 133 所含的 55 个电子，除了最外层能级上的电子，其他的都被原子核的电磁力束缚在相对稳定的能级上。当最外层能级上的电子处于基态时，只受原子核的电磁力和微弱的原子核自旋的影响，其他电子对其没有干扰。通过原子核自旋作用，基态的能量能够继续细分为超精细能级。当电子吸收或放出的能量符合两个超精细能级的能量差时，电子能够在这两个超精细能级间跃迁。由于铯 – 133 的能级十分稳定，利用铯 – 133 的某一固定跃迁，可以制成国际标准计时器。由于所有的铯 – 133 都是一样的，因此利用铯原子的特性所制成的计时器具有高度的可靠性和可复制性。

（二）铯原子时间频率基准

传统的铯原子钟有磁选态热束型和光抽运热束型。它们都是利用铯原子与微波相互作用形成共振吸收，进而探测铯原子跃迁能量所对应的频率而达到实现"秒"定义的目的。实现的方法是利用外加磁场将铯原子的两个基态超精细能级分离出来：将处在单一能态的铯原子经过微波谐振腔与微波作用后，一部分铯原子即跃迁至较高能级，铯原子跃迁至较高能级的比例即可代表微波场微波频率与铯原子共振频率的重叠程度，微波频率若能与铯原子共振频率完全一致，则这时的微波频率就可以用来实现秒的定义。

1. 磁选态热束型铯原子时间频率基准

磁选态铯原子钟是最先研制成功的原子时间频率标准装置。1967 年第十三届国际计量大会通过的秒定义，就是根据磁选态铯原子钟所提供的数据得出的。图 10-14 所示的是磁选态热束型铯原子钟的结构示意图，它主要由铯谐振器（铯束管）、产生激励的晶体振荡器、倍频及频率综合部分以及锁相环路等部分组成。

铯原子频标的激励源是石英晶体振荡器，它的输出频率经过调频制综合后达到铯原子特定能级跃迁的频率。铯束管中飞向探测器的原子束受到这一频率激励后将有一部分发生能级

跃迁，让原子束两次穿过非均匀磁场，由于原子束中两种能态的铯原子的磁矩符号相反，故而它们的偏转方向亦相反，在通过两个磁场后，只有发生跃迁的原子能偏转进入探测器。显然，探测器的输出信号与跃迁原子数成比例，与加入到谐振腔的微波频率与铯原子跃迁频率重叠程度成比例。当两频率完全相等时跃迁信号有最大值。一旦跃迁信号偏离最大值，探测器就会产生误差电压输给晶体振荡器，将它的振荡频率调回到出现跃迁信号最大值，保证石英晶体振荡器能够输出一个稳定的标准频率。

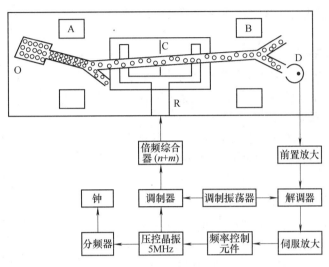

图 10-14　磁选态热束型铯原子钟的结构示意图

2. 光抽运热束型铯基准

光抽运铯原子钟是从 20 世纪 70 年代后期开始研制的，它与磁选态铯原子钟的主要区别在于用稳频激光代替选态磁铁、以荧光检测代替热丝检测，其余无实质性差异。图 10-15 所示的是光抽运热束型铯原子钟的结构示意图。

因为激光选态和荧光探测器基本上不改变原子的速度和位置，并且铯钟不受磁铁的影响，所以消除了许多与之相关并难于评估的频移因素，降低了频率的不确定度，并提高了频率的稳定度。

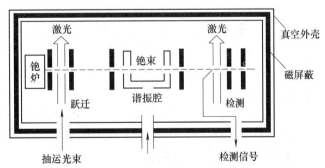

图 10-15　光抽运热束型铯原子钟的结构示意图

3. 铯原子喷泉钟

铯原子喷泉钟是近年才取得明显进展的一种新型铯原子钟。不同于磁选态和光抽运铯原子钟，铯原子喷泉钟以激光致冷的铯原子团为基础，并因为工作时冷铯原子像喷泉一样"升降"而得名。在铯原子喷泉钟中，低温使得铯原子的运动速度极慢，通过放置于冷原子团运动路径上的微波共振腔的时间被拉长，使起锁频作用的微波工作时间加长，并且显著降低了与原子速度有关的各项不确定度。所以，铯原子喷泉钟的信号解析度比传统的铯原子钟高 100 倍以上，使其成为目前准确度最高的时频基准，其最终准确度可达 10^{-15} 甚至 10^{-16}。喷泉式铯原子钟的工作原理图如图 10-16 所示。

喷泉式铯原子钟的工作过程主要可分为 5 个阶段：

1）特殊设计的铯源使真空气室中的装载区充满饱和铯蒸气。6 束近红外激光以适当的角度打向铯原子，把这些铯原子的热运动减慢并将铯原子聚集成球状，形成一个包含一定原子数、直径为（1～2）cm、温度接近 0K 的冷原子团。

2）铯原子被冷却后，通过改变垂直方向的两束激光的失谐量，使原子团获得一个向上的速度（4m/s），将铯原子向上举起，形成"喷泉"式的运动，然后关闭所有的激光器。这个很小的推力将使铯原子向上举起约 1m 高，期间原子团穿过微波谐振腔，部分铯原子吸收了微波的能量。

3）穿越过微波谐振腔的原子团将继续上升，因为此时的激光已经被关掉，原子团受到重力的作用，当它到达顶点后会按原路向下做自由落体运动，从而再度通过微波谐振腔，有一些铯原子再次吸收微波的能量。

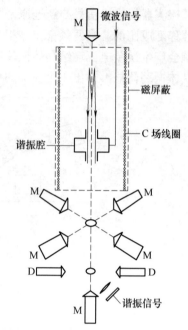

图 10-16　喷泉式铯原子钟的工作原理图

4）调节微波谐振腔内的微波频率，尽量使其接近铯原子跃迁频率，就可以使基态铯原子在两个超精细能级之间进行跃迁。当铯原子团通过微波共振腔时，有些铯原子会吸收微波能量而发生跃迁，改变铯原子的能量态。

5）用激光照射处于受激态的铯原子，以激发铯原子放出光子而回到基态能级。因为铯原子发生跃迁的比例对应于谐振场微波频率与铯原子共振频率的重叠程度，调整微波谐振腔内的微波频率，使铯原子探测器测量的信号达到最大值，此时的微波能量即为铯原子能级差。

将上述的过程进行多次重复，取每一次微波谐振腔中的共振频率的平均值，可以得到一个确定频率的微波，使大部分铯原子的能量状态发生相应改变。这个频率就是铯原子的天然共振频率，或确定秒长的基础频率。

在微波共振腔中发生能态改变的铯原子与激光束再次发生作用时会放出光能。这时，一个探测器对这一荧光柱进行测量。整个过程多次重复，直到达到出现最大数目的铯原子荧光柱。探测器将打击在其上的铯原子成比例地显示出来，处在正确频率的微波场呈现峰值。这一峰值被用来对产生的晶体振荡器做微小的修正，并使得微波场正好处在正确的铯原子天然共振频率。这个共振频率再进行 9192631770 分频，就得到目前所定义的 1s 脉冲。

三、时间频率计量技术

时间频率计量所涉及的仪器主要分两大类：①发生器：给出准确度已知的各种频率值和时间间隔值；发生器通常又称为频率合成器；时间合成器；给出单一频率值（一般 3 个值）

的发生器又称为频率标准（简称频标），如各种石英晶体频标、原子频标；②测量仪：用于测量未知的频率值和时间间隔值。

给出标准时刻的装置是数字时钟，如各种精密的石英钟、原子钟。

（一）时间间隔计量

两个时刻的比对就是要求出它们之间的时间间隔。如果涉及两台钟，那就是要求出它们同一读数时的时间间隔。高准确度情况下，当时间间隔远大于1s时，可以用秒表计量；当时间间隔小于1s时，则要用时间间隔计数器计量，其核心是一台稳定度较高的晶体振荡器，它连续发出等间隔的脉冲信号。计数器的电子闸门受外输入信号控制，一台钟的秒信号打开闸门，开始计数；另一台钟的秒信号关闭闸门，停止计数，计数器显示的读数就是两台钟的钟差。时间间隔计数器如图10-17所示。

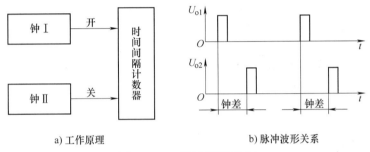

a) 工作原理　　　　　　　　　b) 脉冲波形关系

图 10-17　时间间隔计数器

（二）频率值计量

1. 直接计量频率法

一般使用数字式频率计直接计量频率，将被计量频率信号放大整形后送到计数器进行计数（见图10-18）。计数器主闸门的开闭时间由计数器内部的晶体振荡器（或质量更好的外部标准频率发生器）的标准频率，经过分频得到的标准时间间隔信号进行控制。这样计数器便显示出在标准时间间隔内被计量信号的脉冲个数，即频率。

由于计数器闸门开闭时的瞬时相位与被计数的脉冲序列之间的相位是随机的，因而可能产生1个脉冲数的计数误差。这种方法在不考虑标准频率信号误差的情况下计量频率准确度为

$$\frac{\Delta f}{f} = \pm \frac{1}{\tau f} \tag{10-16}$$

式中　f——被计量频率标称值；

　　　τ——计数器打开闸门的时间。

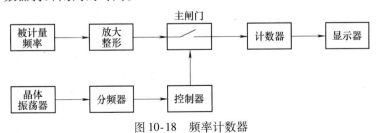

图 10-18　频率计数器

因此，适当地延长闸门时间 τ 或提高被计量频率 f（倍频法），均可以提高计量频率准确度，但受到频率倍增技术和计数器计量能力的限制，这种方法的计量频率准确度为 $10^{-7} \sim 10^{-10}$。

2. 频差倍增法

用计数器测频虽然显示直观、测量迅速，但它的测量准确度受 ±1 个脉冲数计数误差的限制。如测量 5MHz 信号，测量准确度只能是 $\pm 2 \times 10^{-7}/s$。将该信号用倍频器倍频后再用计数器测频，可以减小计数器的测量误差，提高测量准确度。但提高是很有限的，如要得到 $2 \times 10^{-11}/s$ 的测量准确度，就要把被测频率 f_x 倍频到 $mf_x = 1/(2 \times 10^{-11}s) = 5THz$，这无论是倍频技术，还是目前应用的计数器都很难满足。所以在倍频法中，倍频次数 m 值不能太大。重复进行 n 次倍频、混频过程，最后可得 m^n 倍的倍增。

将被计量频率和标准频率分别倍频 m 倍和（$m-1$）倍，混频后可得到扩大了 m 倍的频差（见图 10-19），反复使用这种方法 n 次，可将频差扩大 m^n 倍，最后将扩大了 m^n 倍的频差送到计数器进行直接频率或周期计量。

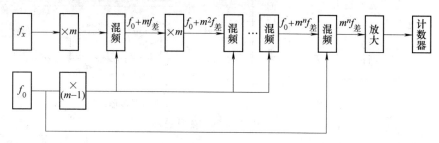

图 10-19　频差倍增法

3. 差频周期法

差频周期法将被计量频率信号与标准频率信号混频，从混频器取出差拍信号，用来控制计数器闸门的开闭，计量差拍信号在连续两次相位相同（如正向或反向过零）时的时间间隔内的时基脉冲数，从而得到差拍信号的周期（见图 10-20）。这样，由于被计量的量已变换为低频差拍信号的周期，所以 1 个脉冲数的计数误差对计量结果的影响已大为减小，从而提高了计量频率的准确度。然而，在应用差频周期法时，必须减小差拍信号在形成方波后开闭计数器闸门时所带来的触发误差。

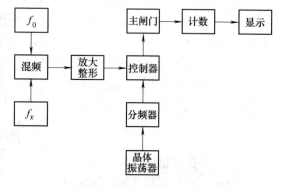

图 10-20　差频周期法

4. 相位比较法

当被计量的频率与标准频率非常接近时，通常使用相位比较法，简称比相法。相位比较法是一种间接的频率测量方法，这种方法用来测量频率时不但设备的结构简单，而且有相当高的分辨率和测量准确度，相位比较法的测量原理框图如图 10-21 所示。

将两路信号送入线性鉴相器中进行相位比较，鉴相器的输出电压（或电流）与两个信号的相位差成正比，该电压的变化反映了两个信号的相位差的变化。

一般比相法用记录仪记录比对结果，实现昼夜连续计量。

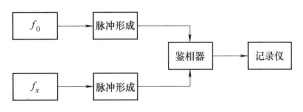

图 10-21　相位比较法的测量原理框图

比相法计量频率的准确度受到鉴相器和记录仪的非线性以及记录仪转速和记录纸分度误差的影响。近年来相继发展了一些用于高频下的高线性度比相方法，也通过数字电压表对比相输出电压进行辅助测量，还采用了对相对差采样的准确定时控制等措施，不但大大提高了这种方法的测量准确度，而且还把这种方法用于频率稳定度的测量中，获得了很好的效果。

这种计量频率的方法主要用于被计量频率与标准频率十分接近的场合，因而取样时间需要很长，但可以做到无间隙取样，自动记录计量结果。对于取样时间较短的场合，因误差较大，不太适用。

5. 时差法和双混频时差法

时差法计量频率的原理与比相法类似，它先将被计量的频率信号和标准频率信号分别分频转换为时间信号，送到时间间隔计数器计量时差，然后再换算出频率差。因为一般商品型时间间隔计数器只能分辨出纳秒量级的时差，而高质量的守时钟之间的时差极其微小，所以这种方法很难进行短时间取样的计量。

双混频器时差法解决了上述问题（见图 10-22）。它先把两个比对信号分别与第三个辅助（中介）振荡器混频，得到各自的差频，然后再对这两个差频进行时差计量。这样，如果将信号的时差进行了 n 倍放大，则等于使时间间隔计数器的分辨力提高了 n 倍。

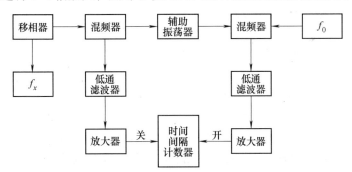

图 10-22　双混频器时差法框图

公共振荡器在两个混频测量通道中是对称的，所以它所含的噪声以及频率长期变化的影响也同等地作用于两个通道，这些影响由于两通道的对称性而被大大抵消。这个方法的另一个优点是可以用计算机控制，对多台钟进行计量，测量准确度可以达到几个皮秒。用双混频器时差法可以分别得到连续无间隔的不同取样时间内的相对频率偏差及相应的频率稳定度。

四、时间频率量值的传递

（一）时间频率传递方法的分类

时间频率的传递可以分为两种方式，即按等级逐级传递和利用电磁波的发播进行传递。对于计量器具，可以将其送到计量部门受高一等级的计量标准检定，即可以获得相应的计量准确度。而对于远距离时间和频率传递，可以采用搬运钟、有线通信、无线通信、卫星通信等时间频率传输技术来实现。

1. 使用"搬运钟"进行时频传递

利用一台经过检定的小型铯原子钟（或铷原子钟）作媒介，将它搬运到各个用户那里分别进行比对，事后将数据进行处理就可得到各地的钟的钟差和频率差。这就要求"搬运钟"的稳定度要足够好，并且对于温度、振动等条件的适应能力要强，在搬运期间不应发生频率漂移和时刻跳变。为了缩短搬运时间，一般将"搬运钟"用飞机载运，所以"搬运钟"又常被称作"飞行钟"。

"搬运钟"实质上就是直接检定，准确度也很高。当时间比对的要求很高时，还要同时考虑"搬运钟"飞行的方向和速度，以便进行相对论修正。"搬运钟"的缺点是花费高，并且服务范围有限。

2. 有线时频传递

利用现有的电话网络或计算机网络可以实现时间频率的传递，是一种方便、快捷的时频传递方法。目前我国国家授时中心、中国计量科学研究院均提供此项服务。

电话授时系统工作可靠、成本低廉，可满足中等准确度时间用户的需求，可为科学研究、地震台网、水文监测、电力、通信、交通管理等行业提供标准时间同步服务。需要电话授时服务的用户，可以通过拨打授时电话来获取时间比对。电话授时的同步准确度达到1ms。

计算机网络时间服务是由时间服务器响应网络用户的请求，通过 Internet 将授时中心的标准时间信息以时码的形式发给用户，使计算机用户与授时中心的标准时间尺度 UTC 保持同步和校准。传输时间的不确定度约为100ms。

3. 无线时频传递

利用无线通信进行时间传递是目前使用最多的方法，它也是获得较高传递准确度的最重要的方法。无线通信传递系统通常有两类：一是专门发播时间频率标准信息的授时系统；二是为其他目的而建立、同时又可以用来进行时频传递的系统。

（1）专用时频传递系统

目前很多国家为了满足时间频率传递的需要建立了专门播发标准时间频率信号的无线电台，称为标准时间频率发播台。根据播发载频频率可以分为高频（如 2.5MHz、5MHz、10MHz、15MHz、20MHz 等短波台）、低频（如罗兰-C 导航系统）、甚低频〔(10～20) kHz 等 Ω 导航台〕和甚高频（如电视和卫星通信）。不同频段电磁波所能获得的比对准确度不同，而且覆盖地区和播发利用的时间也不同。

短波（高频）时频传递是一种廉价而方便的方法，它是由无线电台发播时间信号（简称时号），用户用无线电接收机接收时号，从而获得本地对时。高频发播时号的传播延迟可在（0.2～2）ms 范围内变化，对于同步要求不高的用户特别有用，同时又可作为有高准确度同步要求用户的初步方法。短波时频传递技术相对简单，成本低廉，频率校准准确度为10^{-7}～10^{-8}。1960 年以前短波时频传递是远距离时间同步的唯一有效方法。目前我国有陕西天文台的 BPM、上海天文台的 XSG 以及台北的 BSF 三个授时台。

长波（低频）时频传递是一种覆盖能力比短波强、校准的准确度更高的远距离传递与校准手段，定时发播准确度优于1μs，频率准确度可达 10^{-11}～10^{-12}。该项技术曾是国际间时频比对的主要手段，在 20 世纪 90 年代后期逐渐被卫星通信系统所取代。但因其技术的成熟性，系统的可利用性，许多国家包括我国在内至今仍在应用。我国自 1978 年开始进行长波时频发播（代号为 BPL），覆盖范围东至东海北部，西至新疆西部、西藏东部，南至云南南部、广西北部、湖南中部，北至黑龙江南部。

（2）兼用时频传递系统

电视信号转播系统是最常用的兼用时间频率传递系统。它的接收设备简单、便宜，不用另建发播台站，并且能够得到较高准确度，多次微波接力传送后稳定性可达（$0.1 \sim 1$） μs，因此可实现高准确度的时频同步。

电视信号在甚高频频段波长很短，不仅可利用地面微波站接力传送，而且还可以直接使用卫星传送。利用电视信号校准频率的方法非常容易，接收设备也很便宜。目前我国中央电视台的播发信号受中国计量科学研究院提供的商品型小铯钟控制，发播的准确度很高，达到 10^{-12}。

4. 卫星时频传递

近 20 年来，伴随着卫星技术的发展，传统的无线时频传递方法逐渐发展为利用卫星技术来实现时频传递。使用卫星作为时频传递的转发器，可以省去地面中转基站的层层转接过程，能够将标准时频信号通过卫星直接转发给地面用户，并且覆盖面积广、受大气层和电离层干扰小、可靠性高，与导航、通信、气象、电视广播等服务兼容。最经常被利用的卫星通常是导航卫星、通信卫星和电视直播卫星。

随着航天技术的发展，各种领域对时频服务，特别是对远程高准确度的时频传递的要求不断提高，这促使利用卫星传递时频信号的技术获得了飞速发展和极其广泛的应用。它是目前发展潜力最大、受重视程度最高的时频传递技术。

（二）利用卫星进行时频传递的实现方法

利用卫星进行时间频率传递开始于 1962 年，此后技术一直处于飞速发展中。利用卫星进行时间频率比对的方法可以分为"有源"和"无源"两类。"有源"法是在卫星上放置高准确度的钟（铷原子钟或小铯钟），直接向地面进行高准确度的时间播发，由用户接收；"无源"法是利用卫星上的转发器进行转播，卫星只起中转信号的作用，比较简单易行。"无源"法又可分为单向传递法和双向传递法。

单向传递法是由一个地面基站发射标准时间信号，卫星在接收到之后将其转发到另一个地面基站。单向传递法的问题主要来自于卫星坐标的不确定，引起传输路径的不确定，所以它的时间传递准确度只能达到（$10 \sim 50$） μs。

双向传递法又称卫星双向时间传递法（TWSTT）。双向传递法分为两种形式：一种是闭环两次转发：由地面 A 基站发送时频信号，经卫星转发给 B 基站，B 基站在接收信号后再次发送，经卫星转发给 A 基站，也可以由 B 基站先发送时频信号；另一种是开环一次转发：A 基站和 B 基站都发送时频信号，经卫星转发后，A 基站接收 B 基站信号，B 基站接收 A 基站信号。由于双向传递法双方信号所经空间路径完全相同，消除了路径时延变化造成的影响，传送准确度只取决于传输路径长度的精确确定。双向传递法的测量不确定度可以达到 $0.1 \mu s$ 以下。

1965 年，时间传递的不确定度已接近 $0.1 \mu s$；1979 年，我国实现了 85ns 的定时准确度和 10ns 稳定度的卫星时频传递结果（利用法国、德国两国卫星）；1986 年，利用我国的通信卫星进行的卫星时频传递的校频准确度优于 5×10^{-12}，定时不确定度达到 1ns，成果达到国际先进水平。1998 年，我国参加了卫星双向时间传递国际合作计划，建立了中日双向法高准确度时间频率比对系统。

近年来，各个国家进行了大量关于 TWSTT 的国际合作研究，研究结果表明双向法具有极好的短期和长期稳定性，在做了各种修正之后，目前的时间比对准确度已经达到了 $(0.1 \sim 0.2)$ ns，是各种卫星时间传递方法中最具潜力的一种。

五、时间频率计量的发展

由于时间频率作为一个重要的基本物理量在国民经济、国防建设和基础科学研究中起着重要作用，世界各国都十分关注时间频率计量的发展和研究，并不断投入巨资研究开发相关技术，以求保持领先地位。目前该领域的研究热点集中在高准确度的原子频标和高准确度时间频率传递体系上，新的研究成果正在不断出现。

（一）时间频率基准的发展动态

1. 各国铯原子时间频率基准研究现状

长期以来，法国、美国和德国一直在时间频率的研究领域处于领先地位。这 3 个国家也都独立成功研制了铯原子喷泉时间基准，其中法国时间频率标准实验室（LPTF）研制的铯原子喷泉时间基准频率准确度达到 $1 \times 10^{-15} \sim 2 \times 10^{-15}$，是已经评定过的最好的铯原子钟。

近几年，很多国家都在时频领域加大了研究力度，也获得了很多的研究成果。2003 年 3 月，瑞士科学家研制出高准确度激光冷却铯原子钟，它利用新技术降低了单位时间内所发射的原子密度，进而减少了相应原子之间互相碰撞所造成的计时偏差。该原子钟的准确度达到 1×10^{-15}，在当今全球计时系统中处于领先地位。

我国在 20 世纪 80 年代就建成准确度为 3×10^{-13} 的磁选态型铯原子时间频率基准，达到当时世界先进水平，使我国成为继美国、德国、加拿大、苏联之后第 5 个成功建立铯原子时间频率基准的国家。1996 年我国开始研制铯原子喷泉基准钟并于 2002 年完成，2003 年 12 月 24 日通过了国家鉴定。该装置运行可靠，性能稳定，频率准确度达到 3×10^{-15}。该铯喷泉钟的研制成功，标志着我国时间频率计量研究已经进入世界最先进水平的行列。

2. 新一代时间频率基准研究状况

世界各国的研究人员一方面在不断努力提高铯原子基准的准确度，另一方面也在不断进行着新的时间频率基准的探索。

原子钟的准确度有一个难以消除的干扰，即原子的热振动，特别是在高频部分，原子共振会使原子钟的准确度降低，这是目前所有的电子装备难以避免及克服的。近年来发展的原子冷却技术（已经应用于原子喷泉钟），是利用低温来降低原子共振现象，但是却很难确切地观测到原子运动。

2001 年 7 月 Science 期刊的一项研究报告指出，美国科学家已经将先进的激光技术和单一的汞原子相结合研制出世界上最精确的时钟。在研究中，科学家设法激振一个汞原子。其方法是把一束可见光激光推进到紫外光范围，然后再用 4×10^{-14} s 长的第二道激光脉冲与先前可见光激光交互作用，使高频的可见光信号转换成低频的微波信号，并用这个信号监测汞原子的共振频率。这种方法被称为齿轮降速原理。从理论上讲，利用这种原理能够制造出比铯原子钟的准确度高 100 倍的新原子钟。美国科学家已经研制出了这种新型的以高频不可见光波和非微波辐射为基础的原子钟。由于这种时钟的研制主要是依靠激光技术，因而被命名为"全光学原子钟"。

当前的原子钟的铯原子是在微波频率范围内转变的。若光学转变是发生在比微波转变高得多的频率范围时，就能提供一个更精细的时间尺度，则可以更精确地计时。由于铯原子钟使用的高速电子学技术已不能满足要求，因此新型的全光学原子钟使用的不是铯原子，而是单个冷却的液态汞离子（失去一个电子的汞原子），并把它与功能相当于钟摆的飞秒（fs，即 10^{-15} s）激光振荡器相连，时钟内部配备了可将光学频率分解成计数器来记录微波频率脉冲的光纤。

除了上述的全光学原子钟外，还有其他有望将时间频率基准的准确度提高到 10^{-16} 或 10^{-17} 量级的新型时频基准装置也正在研究，如离子阱频标、激光冷却铷原子喷泉钟、微重力作用下的冷原子钟（空间钟）等，而利用光学频率梳技术甚至有可能在不久的将来使得频率基准的准确度提高到 10^{-18}。

（二）时间频率传递体系的发展动态

20 世纪 90 年代以来，利用多颗卫星进行大面积、无盲区的时间频率快速、准确传递成为了时间频率传递系统的研究热点。应用比较广泛的是美国的全球定位系统（GPS）和俄罗斯的同类系统（GLONASS），都可实现 10ns 量级的远距离时间传递。欧盟已经启动了"伽利略"导航系统的建设。我国多年来也一直进行着相关的研究开发及应用建设工作。卫星技术与原子钟结合而产生的卫星导航定位系统已经超出军事应用，以惊人的速度和重要性进入科学研究、国民经济和人民生活的许多重要领域，发挥着难以估计的巨大作用。

1. GPS 导航系统

GPS 是美国国防部于 20 世纪 70 年代开始研制的第二代卫星导航系统，1993 年投入商业应用。该系统由空间卫星群、地面监控和用户接收机 3 大部分组成。空间部分由 28 颗低轨道卫星组成，可以保证全球任何地区的用户在任何时刻都可接收到至少 4 颗卫星发出的信号。地面监控系统由 5 个监测站、3 个上行注入站和 1 个主控站组成。监测站获取卫星观测数据并将其送往主控站；主控站对各监测站送来的数据进行分析处理，再将这些修正数据送到上行注入站；最后由注入站将修正数据及主控制指令发送给相应的卫星。

GPS 采用的是测时—测距原理，每颗卫星上装有 4 台原子钟，这些钟和位于全球不同地点的地面监测站的地面原子钟组一起组成 GPS 系统时间。每颗卫星定时向地面发出测距信号和导航电文，GPS 接收机接收到测距信号和导航电文后，可解算出接收机的地理坐标，定时接收机可得到高准确度的时间信号——秒脉冲输出。GPS 的时间体系依赖于美国军队守时系统，并溯源到美国标准技术院（NIST）的实验室型铯冷原子喷泉钟。

用户接收机用来接收卫星发播的信号，获取相关信息。用户接收机按准确度可以分为双频精码（P 码）接收机和单频粗码（C/A 码）接收机。前者只有获得授权的军事用户可以使用，后者则为民用或美国国外用户使用。美国政府为进一步降低粗码用户的定位准确度，还在 GPS 工作卫星上配置了 SA（Selective Available）装置，但 2000 年这一功能关闭，使得民用定位产业得到了飞速发展。

使用精码实时导航定位准确度可小于 10m，处理后测距准确度能够达到毫米量级，测速准确度可达 0.01m/s，时间传递或时间同步准确度可达 1ns。利用粗码实时导航定位准确度（加 SA）为 100m，时间同步准确度为 100ns。由于 GPS 系统具有全球覆盖、全天候 24h 连续工作、使用极为方便、较高的性价比等其他系统无可比拟的优点，使 GPS 在全世界范围的众多领域内得到越来越广泛、深入的应用。

GPS 也是一个可靠的时间传递系统。利用目前的单通道 C/A 码接收机，单向时间传递准确度可达（10～25）ns，时间同步准确度可达（2～15）ns。从1995年起，所有参加国际原子时的实验室都采用了 GPS 共视法提供钟读数。近年来，多通道接收机、恒温天线、利用载波相位等改进措施正在被不断使用，有望将时间比对准确度提高到 0.1ns。此外，现在又开始了全改进型 GPS-3 的研究，以适应2030年未来的系统级要求。

2. GLONASS 导航系统

GLONASS 是苏联从20世纪80年代初开始建设的卫星定位系统，后由俄罗斯继续该计划。它由21颗工作卫星和3颗在轨备用卫星组成，均匀分布在3个升交点相差120°的轨道面上。与美国的 GPS 不同，GLONASS 系统使用频分多址（FDMA）的方式，每颗 GLONASS 卫星广播 L_1 和 L_2 两种不同频率的信号。2005年在轨卫星达到20颗。按计划，该系统于2007年开始运营，当时只开放俄罗斯境内的卫星导航定位服务。到2009年，其服务范围已经拓展到全球。该系统的服务内容主要包括确定陆地、海上及空中目标的位置及运动速度等信息。

俄罗斯航天局于2002年前就启动了新一代的 GLONASS - K 卫星的研制工作，该卫星采用全新设计，卫星平台不密封，卫星设计寿命为10年，重量为995kg。星载原子钟精度达到了 10^{-14}s，为提高定位精度提供了更大潜力。为了便于和 GPS 兼容，除了使用原来的 L_1 和 L_2 频段频分多址信号外，还增加了码分多址的 L_1、L_2、L_3 信号，使用了高性能的温控系统，使原子钟温度波动在 0.1～0.5℃，降低了温度变化对原子钟精度的影响；还改进了卫星姿态控制系统，提高了太阳能电池板的指向精度，降低了微重力影响。全新的卫星平台配合这些改进措施，将 GLONASS 系统的定位精度提高到了一个新的水平，有望达到和超过现有的 GPS 标准。

值得注意的是，GPS 的卫星信号采用码分多址体制，每颗卫星的信号频率和调制方式相同，不同卫星的信号靠不同的伪码区分，而 GLONASS 采用频分多址体制，卫星靠不同的频率来区分，每组频率的伪随机码相同。基于这个原因，GLONASS 可以防止整个卫星导航系统同时被敌方干扰，因而具有更强的抗干扰能力。

目前 GLONASS 系统已经开始全面运行，有31颗 GLONASS 卫星同时在轨运行，实现了全球覆盖。

3. 伽利略导航系统

伽利略导航系统是欧盟和欧空局（ESA）的一个联合计划，最初是在1999年被提出的，并在2001年4月的"2001卫星导航"大会上被欧盟国家通过，称为"伽利略计划"。伽利略导航系统由空间段、地面段和用户3部分组成。空间段由高度为24000 km 的30颗卫星组成，分布在3个轨道上，每个轨道面上有10颗卫星，9颗正常工作，1颗运行备用。地面段包括全球地面控制段、全球地面任务段、全球域网、导航管理中心、地面支持设施、地面管理机构。用户端主要是用户接收机及其等同产品，伽利略导航系统考虑将与 GPS、GLONASS 的导航信号一起组成复合型卫星导航系统，因而用户接收机将是多用途、兼容性接收机。该系统将主要服务于民用，提供误差不超过 1m 的精确定位服务。伽利略卫星导航系统还可兼容美国的全球卫星定位系统 GPS 和俄罗斯的全球导航卫星系统 GLONASS。2005

年 12 月，伽利略卫星导航系统的首颗实验卫星成功发射，另一颗于 2008 年发射，以便测试某些关键技术。伽利略导航系统的首批两颗卫星于 2011 年 10 月成功发射入轨。2012 年 10 月，第二批两颗卫星成功发射，4 颗伽利略系统卫星组成初步网络。2013 年 3 月完成伽利略导航系统的首次定位，2014 年 2 月 10 日，欧洲航天局正式宣布伽利略导航系统已通过目前在轨的 4 颗卫星，顺利完成"在轨验证"（IOV）工作。2016 年 12 月 15 日，欧盟与欧洲航天局宣布伽利略卫星导航系统具备初始运行能力，开始提供初始服务，并发布了星座运行状态。至此联合国确定的四大全球卫星导航系统全部投入运行，全球卫星导航领域多系统共存格局初步形成。

4. 北斗导航系统

北斗卫星导航系统（BeiDou Navigation Satellite System，BDS）是我国自主建设运行的卫星导航系统，是为全球用户提供全天候、全天时、高精度的定位、导航和授时服务的国家重要时空基础设施。北斗系统是继美国的 GPS、俄罗斯的 GLONASS 之后，第三个趋于成熟的全球卫星导航系统，它改变了我国长期缺少高准确度、实时定位手段的局面，打破了美国和俄罗斯在这一领域的垄断地位。目前，该系统在我国交通运输、农林渔业、水文监测、气象测报、通信授时、电力调度、救灾减灾和公共安全等诸多领域逐步发挥着重要作用，产生了显著的经济效益和社会效益。

北斗导航系统由空间段、地面段和用户段三部分组成，其中，空间段由若干地球静止轨道卫星、倾斜地球同步轨道卫星和中圆地球轨道卫星三种轨道卫星组成；地面段包括基准站、主控站、时间同步/注入站和监测站等若干地面站，以及星间链路运行管理设施；用户段包括北斗及兼容其他卫星导航系统的芯片、模块、天线等基础产品，以及终端设备应用系统与应用服务等。

北斗导航系统的构想最早是在 20 世纪 80 年代初提出的。我国探索适合自己国情的卫星导航系统发展道路，逐步形成了北斗系统建设的"三步走"发展路线：

第一步，建设北斗一号系统（又叫北斗卫星导航试验系统），实现卫星导航系统的从无到有，服务自身。1994 年，北斗一号系统建设正式启动；2000 年，发射 2 颗地球静止轨道（GEO）卫星，北斗一号系统建成并投入使用，为我国用户提供定位、授时、广域差分和短报文通信服务；2003 年，又发射了第 3 颗地球静止轨道卫星，进一步增强系统性能。北斗一号系统的建成使我国成为继美国和俄罗斯之后第三个拥有卫星导航系统的国家，初步满足了我国及周边区域的定位、导航、授时需求。北斗一号系统采用有源定位体制，也就是说，用户需要发射信号，系统才能对其定位，这个过程要依赖卫星转发器，所以有时间延迟，且容量有限，满足不了高动态的需求。但北斗一号巧妙设计了双向短报文通信功能，这种通信与导航一体化的设计是北斗的独创。当前，北斗一号系统已退役。

第二步，建设北斗二号系统，从有源定位到无源定位，区域导航服务亚太。2004 年，北斗二号系统建设启动。2011 年 12 月 27 日，北斗二号系统开始提供试运行服务，2012 年完成了 4 箭 6 星发射，扩大了覆盖范围，增强了星座稳健性，提高了系统服务精度。2012 年 12 月 27 日，北斗卫星导航系统正式提供区域服务，成为国际卫星导航系统四大服务商之一。其定位精度由平面 25m、高程 30m，提高到平面 10m、高程 10m；测速精度由 0.4m/s 提高到 0.2m/s；授时精度为单向 50ns，双向 10ns。北斗二号系统在兼容北斗一号有源定位体制的基础上，增加了无源定位体制，也就是说，用户不用自己发射信号，仅靠接收信号就能定位，解决了用户容量限制，满足了高动态需求。北斗二号系统的建成，不仅服务我国，还可为亚太地区用户提供定位、测速、授时和短报文通信服务。

第三步，建设北斗三号系统，提供全球服务。在北斗二号系统正式提供区域导航定位服务前，北斗三号全球导航系统的论证验证工作已拉开序幕，确定了建设独立自主、开放兼容、技术先进、稳定可靠的全球卫星导航系统的发展目标。2009年，北斗三号系统建设启动。2018年底，完成19颗卫星发射组网，完成基本系统建设，开始向全球提供服务；2019年11月下旬开始为私营公司提供定位服务。2020年6月23日9时43分，我国在西昌卫星发射中心用长征三号乙运载火箭成功发射了北斗系统第五十五颗导航卫星，即北斗三号最后一颗全球组网卫星，至此，北斗三号系统的30颗组网卫星全部到位，北斗三号全球卫星导航系统星座部署比原计划提前半年全面完成。北斗三号系统继承了有源定位和无源定位两种技术体制，通过"星间链路"——也就是卫星与卫星之间的连接"对话"，解决了全球组网需要全球布站的问题，为全球用户提供基本导航（定位、测速、授时）、全球短报文通信和国际搜救等服务，同时可为我国及周边地区用户提供星基增强、地基增强、精密单点定位和区域短报文通信服务。

北斗三号系统通过采用新的技术，整体性能大幅提升：空间信号精度优于$0.5m$，全球定位精度优于$10m$，测速精度优于$0.2m/s$，授时精度优于$20ns$；亚太地区定位精度优于$5m$，测速精度优于$0.1m/s$，授时精度优于$10ns$。另外，北斗三号卫星增加了性能更优的互操作信号B1C，同时，在全球系统中将B2I信号升级为性能更优的B2a信号。新的导航信号B1C和B2a将与GPS、伽利略导航系统实现兼容与互操作，这意味着北斗三号将进一步融入国际全球卫星导航系统（Global Navigation Satellite System，GNSS）的大家庭，也将带来卫星导航接收机技术的重大变革，未来的服务性能将大幅提升，用户设备功耗和成本将明显降低。

目前，北斗卫星导航系统包括北斗二号卫星16颗、北斗三号卫星30颗，北斗的服务由北斗二号系统和北斗三号系统共同提供，2020年后，将平稳过渡到以北斗三号系统为主提供服务。下一步的计划是到2035年，建设完善更加泛在、更加融合、更加智能的国家综合时空体系，进一步提升时空信息服务能力。

从立项论证到启动实施、从双星定位到区域组网，再到覆盖全球，我国卫星导航系统建设历经30多年探索实践，三代北斗人接续奋斗，走出了一条在区域快速形成服务能力，逐步扩展为全球服务的中国特色发展路径，建成了我国迄今为止规模最大、覆盖范围最广、服务性能最高、与百姓生活关联最紧密的巨型复杂航天系统，成为我国第一个面向全球提供公共服务的重大空间基础设施，丰富了世界卫星导航事业的发展模式，为世界卫星导航事业发展做出了重要的贡献，为全球民众共享更优质的时空精准服务提供了更多的选择，为我国重大科技工程管理现代化积累了宝贵的经验。

北斗卫星导航系统具有以下特点：①空间段采用三种轨道卫星组成的混合星座，与其他卫星导航系统相比高轨卫星更多，抗遮挡能力强，尤其是在低纬度地区性能优势更为明显；②提供多个频点的导航信号，能够通过多频信号组合使用等方式提高服务精度；③创新融合了导航与通信能力，具备定位导航授时、星基增强、地基增强、精密单点定位、短报文通信和国际搜救等多种服务能力。

现在，全世界一半以上的国家都开始使用北斗卫星导航系统。后续，我国北斗卫星导航系统将持续参与国际卫星导航事务，推进多系统兼容共用，开展国际交流合作，根据世界民众需求推动北斗海外应用，共享北斗卫星导航系统的最新发展成果。

第五节　电离辐射计量

电离辐射计量的基本任务是研究与电离辐射现象相关量的测量方法。电离辐射主要研究放射性活度、辐射剂量、中子计量等的基础理论和测量技术、计量器具及其检定或校准等。

电离辐射计量最初诞生于基础研究之中。1895 年，伦琴在研究阴极射线管的工作中发现了 X 射线，随后人类相继发现了各种放射现象以及放射源，中子和重核裂变现象的发现使得人类进入了原子能时代。1942 年，美国建成了第一座受控核裂变反应堆，随后许多国家相继研制成功原子弹、氢弹。核技术已成为现代科学技术的重要组成部分，是当代重要的尖端技术之一，电离辐射计量也因此获得了快速发展，并在工业、医疗、辐射安全防护、环境监测、安全检查等领域得到了越来越多的应用。

一、电离辐射计量的基本概念

（一）电离辐射的基本概念

1. 元素、核素和同位素

元素、核素和同位素可通过原子核中的质子数和中子数区分。凡质子数相同的原子均为同一种元素。每种元素都有确定的质子数，但可以包含不同的中子数，同一元素中中子数不同的元素均为该元素的同位素。例如，$_{92}^{233}U$、$_{92}^{235}U$、$_{92}^{238}U$ 是质子数为 92 的铀元素的三种同位素，它们有相同的质子数 92，但它们的中子数不同，分别为 141、143 和 146。同位素中有一种特殊类型：核内质子数和中子数都相同，但它们所处的能态不同，称为同质异能态。具有特定的原子核数、质子数以及核能态，并且其平均寿命长到足以被观察的一类原子称为核素。能自发地放出α、β 等带电粒子或 γ 射线，或在俘获轨道电子后放出 X 射线，或发生自发裂变的核素称为放射性核素。

2. 电离与电离辐射

电离是原子或分子释放或者获得电子变成离子的过程。当带电粒子在物质中的核外电子旁通过时，通过静电相互作用，带电粒子的能量可以转移到核外电子，如果转移的能量足够大，核外电子将脱离核对它的束缚而成为自由电子；如果转移的能量不是足够大，不足以使得核外电子挣脱核对它的束缚，那么吸收能量后的核外电子将跃迁到高能态的轨道上，从而使整个原子处于激发态。处于激发态的原子是不稳定的，它可以将多余的能量以发射光子（X 射线）的形式释放而回到正常状态。

能通过初级过程或次级过程在介质中产生电离的带电粒子（如电子或质子）和不带电粒子（如光子或中子）总称为电离辐射。

（二）电离辐射源

能发射电离辐射的物质或装置称为电离辐射源。电离辐射源主要有 3 种类型。

1. 地球上存在的天然放射性核素

这种辐射源来自于土壤和岩石中的铀、钍等放射性元素以及它们产生的子体产物。

2. 宇宙辐射

星际空间和太阳不断地产生能量巨大的宇宙射线，从宇宙空间入射到地球的射线，主要来自银河系与太阳。宇宙射线在进入地球的过程中，与宇宙空间特别是大气层中各种元素的碰撞，经各类反应，能量逐渐损失。地球上宇宙射线的剂量与地理位置有关，在海平面要比在高山上低。

3. 人工辐射源

各种核反应堆和带电粒子加速器以及能够产生 X 射线的装置都是人工辐射源，此外，核武爆炸后的产物、放射性废物以及放射性药物也是人工辐射源。人工辐射源中应用最为广泛的是用放射性核素制成的放射性同位素辐射源，简称为放射源，这是在电离辐射计量中常用到的辐射源。放射源按辐射的类型可分为 α 放射源、β 放射源、γ 放射源、中子源等。

α 放射源发射 α 粒子（或 α 射线），变成质子数减 2、质量数减 4 的新核素，α 射线由两个质子和两个中子组成。β 放射源发射正电子、负电子以及俄歇电子或内转换电子，但通常所说的 β 放射源系指发射电子（β 射线）的放射源。γ 放射源是以发射 γ 辐射（包括 X 辐射）为主要特征的放射源，γ 辐射通常是其他类型衰变（如 α 或 β 衰变）的伴随辐射，α 或 β 衰变时产生的子体核可能通过几个能态跃迁到基态并发射 γ 辐射，γ 射线是单能光子，是波长极短的电磁辐射。能产生中子的物质或装置叫中子源，中子源包括放射性核素中子源、加速器中子源和反应堆中子源。

（三）电离辐射与物质的相互作用

1. 带电粒子与物质的相互作用

带电粒子这里指的是 α 粒子和 β 粒子。α 粒子与物质相互作用的主要形式有电离、激发和核反应；β 粒子与物质相互作用的主要形式有电离、激发、散射和产生次级 X 射线。

带电粒子通过物质时，与原子的轨道电子发生库仑碰撞，使电子获得能量。当电子获得的能量足以克服原子核对它的束缚时，就会脱离原子成为自由电子，形成自由电子和带正电的原子核（正离子）组成的离子对，产生电离效应。当带电粒子所带的能量足够大，粒子继续前进时，通过电离不断产生离子对。带电粒子在单位路程上产生的离子对数目叫作比电离，由于 β 粒子的质量比 α 粒子的质量小得多，β 粒子的比电离值比相同能量的 α 粒子要小很多。

α 粒子与物质发生激发效应与核反应的概率均小于电离效应。在实际应用中，常用 α 粒子与 Li、Be 等轻元素作用发生的（α，n）反应制备放射性核素中子源。

高能电子通过物质时与物质相互作用，不仅逐渐损失能量而且改变了运动方向，这种改变运动方向的现象称为散射。由于 α 粒子的质量相对较大，α 粒子散射现象不明显，而质量比 α 粒子小很多的 β 粒子则容易被散射。

高能带电粒子在原子核的电场中急剧减速并改变方向而发出的电磁辐射（X 射线）叫作轫致辐射（又称刹车辐射）。轫致辐射产生的概率与带电粒子质量的二次方成反比，所以只有 β 粒子才能产生有应用意义的轫致辐射，当 β 粒子使靠近原子核壳层的电子脱离原轨道时，被激发的原子便发射具有特征能量的 X 射线。

2. X 和 γ 射线与物质的相互作用

X 或 γ 射线通过物质时，主要与原子中的电子以及原子核的电场相互作用，发生光子的吸收、弹性散射和非弹性散射。主要作用类型有 3 种：光电吸收、康普顿散射和电子对生成。这3种过程都产生电子，如果新产生的电子能量足够高，又可产生次级电离。

当一个光子与原子中的内层轨道电子碰撞时，光子被原子吸收，其能量全部交给电子，使其挣脱原子束缚成为光电子，这种现象叫光电吸收。光子能量较低时，光电吸收占主要地位。

康普顿散射是指光子能量较高时，光子与原子外层轨道电子发生弹性碰撞，光子将很小一部分能量转移给电子，电子从原子中被击出，而光子本身改变运动方向成为康普顿散射光子。随着光子能量增高，光电吸收几率减少，康普顿散射几率增加。

能量大于 1.022MeV 的光子与原子核的电场相互作用，将其全部能量转变成正负电子对，叫作电子对生成。光子多于 1.022MeV 的能量通常被正负电子均分成为它们的动能，然后正电子与物质中的负电子相遇而湮灭，产生两个能量均为 0.511MeV 的湮灭光子。

3. 中子与物质的相互作用

中子是一种不带电荷的中性粒子，中子通过物质时与原子核外电子几乎不发生相互作用，主要发生核作用，其反应概率与核的性质及中子能量有关。慢中子与物质的相互作用主要是俘获反应，即原子核俘获中子后形成复合核，成为放射性核素，释放 γ 射线。高能中子与物质的相互作用主要是弹性与非弹性散射。弹性散射时，中子与靶核碰撞损失能量，损失的能量传递给靶核成为动能；非弹性散射是入射中子使核跃迁到激发态而损失部分能量，当受激核返回基态时，通常发射出 γ 辐射。

（四）电离辐射量和单位

电离辐射量多达数十个，此处只介绍计量学中最常用的几个量。

1. 放射性活度

放射性核数在单位时间内发生衰变的数目即衰变率称为放射性活度，过去常称作放射性强度。在一确定时刻，某一特定能态的一定量放射性核素的活度用 A 表示。

$$A = dN/dt \qquad\qquad (10\text{-}17)$$

式中　　dN——在时间间隔 dt 内，该能态自发核跃迁的数目。除非另做规定，否则特定能态就是该核素的基态。

放射性活度 A 的单位是贝可勒尔（Bq），$1Bq = 1s^{-1}$。

2. 吸收剂量

被单位质量物质吸收的任何致电离辐射的平均能量叫作吸收剂量。吸收剂量用符号 D 表示，其严格定义为

$$D = d\bar{\varepsilon}/dm \qquad\qquad (10\text{-}18)$$

式中　　$d\bar{\varepsilon}$——电离辐射给予质量为 dm 的物质的平均能量。

吸收剂量的 SI 制单位名称是戈瑞，符号为 Gy，$1Gy = 1J/kg$。

3. 比释动能

比释动能是用来量度不带电粒子与物质相互作用时，在单位质量的物质中释放出来的带电粒子初始动能总和的一个宏观物理量。比释动能用符号 K 表示，其定义为

$$K = dE_{tr}/dm \qquad\qquad (10\text{-}19)$$

式中　　dE_{tr}——不带电粒子在质量为 dm 的物质中释放出来的全部带电粒子的初始动能之和。

比释动能的单位也是戈瑞（Gy）。比释动能和吸收剂量虽然有相同的量纲，但它们在概念上是完全不同的两个辐射量。

4. 照射量

照射量是用以表示 X 射线或 γ 射线在空气中产生电离能力大小的物理量。1962 年国际辐射测量委员会（ICRU）第 10 号报告对照射量作了正式的定义：照射量是单位质量的一个空气体积之中，光子释放的所有电子在空气中全部被阻止时，所产生的一种符号的所有离子电荷的总和。1980 年 ICRU 第 33 号报告，给照射量作了比较严格的定义：照射量 X 是 dQ 除以 dm 所得的商，即

$$X = dQ/dm \tag{10-20}$$

式中　dQ——在质量为 dm 的空气中，由光子释放或产生的全部负电子和正电子在空气中完全被阻止时，产生一种符号的离子总电荷的绝对值。

5. 粒子注量

流入单位截面球体的粒子数叫作粒子注量，粒子注量的严格定义为

$$\varPhi = dN/da \tag{10-21}$$

式中　dN——入射到截面积为 da 的球体内的粒子数。

6. 截面

对于入射带电或不带电粒子所产生的一次相互作用，靶体的截面

$$\sigma = p/\varPhi \tag{10-22}$$

式中　p——粒子注量为 $\varPhi$ 时，对于一个靶体的相互作用概率。

二、电离辐射量计量技术

电离辐射量比较多，目前，我国计量部门所涉及的电离辐射计量通常包括放射性活度计量、电离辐射剂量计量与中子计量。

（一）放射性活度计量

目前已知的放射性核素近 2000 种，比较重要的核素约 250 多种，每种放射性核素有它自己独特的衰变方式，因此放射性活度测量标准或测量方法也是多种多样的，没有一种测量方法能测量所有核素的放射性活度。从测量方法上可分为绝对测量法和相对测量法。在这些放射性活度测量方法中，$4\pi\beta - \gamma$ 符合测量方法是一种得到广泛应用的放射性活度测量方法，是目前放射性活度绝对测量准确度最高的方法之一。该方法是在 $4\pi\beta$ 计数法和 $\beta - \gamma$ 符合法的基础上发展起来的，是由 P. J. Campion 等人于 20 世纪五六十年代发展起来的一种绝对测量方法。国际上，各国的活度计量基准和其他一些主要的计量标准实验室的活度计量均采用这种测量方法。

符合测量方法是指在一定时间间隔内，用两个探测器分别记录一个相关事件中的两个脉冲信号，最后在仪器输出端产生一个符合脉冲信号的测量方法。例如，一个 β 衰变后紧跟着一个 γ 跃迁的相关事件，β 探测器记录 β 射线，在一定的时间间隔后，γ 探测器也记录了与该 β 衰变相关的 γ 跃迁，那么就会在符合电路端产生一个符合计数。符合法利用了衰变中的相关联事件，避免了困扰正比计数器测量 β 衰变的自吸收、膜吸收问题，因而大大提高了测量准确度。

放射性活度计量中常用的探测器有正比计数器（PC）和闪烁计数器。正比计数器（PC）是一种工作在正比区的气体电离探测器，探测灵敏度高。原则上，初始电离只有一个离子对即可被测量，因此适合于探测低比电离的粒子如 β、X、γ 射线等。闪烁计数器是由

闪烁体直接或通过光导耦合到光电倍增管上组成的电离辐射探测器。闪烁体是辐射灵敏元件，它所接收到的电离辐射信息，经转换和放大后以电信号的形式输出，供给电子仪器分析和研究。

对于 $4\pi\beta-\gamma$ 符合测量方法，主要采用 $4\pi\beta-\gamma$ 符合测量装置，该测量装置的原理框图如图 10-23 所示。上、下两个 NaI（T1）闪烁探测器的输出信号经相加电路后用作 γ 道的计数，β 信号经延迟电路后与 γ 信号同时送入符合电路，其输出信号作为符合计数。

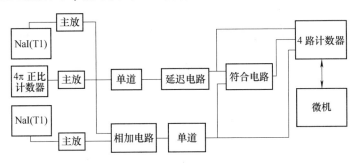

图 10-23　$4\pi\beta-\gamma$ 符合测量装置的原理框图

对于简单的 $\beta-\gamma$ 衰变核素，$4\pi\beta-\gamma$ 符合法测量核素活度时，通常采用核参数法计算活度。设 N_0 为待测样品在单位时间内的衰变数即活度，N_β 为 β 道的计数率，N_γ 为 γ 道的计数率，N_c 为符合道的计数率，那么不难推导得到活度 $N_0 = N_\beta N_\gamma / N_c$。显然，只要测得 N_β、N_γ、N_c，就可求得放射源的活度 N_0。但是，要想得到准确的活度值，还必须进行一系列的修正，如本底、死时间、偶然符合、γ 射线的内转换电子、β 探测器对 γ 射线的计数等。

对于具有多个 β 分支并伴有多条 γ 射线的复杂衰变核素，$4\pi\beta-\gamma$ 符合法测量核素活度时，用核参数法计算活度结果往往不好，常采用效率外推法，可以推导得到探测器对 β 射线的探测效率 ε_β 与 N_β 的关系式为

$$\frac{N_\beta N_\gamma}{N_c} = N_0 + N_0 \cdot (1-\theta) \cdot \frac{1-\varepsilon_\beta}{\varepsilon_\beta} \tag{10-23}$$

式中　θ——一个与各探测效率、内转换系数等有关的参数。

当 θ 为常数或接近常数时，$N_\beta N_\gamma / N_c$ 为 $(1-\varepsilon_\beta)/\varepsilon_\beta$ 的线性函数，当 $\varepsilon_\beta \to 1$ 时，则 $N_\beta N_\gamma / N_c \to N_0$。因此，可以通过改变探测效率 ε_β 的方法而进行效率外推测量得到放射性核素的活度。对于某些放射性核素，θ 不是一个常数，其符合外推曲线不能近似为一条直线，而是二次或更高次曲线，对这种情况，一般采用微机进行多项式拟合。

对于直接衰变到基态的纯 β 核素以及亚稳态核素，由于不具有 $\beta-\gamma$ 符合关系，不能直接应用 $4\pi\beta-\gamma$ 符合法测量，此时可使用效率示踪法进行测量。

（二）电离辐射剂量计量

电离辐射剂量测量主要涉及射线与物质相互作用后，射线释放出多少辐射能量，这些能量中有多少给予物质（吸收剂量），以及剂量在物质中的分布情况。涉及的物理量主要是吸收剂量、比释动能和照射量。测量仪器主要有电离室、量热计和液体剂量计等。

1. X 照射量测量—自由空气电离室

自由空气电离室是为绝对测量照射量而设计的电离室。平行板自由空气电离室示意图如

图 10-24 所示。主要由平行的板状高压电极、收集极和保护极组成，用于测量（10～300）kV 的 X 射线的照射量。按照照射量定义，对自由空气电离室的基本要求是：应收集沿着所有的次级电子的径迹所形成的离子，这些次级电子是由光子束在围绕被研究点的小块空气体积中释放或产生的，并需要测量它们的总电荷。

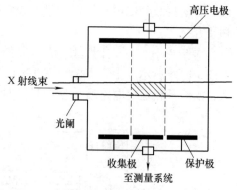

图 10-24　平行板自由空气电离室示意图

　　实际测量时，让一完全确定的待测量的 X 射线窄束通过电离室的合金光阑孔射入电离室，从电离室的两极板之间的中央通过，使其中密度为 ρ 的空气电离。收集和测量与 X 射线束的轴线相垂直的两个极板之间所产生的总电离。如果满足电子平衡条件，那么在这两个极板之间所产生的电离量就几乎等于在所有的次级电子径迹上所产生的电离量。电子平衡是指进入测量体积元的次级电子能量等于离开该体积元的次级电子能量。只要包围收集体积的空气厚度大于次级电子最大射程，电子平衡条件就可基本满足。在光阑孔面积和收集极长度所限定的收集体积 V 内产生的电离电荷 Q 被收集极收集，再考虑各项修正 $\prod k_i$，就得到照射量 $X = [Q/(V\rho)]\prod k_i$。其中各项修正包括空气密度、复合损失、电场畸变、极间距离不充分、散射光子、穿透光子、空气湿度等。

　　目前国际上普遍使用空气电离室作为 X 射线照射量标准。由于这种类型的电离室尺寸和准确度的限制，只用于能量低于几百 keV 的光子束。

2. γ 照射量测量—空腔电离室

　　目前国际上普遍使用石墨空腔电离室作为测量 ^{137}Cs（0.662MeV）和 ^{60}Co（1.25MeV）γ 射线照射量标准。空腔电离室的理论基础是 Bragg – Gray 提出的空腔理论，空腔理论的要点是：在被光子照射的均匀介质 m 包围的小充气空腔中，当空腔不存在时，该位置介质 m 的吸收剂量 D_m 等于空腔中气体 g 的吸收剂量 D_g 乘以介质和气体的平均质量碰撞阻止本领之比 $S_{m,g}$，即 $D_m = D_g S_{m,g}$。

　　如果空腔气体中产生的全部电子都是在包围空腔的介质内产生的，按照空腔理论，空腔的存在不会扭曲电子的注量。为了测量照射量，介质应是空腔电离室的壁，壁应有足够的厚度，必须大于次级电子在介质中的最大射程，使得空腔内的次级电子几乎全部由介质产生；空腔的尺寸应远小于次级电子的射程，使得空腔产生的次级电子可以忽略。

　　空腔电离室采用反应堆用的高纯度石墨制作，其结构最好选用球体形状，也可采用圆柱形状，如图 10-25 所示。当腔内气体为常压空气时，用它测得的照射量 $X(R)$ 为

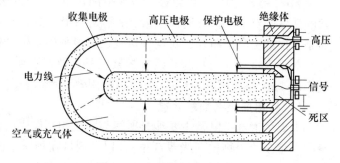

图 10-25　圆柱形空腔电离室

$$X(R) = J_a S_{m,a} (\bar{\mu}_{en}/\rho)_{a,m} \prod k_i \tag{10-24}$$

式中　　J_a——次级电子在单位质量空气中产生的电荷；

$(\bar{\mu}_{en}/\rho)_{a,m}$——空气与室壁材料的平均质量能量吸收系数之比。

在特定的实验中，还需考虑其他的修正因子，如辐射场的不均匀性、与空气等效的差异、对散射 γ 射线的修正以及本底电流的波动等。空腔电离室测量照射量的合成标准不确定度约为 1%。

3. 吸收剂量测量—量热计

当一小块隔热的质量为 dm 的物质受到射线照射时，dm 得到的辐射能为 dE_d，那么该小块物质的吸收剂量 $D = dE_d/dm$。通常 dE_d 不会全部转换为热能 dE_h，两者之差称为热损。热损可以是正值也可以是负值，比如在辐射引起的化学反应中所生成的或吸收的能量，就是热损的一个例子。通常在设计量热计测量吸收剂量时，要对热损进行补偿。设 dm 的比定压热容为 c_p，dT 为物质在绝热状态下的温升，假设 dE_d 全部转换为热能 dE_h，那么吸收剂量 $D = dE_d/dm = dE_h dm = c_p dT$。

绝大多数吸收剂量量热计都是准绝热型，其设计原则是尽可能减少吸收体向外流失热量。在一些量热计中，流失热量的一部分可以通过某些结构和线路设计再补偿回来。图 10-26 是按热损失补偿原理设计的测量吸收剂量的石墨量热计剖面图。它是由高纯反应堆级的石墨制作的，分为吸收体、外套、介质和屏体 4 层，层与层之间有微小的真空间隙。在这种类型的量热计中，其许多热量在测量中可以自动地补偿到所积存的热量中去。其热损失补偿原理是：用绝缘体外套包围该量热计的吸收体，当热量加进吸收体时，测量系统可以把吸收体和外套的温升叠加起来。若外套和吸收体的热容相同，则它们温升的和就正比于各自积存热量的和。测量时，还需校正外套漏失的热量，虽其数量是很小的。由于对外套是间接进行加热的，因此外套的温升比吸收体的温升要小很多，而且外套的温度比吸收体的温度更为均匀。

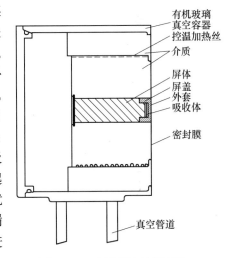

有机玻璃
真空容器
控温加热丝
介质
屏体
屏盖
外套
吸收体
密封膜

真空管道

图 10-26　石墨量热计剖面图

量热计是测量吸收剂量的最直接、最基本的方法，它不需要对吸收过程作任何假设，不需要各种转换因子，也不依赖于剂量率、辐射能谱、几何条件、原子序数等诸多因素，因而被普遍地作为一种国家基准。量热计在原理上比电离法要简单，但在结构设计上要精细、复杂得多。

（三）中子计量

中子计量主要包括中子源强度、中子注量（率）、中子剂量等量的测量，其中中子源强度标准是中子计量的一个重要标准，凡是使用的中子源都要知道其强度，尤其是用于校准各种中子测量仪表或测量一些重要的核数据，都要准确测定中子源的强度。在本节中只介绍中子源强度的测量。

中子源强度 Q 是指中子源每秒发射的中子数，也叫中子发射率，单位为每秒（s^{-1}）。

中子源强度测量的方法有许多种,如水池法、金箔活化法及伴随粒子法等,目前应用最为广泛、测量准确度最高的是锰浴法。锰浴法在 Axton 提出了循环式锰浴装置和改变浓度进行线性外推两项改革之后,测量准确度有了很大的提高,测量技术已相当成熟。

锰浴法绝对测量的基本原理是:被测中子源放在装满硫酸锰水溶液的大球形容器中心的一个空腔内,中子源发射出来的中子在溶液中与各种核碰撞被慢化,并被溶液中各种核俘获。其俘获比例由各种核的相对数目及其反应截面所决定。稳定的 ^{55}Mn 俘获中子后生成不稳定的 ^{56}Mn 放射性核素,^{56}Mn 经 β^- 衰变成为 ^{56}Fe,同时放出 γ 射线。当 ^{56}Mn 放射性核素的数目达到饱和时,^{56}Mn 的活度 A 与中子源强度 Q 成正比关系,即 $Q = AF/K$。其中 F 为若干修正因子的积,它包括硫酸锰水溶液中硫、氢核素对快中子的吸收,中子在边界上的漏失,以及源溶液对其周围热中子的吸收;K 为锰吸收的中子占全部被吸收中子的份额,它由溶液中各种元素的相对数目及其热中子俘获截面所确定。^{56}Mn 的活度 A 可用 NaI(T1)γ 探测器测得。

锰浴装置主要包括一个装满硫酸锰水溶液、尺寸足够大的锰池和 γ 探测器。选用硫酸锰的主要原因在于它在水中溶解度很高,化学性能稳定,由 ^{55}Mn 生成 ^{56}Mn 有合适的半衰期,它的衰变图比较简单,β 射线和 γ 射线能量都比较高,用 $4\pi\beta-\gamma$ 符合法测定其溶液的比活度较容易,准确度高。

循环式锰浴装置示意图如图 10-27 所示,循环水泵将已活化的硫酸锰溶液从锰池中抽出,送到被屏蔽的装有 NaI 晶体探头的采样容器内后再回到锰池中,这样不断循环。锰浴装置一般采用直径1m的不锈钢球形锰池,中子源容器通常为一直径为(8~10)cm 的空腔,空腔可减少源本身对其周围热中子的吸收,采样容器位于 10cm 厚的铅屏蔽室内,体积约为锰池的百分之一,采样容器两端分别装有 NaI 闪烁计数器。晶体部分最好被溶液所包裹,以提高探测效率。

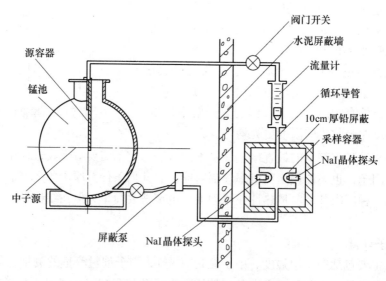

图 10-27 循环式锰浴装置示意图

用锰浴法绝对测量中子源的强度准确度高,目前对中子源强度测量的不确定度,^{252}Cf 中子源可达 0.5%,而 Am-Be 中子源则略好于 1%。但在用锰浴法绝对测量时,要对锰浴系统探测效率和硫酸锰溶液浓度进行测定，技术复杂。所以，一般用这种方法准确地对标准中子源强度定值后，对中子源强度的其他常规测量，采用相对测量法即可满足要求。常用锰浴法和长计数器两种方法进行相对测量。

三、电离辐射量的量值传递

（一）放射性活度量值传递与校准

放射性活度量值传递与校准主要包括标准物质传递、仪器传递和活度比对。

1. 标准物质传递

标准物质具有准确的特性值，可以给各级用户用以校准计量设备、评价测量方法以及考核实验室之间测量结果的重复性和复现性。有证标准物质附有经批准的检定机构签发的证书，其一种或多种特性值用建立了溯源性的程序确定，使之可溯源到准确复现的用于表示该特性值的计量单位。常用的放射性活度标准物质有三种：放射性活度标准溶液、放射性标准源和环境放射性标准物质。

放射性标准溶液作为放射性标准溶液的一种类型，它的量值准确可靠，是采用一种或一种以上的放射性绝对测量方法准确测量给出的，具有较高的准确度，它可用于放射性活度量值的传递和比对，也可用于校准测量装置。放射性标准源主要用于相对性活度测量装置或仪器的能量和效率校准，是活度量值传递和统一的重要手段，按标准源发射的射线种类可分为α标准源、β标准源、γ标准源和中子标准源等。由于环境放射性物质的浓度低、介质成分复杂，分析和测量工作中会遇到较多的困难，因此在环境检测以及质量控制方面放射性标准物质越来越受到重视，并越来越多地被用来校准活度测量仪器或被用来作为量值统一的重要手段。

2. 仪器传递

经典的放射性活度量值传递是根据国家计量检定系统表进行的，按相应的计量检定规程执行。根据国家计量检定系统表，活度计量器具可分成 3 个等级：计量基准器具、计量标准物质和工作计量器具。在实际检定或校准过程中，计量器具按照等级自上而下进行量值传递，一直传递到用户工作计量器具，从而达到被测量值的准确和统一。

3. 活度比对

活度比对就是由国际或国家基准实验室发放高纯度放射性核素溶液，由高水平实验室用多种不同方法独立进行测量，然后把各实验室的测量数据汇总到发放实验室进行评价，剔除偏差过大的实验数据，再把余下的实验数据的平均值作为该核素活度的标准化值。

此外，计量保证方案涵盖了测量过程控制和量值传递两个方面，也能真正保证量值传递的准确、可靠和统一。

（二）吸收剂量量值传递

在实际应用中，吸收剂量的量值传递主要有放射治疗级、防护级以及辐射加工级量值传递。本节仅介绍放射治疗级和辐射加工级量值传递。

1. 放射治疗级量值传递

放射治疗级量值传递分 3 步进行：①由国家基准实验室在自由空气中用国家基准对次级标准剂量仪进行检定，给出空气比释动能校准因子 N_K 或照射量校准因子 N_X；②次级剂量标准实验室用检定过的次级标准剂量仪对用户（如医院）使用的剂量计进行检定，同样是在自由空气中进行，得到 N_K 或 N_X。用户利用这些值就可计算自己剂量仪的 $(N_D)_C$，并认为 $(N_D)_C = (N_D)_U$，即在次级校准实验室得到的 $(N_X)_C$ 可用于用户的辐射场；③用户在水模体中用工作级剂量计测量水吸收剂量，给出工作级剂量仪水吸收剂量校准因子 N_W，这样用户可直接用 N_W 进行水吸收剂量测量。

2. 辐射加工级量值传递

按国家剂量保证服务（NDAS）计划，以邮寄传递标准丙氨酸/ESR 剂量计的形式进行，目前仅限于 ^{60}Co γ 射线。其步骤如下：

1）将计量院的 Fricke 化学剂量计（基准）放在置于计量院 ^{60}Co γ 辐射场中的水模体校准点处，用水中吸收剂量 D_W 校准该点。

2）移去 Fricke 剂量计，将计量院的丙氨酸剂量计置于水模体中校准点照射，得到一组具有不同准确剂量值的标准剂量计，做出它们的剂量刻度曲线。

3）计量院将未照射的同样的丙氨酸剂量计邮寄给用户，在用户的 ^{60}Co 辐射场中与用户的工作剂量计一起或分开辐射，用户用工作剂量计确定丙氨酸剂量计的名义水吸收剂量值 D_1，再将已照丙氨酸剂量计寄回计量院。

4）计量院用 ESR 谱仪测量用户照射的丙氨酸剂量计的响应，根据计量院的丙氨酸剂量计刻度曲线，给出其评定水吸收剂量值 D_0，最后算出名义与评定水吸收剂量值的百分偏差 $(D_1 - D_0)/D_0$（%）。

思考题与习题

1. 光度计量的主要参数有哪些？
2. 坎德拉的最新定义是怎样的？其复现方法有哪些？
3. 简述发光强度的计量检定过程。
4. 简述总光通量的量值传递系统。
5. 声学计量的概念是什么？最常用的声学计量物理量是哪个？
6. 声学计量的特点和难点是什么？
7. 声校准检定装置由哪些设备组成？
8. 水声标准器检定方法有哪几种？
9. 高频电压有哪些校准方法？分别讲述其原理。
10. 常用的高频功率标准有哪些？请述其工作原理。
11. 衰减是如何定义的？请讲述其常用标准的工作原理。
12. 现有的时标有哪几种？简述其工作原理与研究现状。
13. 简述 3 种时频基准装置的工作原理。
14. 利用卫星进行时频传递有哪些方法？比较其不同，并说明每种方法都能达到什么准确度。
15. 试述电离与电离辐射的基本概念。
16. 试述 $4\pi\beta - \gamma$ 符合法是如何测量放射性活度的。
17. 放射性活度量值传递的标准物质有哪几种？简述它们的使用范围。

▶ 第十一章

化 学 计 量

化学计量是计量学在化学科学领域内的重要应用，为化学测量结果的准确、可靠提供计量保证。化学计量的基本任务是发展化学测量理论、标准和技术，在国内和国际上实现化学成分量和物理化学特性量测量的准确一致，为科研、生产、贸易和社会生活提供技术基础。

第一节　化学计量及其任务

化学计量是研究化学测量量值的准确、统一和量值溯源性的一门基础学科，它包括有关物质组成、结构及物理化学特性测量方面的理论和实践。

一、化学计量的基本概念

（一）化学量

化学量包括物质或材料的化学成分量和物理化学量。对化学量进行溯源，其源头涉及SI 单位中的多个基本单位和导出单位，其中主要有物质的量单位、质量单位、国际标准相对原子质量，以及温度、长度等有关的单位和常数。例如，物质的量单位摩尔（mol）的最新定义由第二十六届国际计量大会决议给出，由定义可知，如果一个系统中所含特定基本单元的数目为阿伏加德罗常数时，则该系统中物质的量为 1mol；如果一个系统中所含基本单元的数目为阿伏加德罗常数的若干倍时，则该系统中物质的量就是若干摩尔。例如，1mol H_2 含有 N_A 个 H_2 分子；3mol 电子含有 $3N_A$ 个电子。

由于物质类别的多样性，物质或材料的多种物理化学特性及化学组成决定了化学量的多样性，仅化学成分量就包括元素、化合物、离子、官能团等多种形式，因此化学量具有多样性和复杂性的特点。

（二）化学计量

迄今为止没有一个权威的国际组织或机构对化学计量有过专门的定义。但从计量和计量学的定义延展看来，可以将化学计量理解为关于化学及其相关领域实现单位统一、量值准确可靠的活动。化学计量学是关于化学测量的科学，是研究化学测量理论和实践的综合性科学，是计量学的一个重要分支。而化学测量是以确定化学及其相关量值为目的的一组操作。这些量值可以是成分量、物理化学量或化学工程特性量，也可以是生物活性量。

基于摩尔的定义，摩尔的复现在实践上存在非常大的困难，大多数化学量的测量只能基于物质的物理和化学性质，通过对质量、相对原子质量等其他物理量的测量来实现。根据被测参量的特性，化学计量可以分为物理化学计量和分析化学计量两部分。

1. 物理化学计量

物理化学计量着重研究与物质的物理性质和物理化学性质有关的特性量的计量问题，主要包括黏度、酸度、电导、湿度计量等几部分。

2. 分析化学计量

分析化学计量主要研究与物质组成有关的化学成分的计量问题。化学成分的分析方法可分为化学分析和仪器分析两大类。

（三）化学计量标准

化学计量常常是对多个物理量进行综合测量，所以化学计量工作中常会使用许多物理和化学计量标准，如波长标准、透射比标准、分辨力标准、温度标准等，其中化学计量标准就是各种标准物质。许多化学量随物质或材料的形态、结构、成分含量、存在条件等的不同而不同，因此测量的标准物质也千差万别，种类繁多。又因为大多数的标准物质在使用过程中发生了化学和物理变化，无法重复使用，所以要求标准物质必须有一定的贮存量且容易复制。

二、化学计量的特点与任务

（一）化学计量的特点

1. 难度大

由于化学物质种类多，性质差异大，测量的内容多，因而化学计量的内容十分丰富。加之影响测量结果的因素众多，使得化学计量研究的内容更加复杂，通常而言，化学测量的过程较之物理测量来说更为复杂。此外，化学测量多为相对测量，多数时候是破坏性的测量。测量时一般要进行样品前处理，必须与测量标准（通常情况下是标准物质）进行比较才能获得测量结果，而且标准物质无论在特性量、基体还是含量水平上均必须与待测物相匹配，使得标准物质需求数量巨大，因而标准物质的研究在化学计量中显得极为重要。

2. 起步晚

不同于已存在100多年的物理计量，化学计量的工作还处于起步阶段。化学计量起步晚、内容多，涉及许多尚无定论的、国际上共性的难题，比如：如何构建国际化学计量完整框架？什么是核心测量能力，如何定义？如何以最有效的方式实现量值溯源？如何以最少数量的国际关键比对覆盖所有的化学测量范围？如何以最少量的标准物质涵盖最广泛的化学测量范围？如何评价化学测量结果的有效性？所有这些问题的解决，很大程度上需要集合国际上所有化学计量和化学测量的专家之智慧。

（二）化学计量的基本任务

化学计量的基本任务是发展化学测量的理论与技术，实现化学测量结果在国际上的可比性。国家范围内的准确一致；保证法律、法规的正确贯彻；为生产、贸易、人民生活和科学技术的发展提供化学测量的基础。

第二节　化学计量的基本原理和方法

一、物理化学计量

物理化学计量研究物化特性量的计量问题，主要包括酸度、电导、黏度、湿度计量等几部分。

（一）酸度（pH）计量

1. pH 的定义

pH 是表征溶液中氢离子活度（α_{H^+}）大小的量，其定义是氢离子活度的负对数，即

$$pH = -\lg\alpha_{H^+} \tag{11-1}$$

在实际测量中，测定溶液的 pH 常用对 H^+ 可逆的电极作指示电极，与参比电极和待测溶液组成工作电池，通过测量两种溶液 pH 工作电池的电动势确定被测溶液的 pH 值。

2. pH 基准

pH 基准由 pH 基准装置和 pH 基准物质组成。pH 基准装置是按国际公认的 pH 标度复现和保存 pH 单位，由国家批准作为统一全国量值的最高依据。pH 基准装置由氢气源、精密恒温槽、pH 测量电池和电动势测量装置组成。pH 基准测量电池（见图 11-1）是由氢电极和氯化银电极构成的无液接界电池。

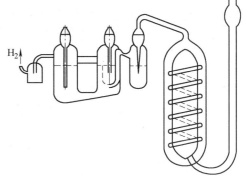

图 11-1　pH 基准测量电池

（二）黏度计量

1. 黏度的定义

黏度又称黏滞系数，是衡量流体黏滞性大小的量，用来表示流体反抗剪切变形的特性。一切流体都具有黏性，但只有在变形时才表现出来。

2. 黏度的计量

测量流体黏度的仪器称为黏度计，黏度计有毛细管黏度计、落球黏度计、旋转黏度计和流出杯黏度计等。毛细管黏度计的测量原理是测量一定体积的流体在外力或重力作用下流经毛细管的时间，根据哈根－泊肃叶定律计算黏度值。

二、分析化学计量

分析化学计量主要研究与物质组成有关的化学成分量的计量问题。化学成分的分析方法可分为化学分析和仪器分析两大类。

化学分析是以化学反应为基础的分析方法，主要包括重量分析法和滴定分析法。化学分析中的计量问题包括称重仪器（分析天平）的计量问题、体积测量仪器（滴定管、移液管等）的计量问题和标准溶液的制备和准确计量。

仪器分析是一类借助光电仪器测量试样溶液的光学性质（如吸光度或谱线强度）、电学性质（如电流、电位、电导）等物理或物理化学性质来求出待测组分含量的方法。仪器分析方法可大致分为电化学法、光谱分析法、色谱分析法、波谱分析法、质谱分析法等。下面简单介绍光谱计量方法和色谱计量方法。

（一）光谱计量方法

当物质与辐射能相互作用时，物质内部发生能级跃迁，记录由能级跃迁所产生的辐射能强度随波长的变化所得的图谱称为光谱。利用物质的光谱进行定性定量和结构分析的方法称为光谱分析法。

光谱分析法的种类很多，吸收光谱法、发射光谱法和散射光谱法是光谱法的三种基本类型，应用广泛。常见的吸收光谱法和发射光谱法见表 11-1 和表 11-2。

表 11-1　常见的吸收光谱法

方法名称	辐射能	作用物质	检测信号
莫斯鲍尔光谱法	γ 射线	原子核	吸收后的 γ 射线
X 射线吸收光谱法	X 射线放射性同位素	重金属原子的内层电子	吸收后的 X 射线
原子吸收光谱法	紫外、可见光	气态原子外层的电子	吸收后的紫外、可见光
紫外、可见分光光度法	紫外、可见光	分子外层的电子	吸收后的紫外、可见光
红外吸收光谱法	炽热硅碳棒等($2.5 \sim 15$)μm 红外线	分子振动	吸收后的红外光
电子自旋共振波谱法	($10000 \sim 800000$)MHz 微波	未成对电子	吸收
核磁共振波谱法	($60 \sim 500$)MHz 射频	原子核磁量子	吸收

表 11-2　常见的发射光谱法

方法名称	辐射能（或能源）	作用物质	检测信号
原子发射光谱法	电能、火焰	气态原子外层电子	紫外、可见光
X 荧光光谱法	X 射线	原子内层电子的逐出，外层能级电子跃入空位（电子跃迁）	特征 X 射线（荧光）
原子荧光光谱法	高强度紫外、可见光	气态原子外层电子跃迁	原子荧光
荧光光度法	紫外、可见光	分子	荧光（紫外、可见光）
磷光光度法	紫外、可见光	分子	磷光（紫外、可见光）
化学发光法	化学能	分子	可见光

1. 紫外-可见分光光度法

研究物质在紫外-可见光区分子吸收光谱的分析方法称为紫外-可见分光光度法。紫外-可见吸收光谱属于电子光谱。由于电子光谱的强度较大，故紫外-可见分光光度法灵敏度较高，一般可达 $(10^{-4} \sim 10^{-6})$g/mL，部分可达 10^{-7}g/mL。准确度一般为 0.5%，部分性能较好的仪器的准确度可达 0.2%。

单色光照射到物质上，光被物质吸收的程度（即吸光度）与在光路中被照射物质的粒子数（分子或离子）成正比，吸光度和物质浓度及光路长度成正比，即符合朗伯-比耳定律：

$$A = -\lg T = abc \tag{11-2}$$

式中　A——吸光度；

　　　T——透光度；

　　　a——吸光系数；

　　　b——光路长度；

　　　c——物质的浓度。

吸光系数是吸光物质在特定波长和溶剂情况下的一个特征常数，是物质吸光能力的量度，它是物质的固有特性，是紫外-可见分光光度法进行定性、定量分析及结构鉴定的依据。

紫外-可见分光光度计是研究和测量紫外-可见光谱的仪器，由光源、单色器、吸收池和检测器及数据处理系统组成。

紫外-可见分光光度计的光源应在较大范围内提供足够的光强度，且不随波长而变。常用的可见光源是钨灯、卤钨灯；紫外光源是氢灯和氘灯等。激光光源具有单色性好、谱线强度大、方向性好、时间和空间相干性强等特点，是一种很有前途的光源。单色器是把光源发出的连续光谱按波长顺序色散，并从中分离出一定宽度谱带的设备，通常由进口狭缝、准直镜、色散元件、聚焦透镜和出口狭缝组成。常用单色器是自准式棱镜和光栅。吸收池由能透过辐射的材料制成，可见光用玻璃，紫外光用石英。典型的吸收池光程为1cm。紫外-可见分光光度计的检测器要有较高的灵敏度，响应快，对光强度呈线性，噪声要小，稳定性要好。常用的检测器是光电管和光电倍增管。

2. 红外光谱分析

物质的分子有选择地吸收某些波长的红外光，引起分子内部振动能级和转动能级的跃迁，用适当的方式记录下能量随波长的变化，便得到了红外吸收光谱。几乎所有的有机化合物在红外区都有吸收。在不同化合物的分子中，同一种基团或化学键的某种振动频率总是出现在特定的波长范围内，分子其余部分对频率的影响很小。这种频率是该基团特有的。在红外谱图上，吸收所处的波长位置、谱带的形状和谱带的相对强度是指示该基团是否存在、存在方式等的有力特征，是红外光谱法进行定性、定量分析的依据。红外光谱法定量分析的依据，也是朗伯-比耳定律。红外光谱仪主要由光源、单色器、试样池、检测器和数据记录处理系统几部分构成。在中红外区，比较实用的光源是硅碳棒和能斯特灯。硅碳棒的工作温度为（1200～1400)℃，其发光面积大，操作方便，价格便宜；能斯特灯由混合的稀土金属氧化物制成，工作温度为1750℃，寿命长，稳定性好。红外分光光度计的单色器常用棱镜和光栅，光栅的分辨率好，价格合理。检测器主要是高真空热电偶、测热辐射计、气体检测器和光导电池等。

傅里叶变换红外光谱仪是新一代红外光谱仪。它具有扫描速度快、灵敏度高、分辨率和波数准确度高、光谱范围宽等许多优点，因此傅里叶变换红外光谱仪发展迅速，已逐步取代色散型仪器。

（二）色谱计量方法

色谱分析法是一种利用物质在固定相和流动相之间的吸附、溶解或分配等物理化学作用的差异而将混合物分离的技术。在色谱分析中，装入玻璃（或不锈钢）管子中的静止不动的相称为固定相，在管子中运动的相称为流动相。装有固定相的管子叫色谱柱。

色谱分析法中，按流动相的物理状态分为气相色谱法和液相色谱法。按固定相的状态，气相色谱又分为气-液色谱法、气-固色谱法；液相色谱分为液-液色谱法、液-固色谱法。按分离过程操作形式可分为柱色谱法（填充柱、毛细管柱）、平板色谱法（薄层色谱、纸色谱）、电泳法等。按分离原理可分为吸附色谱法、分配色谱法、离子交换色谱法、空间排斥色谱法等。

1. 气相色谱分析

气相色谱分析是在气相色谱仪上进行的。气相色谱仪的主要部件和分析流程图如

图 11-2 所示。

气相色谱的流动相称为载气。由高压气源提供载气，经减压阀减压后，通过净化器干燥、净化。用稳压阀调节并控制载气流速至所需值（由流量计及压力表显示柱前流量及压力），而到达汽化室。试样用注射器（气体试样也可用六通阀）由进样口注入，在汽化室内瞬间被汽化，由载气带入色谱柱，在柱内的两相间进行反复多次的分配，根据试样中各组分在固定相和流动相间的分配系数差异，达到平衡后先后流出色谱柱，进入检测器，检测器产生的电信号经放大输出给记录仪记录下来，得到色谱图。

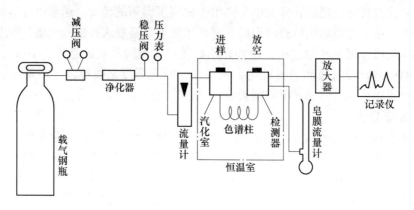

图 11-2　气相色谱仪的主要部件和分析流程图

色谱常用的载气有氢气、氮气、氦气和氩气等。进样系统包括进样装置和汽化室，其作用是将气体、液体或固体样品快速、定量地加到色谱柱上。色谱柱由柱管和填在其中的固定相组成，试样在柱上完成分离。色谱柱由玻璃、石英、金属管子做成，有 U 形和螺旋形等。色谱柱的选择性和分离效率取决于柱内固定相。气相色谱的固定相有液体和固体两类，固体固定相一般是表面具有一定活性的吸附剂，液体固定相由固定液和载体（或担体）构成。气相色谱仪的测温和控温系统是用来控制和测量柱箱、汽化室和检测室温度的。温度是气相色谱分析的重要操作控制参数之一，它直接影响色谱的选择性和检测器的灵敏度及稳定性。检测器是气相色谱仪的关键部件，它根据物质的物理或物理化学特性，识别出试样的组分及含量，实现定性和定量分析。常用的有热导池检测器、氢火焰离子化检测器、电子俘获检测器和火焰光度检测器。

色谱图是进行定性、定量分析的依据。在色谱条件一定时，每种物质都有确定的流出时间（称为保留时间），通过与纯物质的保留时间相比较，便可进行定性分析；定量分析的依据是峰面积（或峰高），方法主要有归一化法、内标法和外标法。

气相色谱具有灵敏度高、选择性好和分析速度快等优点，广泛用于石油化工、食品卫生、环境监测等领域。

2. 高效液相色谱分析法

高效液相色谱法以液体为流动相，可用于高沸点、难挥发、热不稳定以及具有生理活性物质的分析。它利用物质的吸附、分配系数、离子强度等物理和物理化学性质的差异，将试样中各组分分开，再根据各组分的光学、热学、电学和电化学性质进行检测。依据出峰时间和峰面积进行定性、定量测定。根据分离机理的不同，高效液相色谱法可以分为液-固色谱法、液-液色谱法、离子交换色谱法和空间排阻色谱法。

液-固色谱是以硅胶等吸附剂为柱内固定相，正己烷、异丙醇等溶剂或它们的混合物为流动相的色谱。试样中各组分在固定相和流动相间反复地被吸附和脱附达到平衡。由于组分在吸附剂上吸附能力的强弱不同，故它们在固定相上停留的时间也不同。吸附力强的在柱中停留时间长，后被冲出色谱柱；吸附能力弱的在柱中保留时间短，先被冲出来。液固色谱有两种硅胶固定相：一种是薄壳微珠，即在直径约为 $(30 \sim 40)\,\mu m$ 的玻璃微珠表面附上一层厚度约为 $(1 \sim 2)\,\mu m$ 的多孔硅胶吸附剂，传质速度快，装填容易，重现性好，但由于试样容量小，需配用高灵敏度的检测器；另一种是全多孔型硅胶微粒，是由纳米级硅胶微粒堆积而成的小于等于 $10\,\mu m$ 的全多孔型固定相，传质距离短，柱效高，柱容量并不小，近年来应用广泛。

液-液色谱也称液-液分配色谱，试样随流动相流动时，在流动相与固定液之间进行分配，从而使分配系数不同的各组分得到分离。液-液色谱除了可选用不同极性的固定液外，还可以通过改变流动相的极性达到良好的分离效果。液-液色谱能分离官能团不同和官能团数目不同的化合物，而且可以分离仅差一个碳原子的同类化合物，稳定性好，重现性也好。

离子交换色谱特别适合分离离子型和可离解的化合物。离子交换色谱的固定相为离子交换树脂，其上可离解的离子与流动相中具有相同电荷的离子可以进行交换。各种离子根据它们对交换树脂亲和能力的不同而得以分离。

空间排阻色谱法以凝胶为固定相，凝胶是一种经过交联而有立体网状结构的多聚体，具有数纳米到数百纳米大小的孔径。当试样随流动相进入色谱柱，在凝胶间隙及孔穴旁流过时，试样中的大分子、中等大小的分子和小分子或直接通过色谱柱，或进入某些稍大的孔穴，有的则能渗透到所有孔穴，因而它们在柱上的保留时间各不相同，最后使大小不同的分子可以分别被分离。

进行高效液相色谱分析的仪器是高效液相色谱仪。它由高压输液系统、进样系统、色谱柱、检测器和数据采集处理系统构成。此外，根据特殊要求，液相色谱仪还配了自动脱气系统、柱恒温箱、梯度控制洗脱系统和自动进样装置等。

与气相色谱分析相比，液相色谱法不受样品挥发性、热不稳定性等限制，非常适合分离生物大分子、离子型化合物及一些天然产物。液相色谱法在石油化工、环境监测、食品卫生等方面使用广泛。

3. 薄层色谱法

薄层色谱是液相色谱的一种，它是将固定相（主要是吸附剂）涂到具有光洁表面的玻璃板或其他载体上形成薄层，将待分离样品溶液点在薄板的一端，在密闭的容器中以适当的溶剂（称为展开剂）展开，此时混合组分不断地被吸附剂吸附，又被展开剂所溶解而解吸，且随之向前移动。由于吸附剂对各组分具有不同的吸附能力，展开剂对各组分的溶解、解吸能力也不相同，从而使各组分的迁移速率产生差异，得到分离。

此法速度快，效率高，样品用量少，灵敏度较高，且设备简单，操作方便，广泛地应用于医药、生化环保、农业、化工等领域。

4. 纸色谱法

纸色谱法是以纸作为载体的色谱法。通常纸色谱法的固定相为纸纤维上吸附的水分，纸纤维只是起到一个惰性支持物的作用，流动相为不与水相混溶的有机溶剂。除水以外，纸也可以吸留其他物质，如甲酰胺、缓冲溶液等。

第三节　化学计量的传递与溯源

一、化学测量仪器的检定与校准方法

化学测量仪器在化学分析测试领域被广泛使用。化学测量仪器计量特性的好坏直接关系到化学分析测试结果的可靠性。

（一）化学测量仪器的特点

与一般的物理量测量仪器不同，化学测量仪器尤其是大型分析测试仪器是比较测量装置，其示值仅仅是一个信号，并不是被测量的量值。只有当用已知量值如标准物质的量值进行标定，建立起已知量值与示值信号的函数关系后，才能将信号大小转换成被测量的量值。

由于化学量的复杂性和多样性，决定了化学测量仪器的种类非常繁多。近年来，许多大型分析测试仪器被引入到化学计量领域，这些分析测试仪器集中了光、机、电、计算机等高新技术，结构复杂，不易掌握，对使用者和检定人员的技术和知识水平都提出了较高的要求。

（二）化学测量仪器的检定方法

化学测量仪器的检定一般分为两步：首先进行分项检定，对仪器所涉及的计量参数逐一检定，对仪器各部件性能做出评价；然后进行整机检定，整机检定结果反映仪器整机性能，也最能反映出仪器实际使用中的情况，是判断被检仪器合格与否的主要依据。例如，气相色谱仪检定中首先对载气流速、柱箱控温准确度、程序升温重复性等进行分项检定，然后再对表征整机性能的灵敏度、检测限和重复性进行评价。

化学测量仪器检定用的计量标准装置一般是由独立保存不同量值的一系列标准器和标准物质组成。分项检定仪器部件性能是对计量参数的检定，所用的计量标准多为物理量计量标准，如气相色谱仪载气流速检定时使用标准皂膜流量计。整机检定时使用的计量标准一般是标准物质。使用标准物质作为检定标准时的检定过程与使用仪器进行测量时的过程基本一致，可以如实反映仪器测量时的实际情况，对仪器的整机性能做出准确评价。

二、物理化学计量仪器的检定与校准

（一）酸度计的检定

pH 测量在工业、农业、环保、食品卫生等国民经济和人民生活各领域应用广泛。电位法测量 pH 的原理是：一支对氢离子可逆的指示电极和一支参比电极浸入待测溶液中组成工作电池，通过测量电池电动势，确定待测溶液的 pH 值。

pH 计（酸度计）是日常测量 pH 值的仪器，它是根据 pH 的实用定义设计的以玻璃电极作为指示电极的一种测量水溶液酸度的专用仪器。玻璃电极有较高的内阻，为保证测量误差小于1%，要求 pH 计输入阻抗达到 $10^{11}\Omega$ 以上，在 pH 测量的闭合回路中电流很小，一般小于 $10^{-11}A$。由于溶液的 pH 值和电动势受温度的影响，为适应不同温度下的 pH 测量，pH 计上设置了温度补偿器。常用的参比电极为甘汞电极。

图 11-3 所示为 JJG 2060—2014《pH（酸度）计量器具检定系统表框图》，规定了由 pH 基准向 pH 标准及工作仪器传递 pH 量值的程序、检定误差和基本检定方法。

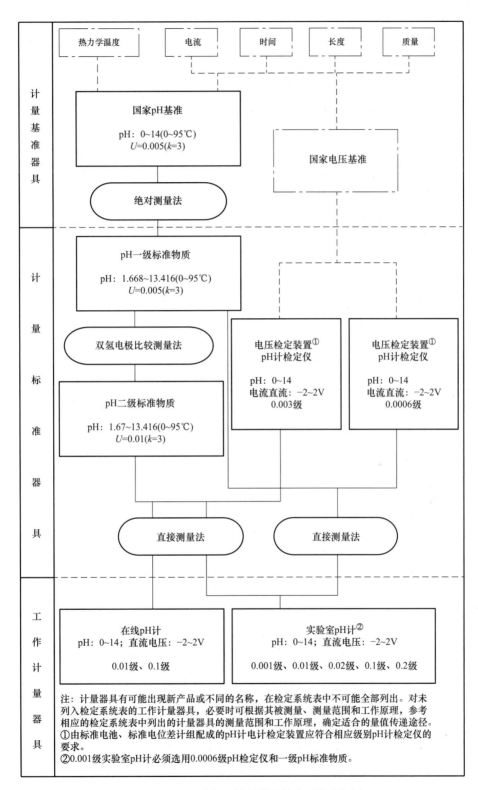

图 11-3　pH（酸度）计量器具检定系统表框图

（二）黏度计的检定

绝大多数的黏度测量都是采用相对测量法，是与纯水的黏度值相比较而实现的，以纯水的黏度作为起始标准来传递黏度的量值。黏度基准器由 27 支（9 组，每组 3 支）不同内径的毛细管黏度计组成。利用阶升法，借助一系列不同黏度的标准黏度液，定出每组黏度计常数。

黏度量值的传递是依据黏度计量器具检定系统图进行的，它借助国家一级和二级标准物质以及标准毛细管黏度计，由国家基准向各工作计量器具传递量值。黏度计的检定是按 JJG 154—2012《标准毛细管黏度计检定规程》、JJG 155—2016《工作毛细管黏度计检定规程》、JJG 1002—2005《旋转黏度计检定规程》、JJG 214—1980《滚动落球黏度计检定规程》、JJG 742—1991《恩氏黏度计检定规程》和 JJG 743—2018《流出杯式黏度计检定规程》进行的。

三、分析化学计量仪器的检定与校准

（一）紫外-可见分光光度计的检定

紫外-可见分光光度计主要用于物质的定量分析，其分析结果的测量不确定度受很多因素的影响，如样品处理的影响、标准溶液浓度的不确定度、分析方法的误差等，其中仪器自身的不确定度是影响分析结果的重要因素，因此必须对紫外-可见分光光度计的性能进行计量检定。检定的依据是 JJG 022—1996《紫外和可见吸收光谱仪检定规程》。紫外-可见分光光度计的计量要求技术指标见表 11-3。

表 11-3　紫外-可见分光光度计的计量技术指标

检定项目	仪器级别		检定项目	仪器级别	
	一 级	二 级		一 级	二 级
波长准确度	±0.3nm	±0.5nm	杂散光	<0.001%（220nm）	<0.02%（220nm）
波长重复性	0.2nm	0.5nm		<0.01%（620nm）	<0.1%（620nm）
分辨深度或光谱带宽	分辨深度>20%	光谱带宽<2nm	噪声	<0.001A（100%浅）	<0.003A（100%浅）
透过率准确度	±0.3%	±0.5%	漂移	<0.001A（500nm）	<0.002A（500nm）
透过率重复性	0.2%	0.5%	绝缘电阻	≥20MΩ	≥20MΩ
基线平直度	±0.001	±0.01			

检定周期一般为两年。仪器如经修理、搬动或发现仪器工作状态不正常时，都应进行重新检定。检定文件应妥善保管，以供查验。

（二）红外光谱仪的检定

国内外制定了多个红外光谱仪的检定规程和方法。1989 年美国公布了 ASTM E 932《色散型红外分光光度计的性能表征与测量方法》，1991 年公布了 ASTM E 1421《傅里叶变换红外光谱仪的性能表征与测量方法》，NIST 于 1995 年公布了 SRM 1921 聚苯乙烯红外波长标准物质。我国于 1990 年颁布了 JJG 681—1990《色散型红外分光光度计检定规程》（现编号确认为 JJG 681—2005），并规定使用聚苯乙烯标准片检定仪器。这些检定规程的颁布实施和标准物质的研制，对红外光谱仪的检定和校准提供了检定依据和物质基础。

根据 JJG 681—2005《色散型红外分光光度计检定规程》，色散型红外分光光度计的检定参数有仪器外观、波数正确度与波数重复性、透射比正确度与透射比重复性、杂散辐射、分辨力、100%线平直度、噪声共7个项目。仪器外观包括仪器名称、型号、制造厂名，出厂年、月和仪器编号等标志，以及仪器机械部件检查和仪器记录部分的检查。按照波数不同，仪器分为A、B、C三类，波数范围分别是（4000~650）cm^{-1}、（4000~400）cm^{-1}、（4000~200）cm^{-1}。波数正确度与波数重复性的技术指标依光谱范围不同而有所不同，波数范围在（4000~2000）cm^{-1}的仪器波数正确度要求±8cm^{-1}，波数重复性不大于8cm^{-1}；2000cm^{-1}以下要求正确度不大于4cm^{-1}，波数重复性不大于4cm^{-1}。透射比正确度与透射比重复性的技术指标依仪器的不同原理来确定，光学零位平衡式仪器要求不大于1.0%，比例记录式仪器要求不大于0.5%。杂散辐射根据仪器的不同类型和波数范围而有所不同，例如，A类仪器在（4000~680）cm^{-1}波数范围要求小于等于1%，在（680~650）cm^{-1}波数范围要求小于等于1%。分辨力要求峰-峰间的分辨深度大于1%，100%线的平直度应不大于4%，噪声不大于1%。

（三）气相色谱仪的检定

气相色谱仪需根据JJG 700—2016《气相色谱仪检定规程》定期对其性能进行检定，主要检定项目如下：①一般性检查，包括检查铭牌、管道接头气密性等；②载气气流速的稳定性，要求6次测量的平均相对标准偏差不大于1%；③温度检定采用铂电阻和多位数字表来进行，规程规定了柱箱中部的温度；④检测器性能检定，规程给出了热导、火焰离子化、火焰光度等检测器的检定条件；⑤定性、定量重复性是考查仪器综合性能的唯一指标，是比较关键的指标，定量重复性的计算以溶质峰面积的测量的相对标准偏差RSD表示。

（四）液相色谱仪的检定

液相色谱仪应依据JJG 705—2014《液相色谱仪检定规程》进行检定，检定项目有泵的耐压、泵流量设定偏差及稳定性偏差、梯度淋洗的准确度、柱箱温度设定偏差及控温稳定性偏差、液相色谱仪检测器的性能。对于检测器的性能，主要检定项目有定性测量重复性、定量测量重复性、波长示值偏差、波长重复性偏差、基线漂移、基线噪声、最小检测器浓度线性范围和输出换档偏差。

第四节　化学计量的发展

化学计量和测量技术在当今世界的高科技发展，如在新材料、生物技术、航天技术等领域都起着关键作用。同时，高科技的发展，如新材料、新器件的不断涌现，微电子技术和仪器自动化的进一步发展及数字图像处理功能的引入等，都大大推进了化学计量和测量技术的发展。

一、新测量方法与技术

（一）质谱法

质谱法是分离和记录离子化的原子或分子的方法，具体方法是以某种方式使有机分子电离、碎裂，然后按质荷比大小把各种离子分离，检测它们的强度，并排列成谱。质谱法能提供有机物的相对分子质量、分子式、所含结构单元及连接次序等重要信息。

用于检测有机化合物质谱的仪器称为质谱仪。质谱仪由离子源、质量分析器、离子检测器、进样系统和真空系统5个部分组成，另外还配有控制系统和数据处理系统。试样由进样系统导入离子源，在离子源中被电离和碎裂成各种离子，离子进入质量分析器，按质荷比大小被分离后依次到达检测器，检测到的信号经数据处理成为质谱图或以质量数据表的形式输出。

由于质谱可以提供相对分子质量、分子式等重要信息，所以质谱技术的研究和应用一直是比较活跃的领域。目前质谱的新技术及新仪器主要针对生物分析及生命科学领域，已经成为这方面的前沿，扩大质量范围及提高灵敏度，使其应用于生物大分子及热不稳定化合物是研究的一个热点方向。

（二）扫描探针显微技术

化学物质的成像离不开显微技术。正常人眼睛的分辨力为 0.2mm，光学显微镜的最高分辨力为 200nm，而组成物质世界的基本单元——分子的大小一般为几纳米到几十纳米，原子的典型尺寸为（0.2~0.3）nm。因此，要想在单分子和单原子层次观察世界，就必须发展新的显微技术。

扫描隧道显微镜（STM）的出现，使人类第一次能够实时地"观察"（实际上并没有真正看到，只是用探针扫描探测到）单个原子在物质表面的排列状态和与表面电子行为有关的物理、化学性质。

与其他的显微技术相比，STM 具有以下一些特点：在原子分辨力方面，横向分辨力可达（0.1~0.2）nm，深度分辨力高达 0.01nm；能够实时获得表面三维图像；能够观测最表面层的局部结构信息，而不是体相的平均信息；可在大气、真空、常温、低温甚至液体中工作；对样品无损伤；配合扫描隧道谱可获得有关表面电子结构信息。

（三）采用各种联用技术

随着各种现代分析技术的发展，虽然出现了一些对复杂及难分离样品分辨率特别高的分析仪器，但在许多情况下，仅靠一种方法还是难以完成对复杂样品的分析。近年来发展起来的联用技术是将两台或两台以上的相同或不同原理的仪器组合起来，充分发挥各自的特点和长处，以提高和改善分辨率和选择性。

率先推出的是色谱和有机质谱的联用系统。色谱技术能有效地将试样中各组分分离，但常用检测器能给出的结构信息却很少。质谱技术则有丰富的结构信息和很高的灵敏度，但只能分析很纯的试样。将两者结合起来，实现色谱-质谱联用，就能充分发挥色谱和质谱技术各自的优势，形成一种强有力的分析手段。气相色谱-质谱联用、高效液相色谱-质谱联用、气相色谱-红外联用、气相色谱-红外-质谱联用技术等都有了成熟的商品仪器。

二、化学计量面临的挑战和任务

（一）化学计量面临的挑战

我国已形成一套具有中国特色的化学计量体系，制定各类分析仪器检定规程 100 多个。国家标准物质研究中心作为国家级化学计量实验室，对保证全国范围内量值统一起了重要作用，为我国化学计量的国际互认打下了基础。目前化学计量面临的挑战和问题有：

1）科技发展带来的挑战。以信息科学、生命科学和材料科学为代表的现代科技给化学计量提出了挑战。生命科学中基因组数据库的测序结果的错误率高达 4%，生化计量刚刚起步，没有相应的溯源体系，材料方面的纳米测量技术和标准的起点也非常低。

2）全球化经济对化学计量的挑战。在全球化经济下，保护国家的利益的关键是技术壁垒，我国目前对痕迹、农药残留、药物残留、重金属等的准确检测技术和标准物质的缺陷，难以应对发达国家的技术壁垒，使我国在农业产品等领域的进出口受到巨大损失。

3）可持续发展战略的挑战。我国生态基础薄弱、环境污染严重，环保是随时对可能受到污染的大气、土壤、水体、生物体等进行全面的监测。随着环境治理的深入，控制的污染物种类逐渐增多，涉及行业增多。目前我国的测量技术和标准物质很难满足上述要求。

4）国际化学计量发展形成的挑战。近年来，以美国为代表的许多国家对化学计量部门进行调整和加强，赋予更明确的职责和义务以适应形势发展的需要。国际比对涉及的面和数量都有明显的增加。如国际计量委员会物质量咨询委员会（CCQM）制定的比对计划就有200余项，涉及包括生物、环境、健康、食品安全、高新技术材料等，就目前我国的测量能力而言，有三分之一的项目不能参加。此外，国际及区域计量组织活动异常活跃，以促进本国或地区经济贸易的发展。

（二）近期化学计量的主要任务

1）建立和完善化学量、物理化学量、化学工程的国家计量基、标准。研究新的化学计量标准装置，拓宽化学计量标准体系，重点突破生化、医疗卫生等领域化学计量工作的滞后。

2）开展化学计量的基础研究。继续开展相对原子质量测量工作（已有6种相对原子质量测定数据被 IUPAC 采纳）。开展物理化学常数测量的探索性基础研究，关注国际上对化学量基本单位——摩尔复现的探索性研究工作。

3）开展化学计量的理论研究。研究国家化学测量体系的构架、化学测量溯源比较链各环节及其作用。

4）建立化学计量信息体系。通过建立标准物质数据库和标准方法库、仪器检定（校准）规程资源库，建立完善的标准物质信息网。

5）拓宽化学计量研究领域。开展生化计量、表面化学计量、物特性化学计量研究工作，初步建立这些领域的化学计量技术基础。

思考题与习题

1. 什么是化学计量？化学计量主要包括哪些内容？
2. 摩尔是如何定义的？
3. 在 1L 溶液中含有 40gNaOH，则 NaOH 的物质的量浓度为多少？
4. 标准状况下，0.1mol 氢气的体积为多少？
5. 紫外-可见分光光度法定量分析的依据是什么？
6. 简述气相色谱仪的测量原理。
7. 液相色谱仪有哪些类型？分别简述它们的测量原理。
8. 为什么说化学计量难度大、起点低？
9. 化学测量仪器有何特点？其检定方法是怎样的？
10. 简述当前化学计量的最新进展。
11. 现有 A、B 两种水样，已知 A 水样 pH 值为 2.0，B 水样 pH 值为 6.0，A 水样氢离子活度是 B 水样氢离子的多少倍？
12. 25℃饱和酒石酸氢钾溶液，浓度为 0.034mol/L。计算配置 500mL 此溶液时，至少要用多少克的酒石酸氢钾？（相对原子质量：K 为 39.1，C 为 12，H 为 1.01，O 为 16，酒石酸氢钾分子式 $KHC_4H_4O_6$）

13. 根据现行黏度计的检定规程列出检定毛细管、落球、旋转、恩式黏度计时恒温槽温度波动不得大于多少？

14. 简述扫描探针显微技术的原理。

15. 如何理解当今社会化学计量面对的挑战？

16. 试分析全球化经济以及对我国化学计量发展的影响。

第十二章

计量新领域

随着科学技术和经济的发展，对计量工作也提出了新的要求。当前，能源计量、环境计量、生物医学计量等成为了我国计量发展的重要新领域。2011 年，中国计量科学研究院规划了6 大计量新领域建设项目，将新能源、新材料及纳米、生物安全、环境计量、医学计量和仪器仪表等作为发展的战略重点，这体现了发展新领域在计量工作的重要性和必要性。

第一节　能源计量技术

当今世界，能源耗竭和环境污染是人类发展的两大主题。在保持经济快速增长的基础上，如何最大限度、最经济地利用好传统能源，如何开发和利用新能源，如何遏制有害污染物在环境中的排放，如何减少二氧化碳释放，是我国乃至世界当下面临的最大难题。在解决能源与环境难题的同时，也是对能源计量提出新的挑战。

一、能源计量的定义

能源计量是计量学的一个分支学科，其本质特征是关于能源量及能源使用程度的计量，但它又不同于普通的计量，而是在特定的条件下，具有特定含义、特定方法、特定目的和特殊形式的计量。传统地把能源计量划分为工业计量的范畴，然而随着经济的发展和时代的进步，能源利用格局发生了巨大变化，传统能源的日渐枯竭，新能源的不断涌现，能源计量的地位日益加重，能源计量有望发展为独立学科。

对能源计量的定义并非唯一，归纳起来主要分 3 种：①指"为确定用能对象的能源利用完善程度而对能源及相关的计量"。这里所说的"用能对象"既可指系统、设备、过程，甚至是微元，也可指国家、地区、企业等行政区划或法人单位；"能源利用完善程度"是指采用设备效率、能效比、制冷系数（指制冷机），或者是单位产品能耗、单位产值能耗、单位GDP 能耗乃至一个国家或地区的能源弹性系数等能源单位来衡量能源利用的程度。该定义突出的是能源计量对能源利用情况控制的职能。②指"在能源流程中，对各环节的数量、质量、性能参数、相关的特征参数等进行检测、度量和计算"。这一定义概括了能源计量工作的具体内容，强调能源计量是能源统计的技术基础。③指"对企业和其他用能单位通过所配备的计量器具，对使用的各种能源实施计量的行为"。该定义体现了 2008 年 4 月 1 日起施行《中华人民共和国节约能源法》规定"用能单位应当加强能源计量管理，按照规定配备和使用经依法检定合格的能源计量器具"的具体要求。

由于使用的能源、消耗能源的设备、涉及的计量仪器仪表多种多样，故能源计量比一般计量更具复杂性。

二、能源计量的意义

能源计量是推动技术进步、能源结构调整与新能源开发利用的"标尺"和"眼睛"。能源计量的重要性主要体现在以下三个方面：

1）能源计量是新能源产品开发、研制及生产的重要基础。计量测试与原材料、工艺装备一起被视作现代工业生产的三大支柱。新能源产业要实现健康快速发展，一方面，需要解决部分技术难关；另一方面，新能源产品的大规模工业化生产需要可靠的制造工艺流程、质量检测手段等提供质量保证。在这些方面，都需要工业企业具备扎实的计量检测技术手段和管理体系，为产品质量、安全防护、经营管理提供重要的基础保障，同时，建成配套的公共计量检测平台，形成科学、可靠的量值传递体系，为新能源产业发展助力。

2）能源计量是开展节能减排的前提和基础。《节约能源法》第二十七条规定："用能单位应当加强能源计量管理，按照规定配备和使用经依法检定合格的能源计量器具。"单位开展节能减排、能源统计、能源利用状况分析必须建立在准确地用能计量数据基础上，离开这些计量数据，节能就无从谈起；只有扎实开展科学、合理、准确的能源计量工作，才能提供技术及设备支持，才能为能源管理和节能工作提供正确的指导方向。

3）能源计量是评价能源利用效率、节能减排效果的技术手段和有力措施。《节约能源法》第十六条中规定："生产过程中耗能高的产品生产单位，应当执行单位产品能耗限额标准。"能源计量可以对节能效果进行评价和测试，为能源新技术推广提供科学、准确的量化结果。配齐配全准确可靠的计量器具是对企业单位产品能耗指标检查考核的物质保证。

我国能源利用的核心问题是能源利用效率低下，能源结构不合理。我国能源效率大约是30%左右，如果把开采效率计算在内，这个数据就更低了。据估计发达国家现在能源效率已经达到40%甚至50%左右，我国在这方面的差距相当大。在能源利用的发展史上，煤炭先于石油的发现和利用，然而通常来讲，石油、天然气是比煤炭更"优质"、更"经济"的能源，发达国家从20世纪三四十年代开始，逐渐变成以石油为主体的结构，现在石油占世界能源消费的40%左右，天然气和煤各占约20%。我国的煤炭资源比较丰富，今后相当长的时间内中国以煤为主的能源结构难以改变。通过"能源计量"这个"标尺"或"杠杆"的作用，可以促进能源领域的科研发展，加速我国新能源开发和节能技术在量和质上的提高，从而推动我国能源结构的优化与调整。随着我国"碳达峰""碳中和"战略目标的提出，能源计量技术更加凸显出其重要性。

三、能源计量单位

按照能源的计量方式，能源计量单位主要有3种表示方法：一是用能源的实物量来表示，如煤使用吨（t）、天然气采用立方米（m^3）作为计量单位；二是用热功单位来表示，如焦耳（J）、千瓦·时（$kW·h$）；三是用能源的当量值表示，常见的如煤当量和油当量。按照能源计量单位的使用范围，可分为国际公认的国际标准计量单位和一个国家自行规定的法定计量单位两种。

（一）能源的实物量单位

按照能源的形态可分为固体能源、液体能源和气体能源，由于形态的多元化，对能源实物量进行计量时，采用不同的计量单位，例如，对固体能源采用质量单位，液体和气体能源采用体积单位，而对同一种能源，各个国家和地区所用的计量单位也不一致。甚至同一能源，使用场合不同计量单位也会不同。例如石油，在计算原油日产量、出口量等习惯用容积单位"桶（bbl）"，在计算年产量、消费量则习惯用质量单位"吨（t）"。表 12-1 所示为不同国家和地区常见能源实物量计量单位的采用情况。其中，桶是指石油桶，1 石油桶约等于 159L，而加仑又分为美国加仑（USgal）和英国加仑（UKgal），1USgal = 3.785L，1UKgal = 4.546L。

表 12-1　常见能源实物量计量单位和使用范围

能 源 形 式	单　　位	使用国家和地区
固体能源、液体能源	吨（t）	世界各地
原油	吨（t）	中国、俄罗斯、东欧各国
	桶（bbl）	西方各国
成品油	升（L）	中国、俄罗斯、东欧各国
	加仑（gal）	西方各国
	标准立方米（STm³）	中国、俄罗斯
气体能源	标准立方英尺（nct）	西方各国
电力	千瓦·时（kW·h）	世界各地

（二）能量单位

功和热是能量在系统或环境中的两种不同传递方式。国际单位制中统一规定功、热量、能量的单位都用焦耳。焦耳（J）的定义是 1 牛顿（N）的力作用于质点，使它沿力的方向移动 1 米（m）距离所做的功；或者用 1 安培（A）电流通过 1 欧姆（Ω）电阻 1 秒（s）所消耗的电能。用国际单位制单位表示为 N·m；用国际单位制基本单位表示为 $kg·m^2/s^2$。焦耳是具有专门名称的国际单位制导出单位，也是《中华人民共和国法定计量单位》规定的表示能、功和热量的基本单位。

在认识热的本质之前，人们并不清楚热量、功与能量之间的关系，因此热量采用单独的单位即卡路里（简称卡）来表示，在英制里采用英热单位（Btu）来表示。18 世纪，英国物理学家焦耳通过大量实验验证热量和功存在一定当量关系，即"热功当量"。热、功统一了国际单位制以后，"热功当量"不存在了。实际应用中人们仍然保留使用卡、千卡作为热量的单位的习惯，但是按照《中华人民共和国法定计量单位》的规定，焦耳（J）和千瓦·时（kW·h）是法定计量单位，是许用单位；而卡（cal）和英热单位（Btu）为非法定计量单位。

能量单位换算关系见表 12-2。

表 12-2　能量单位换算关系

能 量 单 位	焦耳（J）	千瓦·时（kW·h）	国际蒸汽表千卡（$kcal_{IT}$）	热化学千卡（$kcal_{th}$）	20℃千卡（$kCal_{20}$）	英热单位（Btu）
焦耳（J）	1	2.778×10^{-7}	2.3885×10^{-4}	2.3901×10^{-4}	2.3914×10^{-4}	9.4781×10^{-4}
千瓦·时（kW·h）	3.6×10^6	1	8.5985×10^2	8.6042×10^2	8.6091×10^2	3.4121×10^3
国际蒸汽表千卡（$kcal_{IT}$）	4.1868×10^3	1.1630×10^{-3}	1	1.0007	1.0012	3.9683
热化学千卡（$kcal_{th}$）	4.1840×10^3	1.1622×10^{-3}	9.9933×10^{-1}	1	1.0006	3.9657
20℃千卡（$kCal_{20}$）	4.1816×10^3	1.1616×10^{-3}	9.9876×10^{-1}	9.9943×10^{-1}	1	3.9671
英热单位（Btu）	1.0551×10^3	2.9307×10^{-4}	2.5200×10^{-1}	2.5217×10^{-1}	2.5231×10^{-1}	1

（三） 当量单位

不同能源的实物量是不能直接进行比较的，假如一个工厂同时使用煤、天然气、柴油作为能源，如果计算一下每天能源消耗总量，直接使用实物计量单位计算是不能实现的。由于各种能源都有一种共同的属性，即含有能量，且在一定条件下都可以转化为热。为了便于对各种能源进行计算、对比和分析，选定某种统一的标准燃料作为计算依据，然后用各种能源实际含热值与标准燃料热值之比，即能源折算系数，计算出各种能源折算成标准燃料的数量。所选标准燃料的计量单位即为当量单位。

国际上习惯采用的标准燃料有两种：一种是标准煤，另一种是标准油。由于我国能源结构是以煤为主，煤炭在全国的使用比较普遍和广泛，因此最常用的单位是标准煤。标准煤的计算目前尚无国际公认的统一标准，中国、苏联、日本按 29.3MJ 计算，即 1kg 标准煤的热值为 29.3MJ。例如：2012 年中国能源消耗总量为 36.2 亿吨标准煤，即是通过石油、天然气、水电、太阳能、风能和核能等能源的消耗量折算成标准煤而来的。

四、能源计量器具

能源计量器具的定义是：测量对象为一次能源、二次能源和载能工质的计量器具。一次能源是指从自然界取得的未经任何加工、改变或转换的能源，如原煤、原油、天然气、生物质能、水能、核燃料，以及太阳能、地热能、潮汐能等。由一次能源通过加工或转换得到的其他种类或形式的能源称为二次能源或"次级能源"，包括煤气、焦炭、汽油、煤油、柴油、重油、电力、蒸汽、热水、氢能等。载能工质是指由于本身状态参数的变化而能够吸收或放出能量的介质，即介质是能量的载体，像水蒸气是工业上最重要的载能工质。

GB 17167—2006《用能单位能源计量器具配备和管理通则》（以下简称 06 版标准）于 2007 年 1 月 1 日起在全国所有用能单位强制执行，替代了 GB/T 17167—1997《企业能源计量器具配备和管理导则》（以下简称 97 版标准）。前者与后者相比，有以下几个方面的重大变化：①由推荐性标准改为了强制性标准；②06 版标准中增加了非工业企业用能单位，如事业单位、行政机关、独立团体等独立核算的用能单位，能源计量器具的配备和管理要求不再单纯针对企业；③对用能单位、主要次级用能单位、主要用能设备的能源计量器具配备率进行了调整，且是强制性条款；④对能源计量器具的准确度等级要求进行了调整，且对用能单位的能源计量器具准确度等级的要求是强制性的。

能源计量器具配备率是指能源计量器具实际的安装配备数量占理论需要量的百分数。以前亦被定义为：实际装备计量器具数量占应当安装计量器具数量的百分比。采用能源计量器具配备率为指标的优势是比较直观；与用能单位实际用能量的变化多少无关，可操作性强；更加具有科学性。能源计量器具配备率按式（12-1）计算：

$$R_P = \frac{N_S}{N_1} \times 100\% \tag{12-1}$$

式中　　R_P——能源计量器具配备率（%）；

N_S——能源计量器具实际的安装配备数量；

N_1——能源计量器具理论需要量。

五、新能源发展中的计量问题

新能源是相对于煤、石油、天然气等常规能源而言的可再生能源，亦指开始开发利用或正在积极研究、有待推广的能源，如太阳能、地热能、风能、海洋能、生物质能和核聚变能等。在面临化石能源日渐枯竭的今天，新能源对于解决世界严重的环境污染问题和资源短缺问题具有重要的意义。

在欧洲，可再生能源已经在国家能源消费结构中占相当的比重，并逐年迅速增加。例如，瑞典可再生能源在能源消费总量中所占比重为 34%，丹麦为 17%，其次是德国为 8%。

根据 BP 发布的《世界能源统计 2011》，2010 年全球可再生能源在总发电量中所占比例增加 15.5%，占全球一次能源消费量的 1.3%；可再生能源占能源消耗总量的比例美国为 1.7%，德国为 5.8%，其中欧洲及欧亚大陆拥有最高的份额（5.8%）。

科学技术的发展，为计量的发展创造了重要的前提，同时也对计量提出了更高的要求，推动计量的发展；而计量的成就，又促进了科技的发展。同样，人们对新能源利用的迫切与渴求，为能源计量领域提出了新的挑战，同时也会加速新能源的发展。

现代的大容量电力系统正在为全世界 90% 以上的电力负荷供电，但是这种发电的运营模式限制了规模小、负荷变化大的可再生能源发电的利用。分布式发电是一种规模较小且靠近用户，可以直接向附近的负荷供电或根据需要向电网输出电能的发电新模式，是我国以及不少发达国家极力推动的重要发电技术。分布式发电和智能电网技术为能源计量提出很多挑战性的难题，例如：可以"互动交流"的智能电表与通信系统的整合实现先进的计量系统，能够进行远程监测、分时电价和用户侧管理等。未来的电表可以自动辨别传统能源和可再生能源的发电，并为用户分别计价，降低用户电费的支出。

智能电网的发展也给电能计量带来发展机遇。实现智能电网的一个基础和前提是电网信息传感结点，也就是智能电能表提供的数据信息必须是实时、可靠、准确的。本质上智能电网就是数字电网，更确切地说就是数据电网。数据的关键是数据质量，即数据的准确度与实时性。在研究智能电网时人们往往忽视了一些基本的电网参数，特别是电能测量数据是有误差的。要建设实用的、高水平的智能电网，需要在有效的计量保证前提下，确保这些数据的准确、可靠。这方面涉及电能表的自身质量，如稳定性、线性度，更涉及这些电能表的量值溯源问题。电网中运行的电能表进行现场计量检定，一直是困扰电能计量和电网管理的难题。智能电网上的网上电能计量的重要意义在于，通过对整个电网的实时监控，可以对每一度（1kW·h）电的去向做到心中有数，达到"滴水不漏"的效果。智能电网将所有的智能电能表，包括高压智能电能表，连接成一张以高压智能电能表为核心的巨大的网，通过对这些高压电能表为核心的局域智能电网的实时监测，可以随时知道每块表的计量误差，每一个支路的电网损耗，从而实现对每一度电的溯源，为国家有关部门和电网公司提供准确的电能数据，以加强电网管理，提高用电效率。

第二节　食品及药品安全计量

食品药品安全关系到广大人民群众的身体健康和生命安全，关系到经济健康发展和社会的稳定。同时，随着人民生活水平的提高，公众对于食品安全的关注度也大大增强。国家历来高度重视食品药品安全，采取一系列措施加强食品药品安全工作，先后颁布了相关法律法规，使我国食品药品安全工作开始进入了法制化管理阶段。食品药品安全计量遵循法制化轨道，并伴随仪器和检测技术的发展，检测结果更加精细、准确，促进了食品药品向更加安全可靠的方向发展。

一、食品计量

（一）食品的定义

食品的含义伴随着人类社会的发展而不断变化。古人云："食，命也"，把食品看成是能够延续生命的物品。《现代汉语词典》对食品的定义是"用于出售的经过加工制作的食物"，强调食品在现代社会的生产销售特征。国际食品法典委员会将食品定义外延，作了扩大："指用于人食用或者引用的经过加工、半加工或者未经过加工的物质，并包括饮料、口香糖和已经用于制造、制备或处理食品的物质，但是不包括化妆品、烟草或者作为药品的使用物质。"1995 年 10 月 30 日公布施行的《中华人民共和国食品卫生法》将食品定义为："各种供人食用或者饮用的成品和原料以及按照传统既是食品又是药品的物品，但是不包括以治疗为目的的物品。"这一定义被一直沿用。

（二）食品安全法规

民以食为天，食以安为先。食品的计量除质量、容量的计量外，很重要的是涉及食品安全方面的计量检测。

2015 年 10 月 1 日起施行的《中华人民共和国食品安全法》规定："食品检验由食品检验机构指定的检验人独立进行。检验人应当依照有关法律、法规的规定，并按照食品安全标准和检验规范对食品进行检验，尊重科学，恪守职业道德，保证出具的检验数据和结论客观、公正，不得出具虚假检验报告。"

制定食品安全标准，应当以保障公众身体健康为宗旨，做到科学合理、安全可靠。食品安全标准应当包括下列内容：

1）食品、食品相关产品中的致病性微生物、农药残留、兽药残留、重金属、污染物质以及其他危害人体健康物质的限量规定。

2）食品添加剂的品种、使用范围、用量。

3）专供婴幼儿和其他特定人群的主辅食品的营养成分要求。

4）对与食品安全、营养有关的标签、标志、说明书的要求。

5）食品生产经营过程的卫生要求。

6）与食品安全有关的质量要求。

7）食品检验方法与规程。

8）其他需要制定为食品安全标准的内容。

食品安全国家标准由国务院卫生行政部门负责制定、公布，国务院标准化行政部门提供国家标准编号。

食品中农药残留、兽药残留的限量规定及其检验方法与规程由国务院卫生行政部门、国务院农业行政部门制定。

屠宰畜、禽的检验规程由国务院有关主管部门会同国务院卫生行政部门制定。

有关产品国家标准涉及食品安全国家标准规定内容的，应当与食品安全国家标准相一致。

（三）食品检验

食品检验内容十分丰富，包括食品营养成分分析、食品中污染物质分析、食品辅助材料及食品添加剂分析、食品感官鉴定等。狭义的食品检验通常是指食品检验机构依据《中华人民共和国食品安全法》规定的卫生标准，对食品质量所进行的检验，包括对食品的外包装、内包装、标志和商品体外观的特性、理化指标以及其他一些卫生指标所进行的检验。检验方法主要有感官检验法和理化检验法。广义的食品检验是指研究和评定食品质量及其变化的一门学科，它依据物理、化学、生物化学的一些基本理论和各种技术，按照制定的技术标准，对原料、辅助材料、成品的质量进行检验。食品理化检验是指应用物理的化学的检测法来检测食品的组成成分及含量。目的是对食品的某些物理常数（密度、折射率、旋光度等）、食品的一般成分分析（水分、灰分、酸度、脂类、碳水化合物、蛋白质、维生素）、食品添加剂、食品中矿物质、食品中功能性成分及食品中有毒有害物质的进行检测。

食品检验的指标主要包括食品的一般成分分析、微量元素分析、农药残留分析、兽药残留分析、霉菌毒素分析、食品添加剂分析和其他有害物质的分析等。根据被检验项目的特性，每一项指标的检验对应相应的检验方法。

除传统的常规分析方法外，仪器分析方法逐渐成为食品卫生检验的主要手段，包括分光光度法、原子荧光光谱法、电化学法、原子吸收光谱法、气相色谱法、高效液相色谱法等。以上检验方法按照检验项目大致可以分为无机成分分析方法和有机成分分析方法。

无机成分的分析检验项目主要包括微量元素中铜、铅、锌、锰、镉、钙、铁等。分析方法主要包括原子光谱法、分光光度法、电化学法、离子色谱法等方法。

原子光谱法由于其独特的优点，成为无机成分分析方法中最主要、最常用和最值得信赖的分析方法。原子光谱法具有分析速度快、设备费用较低、操作比较简单以及检验结果受操作人员熟练程度影响小等优点。紫外可见分光光度法历史悠久，应用广泛。根据统计，在分析化学面临的任务中，将近50%的检验由紫外可见分光光度法完成。这种方法的最大特点是仪器简单、操作简便。食品中无机成分的检验在食品安全检验中占有相当重要的地位。比如汞的测定，一直是一个被政府和民众特别关注的检验项目。因为汞容易在生物体中传递，可以被水体蓄积。汞进入人体内，特别是进入人脑后几乎不能够被排出，蓄积到一定程度就会引起中毒，损害中枢神经。汞的分析一般由原子吸收或原子荧光光谱法完成。有机成分的分析一般由气相色谱或高效液相色谱法以及分子光谱法完成。相关检验中，特别是农药残留，如有机氯、有机磷等的测定得到普遍的关注。

色谱法是分离混合物和鉴定化合物的一种十分有效的方法，既能鉴定化合物又能准确测定含量，操作也相对方便，具有分离效能高、分析速度快、灵敏度高、定量结果准确和易于自动化等特点，因此在有机成分的检验中得到广泛的应用。在分子光谱法中红外光谱法应用较为广泛。通常情况下，红外光谱法与拉曼光谱法等其他分析方法结合使用，可作为鉴定化合物、测定分子结构的主要手段。

分析化学的发展为食品安全检验提供了准确可靠的分析方法。随着科学技术的迅速发展，食品检验技术已能达到百万分之一甚至十亿分之一的准确度。

食品感官检验就是凭借人体自身的感觉器官，具体地讲就是凭借眼、耳、鼻、口（包括唇和舌头）和手，对食品的质量状况做出客观的评价。也就是通过用眼睛看、鼻子嗅、耳朵听、用口品尝和用手触摸等方式，对食品的色、香、味和外观形态进行综合性的鉴别和评价。

由于食品行业的特点，食品的检测向仪器便携化、检测现场化发展，比如蔬菜中农药残留量检测方法的研究就是目前食品卫生检验中得到相当重视的一个方面。科研人员研制了农药残留检测仪，根据农药对胆碱酯酶的抑制原理，测定蔬菜中有机磷类及氨基甲酸脂类农药的残留量。可以在蔬菜生产、流通、市场等环节用于蔬菜中农药残留量的现场监测。该类检验以分光光度法为基础，仪器便携，甚至可以做到如手机大小，连同所有附属设备总重量只有几公斤，外出携带十分方便。从取样开始，约在半小时左右即可取得测定结果。这类方法在保证了高准确度的同时，还具有检验方法固定、操作对人员要求不高的优点。

二、药品安全计量

（一）药品的定义

2019 年 12 月 1 日起施行的《中华人民共和国药品管理法》（简称《药品管理法》）对药品的定义为："药品，是指用于预防、治疗、诊断人的疾病，有目的地调节人的生理机能并规定有适应症或者功能与主治、用法和用量的物质，包括中药化学药和生物制品等。"首先，我国药品专指人用药品；其次，药品作用是有目的的调节人的生理机能并规定有适应症或者功能与主治、用法和用量的物质，这与保健品、食品、毒品区别开来；第三，明确规定传统药（中药材、中药饮片、中成药）和现代药（化学药品等）均是药品。

狭义药品的质量是《药品管理法》规定的："药品应当符合国家药品标准"；广义的药品质量是指药品满足法定的要求和需要的特征的综合，所谓"法定的要求"是指药事法规的要求，包括了药品标准、药品研制、生产、经营、使用者的资质要求，相应质量管理规范的要求等。所谓"需要的特征"是指与满足预防、治疗、诊断人的疾病，有目的地调节人的生理机能要求有关的固有特性，即药品的质量特征，包括有效性、安全性、稳定性、均一性 4 个方面。药品质量包括药物产品质量和药品研制、生产、经营、使用等过程中的工作质量。工作质量与产品质量紧密联系，工作质量是药品质量的保证与基础。

（二）药品标准

药品质量控制是指药品质量管理实施过程中所进行的具体操作活动，如药品检验、中间产品检验、工序控制、质量分析、文件管理、生产记录等涉及药品质量的有关活动。药品质量保证是一个体系，必须采用《药物非临床研究质量管理规范》（GLP）、《药物临床试验质量管理规范》（GCP）、《药品生产质量管理规范》（GMP）、《药品经营质量管理规范》（GSP）等一系列质量管理规范，以确保药品的研制、生产、经营等过程均符合规定的质量标准。

药品标准是国家监督管理药品质量的法定技术标准。它是国家对药品质量规格、检验方法等所作出的技术规定，是药品质量特征量的表达形式，它用数据和指标等反映药品的安全性、有效性、稳定性、均一性等质量特征，用以检验、比较药品质量。药品标准是药品生产、销售、使用、检验等部门必须遵循的法律规范，是判断药品质量合格或不合格的法定依据，属于强制性标准。任何药品都应具有相应的药品标准，药品标准是药品质量保证和质量控制活动的重要依据，是药品管理的基础。

《中华人民共和国药典》（以下简称《中国药典》）属于国家法定的药品标准，由国家药品监督管理局、国家卫生健康委发布。《中国药典》是国家药品标准体系的核心，是药品生产经营者应遵循的法定依据，是药品监督管理工作的准绳。1953 年，我国颁布第一版

《中国药典》。现行版是《中国药典》2020 年版，自 2020 年 12 月 30 日起实施。新版《中国药典》新增品种 319 种，修订 3177 种，不再收载 10 种，品种调整合并 4 种，共收载品种 5911 种。《中国药典》分为一部、二部、三部和四部，其中，一部是中药类，二部是化学药类，三部是生物制品类，四部收载通用技术要求 361 个，其中制剂通则 38 个、检测方法及其他通则 281 个、指导原则 42 个，还包括药用辅料收载 335 种。此外，《中药饮片炮制规范》也是法定的标准，由省级药品监督管理部门制定，国务院药品监督管理部门备案。

（三）药品计量检验

为防止有害人民健康的药品流入国内《中华人民共和国药品管理法》规定，药品应当从允许药品进口的口岸进口，并由进口药品的企业向口岸所在地药品监督管理部门备案。口岸所在地药品监督管理部门应当通知药品检验机构按照国务院药品监督管理部门的规定对进口药品进行抽查检验。

药品的计量单位和计量方法均按中国药典规定的法定计量单位执行，这也与国际计量单位相一致。常用重量单位 1 公斤（kg）＝1000 克（g），在计算儿童剂量时，常以体重（千克、kg）多少计算。1 克（g）＝1000 毫克（mg），1 毫克（mg）＝1000 微克（μg）。毫克、微克在维生素与矿物质类药物常用，如维生素 B12 10μg、5μg 等；叶酸 100μg、400μg 等。常用体积的单位为 1 升（l）＝1000 毫升（ml），毫升也可用 cc 表示。1 毫升（ml）＝1000 微升（μl）。在非处方药中，还有一些药物是用国际单位（IU）表示，如维生素 A、维生素 D 等。这些药物尚无纯品，如用重量单位表示，就不能反映出内在有效成分的真实含量，故改用相对计量方法以特殊"单位"表示该药的效能。但在非处方药药品使用说明书中，为了方便消费者使用和计量，尽量要求以服用单位（如粒、片、支等）来表示，其实质和以上表述方法是一样的。

药品检验也称为药物分析，是运用化学的、物理学的、生物学的以及微生物学的方法和技术来研究化学结构已经明确的合成药物或天然药物及其制剂质量。它包括药物成品的化学检验、药物生产过程的质量控制、药物贮存过程的质量考察、临床药物分析、体内药物分析等。

在药物的质量控制、新药研究、药物代谢、手性药物分析等方面均有广泛应用。随着生命科学、环境科学、新材料科学的发展，生物学、信息科学、计算机技术的引入，分析化学迅猛发展并已经进入分析科学这一崭新的领域，药物分析也正发挥着越来越重要的作用，在科研、生产和生活中无处不在，尤其在新药研发以及药品生产等方面扮演着重要的角色。

药品质量标准制定的原则是安全有效、技术先进、经济合理。检验方法要求准确、灵敏、简便、快速。

常用的药物仪器分析方法有：①色谱法，如离子交换法、超临界流体色谱法、毛细管色谱法、薄层色谱/扫描法、凝胶色谱法、多维色谱；②光谱法，如紫外可见分光光度法、原子吸收光谱法、荧光分光光度法、红外光谱法、近红外光谱；③其他方法，如生物芯片技术、体内药物分析、体外分析。

随着现代科学仪器的发展，大型分析仪器越来越得到广泛的使用，如有机质谱仪、无机质谱仪和 X 射线荧光光谱仪等，其中 X 射线荧光光谱法是一种非破坏性分析法。另外，各种分析方法的联用技术也在药品分析过程中采用，如气相色谱-原子吸收联用、气相色谱-质谱联用等。因而，随着这些技术的发展，完成了以前分析手段根本不能达到的检验效果，促进了药品质量的提高。

思考题与习题

1. 什么是能源计量？
2. 为什么说能源计量是推动技术进步、能源结构调整与新能源开发利用的"标尺"和"眼睛"？
3. 什么是能源计量器具配备率？它的作用是什么？
4. 为什么能源要使用当量单位？
5. 什么是一次能源和次级能源？太阳能、潮汐能、蒸汽、电分别属于一次能源还是次级能源？为什么？
6. 能源计量与节能减排的关系是怎样的？
7. 什么是智能电网系统？试分析其对能源计量的发展有什么影响？
8. 计量在新能源的开发与利用中的作用是什么？
9. 什么是碳达峰和碳中和？碳达峰与碳中和有何意义？
10. 食品药品计量的意义是什么？
11. 食品药品计量标准是什么？
12. 食品药品计量采用什么方法？
13. 食品检验采用哪些方法？
14. 食品检验内容有哪些？
15. 药品计量的标准是什么？
16. 药品的检验采用哪些方法？
17. 什么是药品质量控制？
18. 如何提高食品、药品质量？

▶附录

部分相关计量法律法规目录

（1）《中华人民共和国计量法》（2018 年修正）

（2）《中华人民共和国计量法实施细则》（2018 年修正）

（3）《中华人民共和国计量法条文解释》（1987）

（4）《国务院关于在我国统一实行法定计量单位的命令》（1984）

（5）《全面推行我国法定计量单位的意见》（1984）

（6）《中华人民共和国强制检定的工作计量器具检定管理办法》（1987）

（7）《计量基准管理办法》（2007）

（8）《计量标准考核办法》（2005）

（9）《标准物质管理办法》（1987）

（10）《国家计量检定规程管理办法》（2003）

（11）《计量比对管理办法》（2008）

（12）《国家计量（基）标准互认协议》（1999）

（13）《注册计量师制度暂行规定》（2006）

（14）《注册计量师资格考试实施办法》（2006）

（15）JJF 1001—2011《通用计量术语及定义》

（16）JJF 1002—2010《国家计量检定规程编写规则》

（17）JJF 1015—2014《计量器具型式评价通用规范》

（18）JJF 1016—2014《计量器具型式评价大纲编写导则》

（19）JJF 1022—2014《计量标准命名与分类编码》

（20）JJF 1033—2016《计量标准考核规范》

（21）JJF 1059.1—2012《测量不确定度评定与表示》

（22）JJF 1059.2—2012《用蒙特卡洛法评定测量不确定度》

（23）JJF 1069—2012《法定计量检定机构考核规范》

（24）JJF 1070—2005《定量包装商品净含量计量检验规则》

（25）JJF 1071—2010《国家计量校准规范编写规则》

（26）JJF 1094—2002《测量仪器特性评定》

（27）JJF 1112—2003《计量检测体系确认规范》

（28）JJF 1117—2010《计量比对》

（29）JJF 1139—2005《计量器具检定周期确定原则和方法》

参 考 文 献

[1] 中国计量测试学会 . 一级注册计量师基础知识及专业实务 ［M］.4 版 . 北京：中国质检出版社，2017.

[2] 泰瑞·奎恩 . 从实物到原子——国际计量局与终极计量标准的探寻 ［M］. 张玉宽，译 . 北京：中国质检出版社，2015.

[3] 中华人民共和国国家计量检定系统表框图汇编 ［M］. 北京：中国质检出版社，2017.

[4] 李东升 . 计量学基础 ［M］.2 版 . 北京：机械工业出版社，2014.

[5] 施昌彦 . 现代计量学概论 ［M］. 北京：中国计量出版社，2003.

[6] 陆志方 . 计量管理基础 ［M］. 北京：中国计量出版社，2007.

[7] 李东升，郭天太 . 量值传递与溯源 ［M］. 杭州：浙江大学出版社，2009.

[8] 张文娜，熊飞丽 . 计量技术基础 ［M］. 北京：国防工业出版社，2009.

[9] 周渭，于建国，刘海霞 . 测试与计量技术基础 ［M］. 西安：西安电子科技大学出版社，2004.

[10] 黄涛 . 计量技术基础 ［M］. 北京：中国计量出版社，2007.

[11] 李孟源，李作良 . 计量技术基础 ［M］. 西安：西安电子科技大学出版社，2007.

[12] 王立吉 . 计量学基础 ［M］. 北京：中国计量出版社，1997.

[13] 王江 . 现代计量测试技术 ［M］. 北京：中国计量出版社，1990.

[14] 李宗扬 . 计量技术基础 ［M］. 北京：原子能出版社，2002.

[15] 邱光明 . 中国古代计量史图鉴 ［M］. 合肥：合肥工业大学出版社，2005.

[16] 关增建 . 中国近现代计量史稿 ［M］. 济南：山东教育出版社，2005.

[17] 《当代中国》丛书编辑部 . 当代中国的计量事业 ［M］. 北京：中国社会科学出版社，1989.

[18] 中国计量科学研究院 . 计量科学研究 50 年 ［M］. 北京：中国计量出版社，2004.

[19] 朱崇全 . 产业计量学 ［M］. 北京：中国质检出版社，2012.

[20] 纵伟 . 食品卫生学 ［M］. 北京：轻工业出版社，2011.

[21] 李志宁，李钧 . 药品安全生产概论 ［M］. 北京：化学工业出版社，2007.

[22] 宋丽丽，岳淑梅 . 药品质量管理规范概论 ［M］. 北京：人民卫生出版社，2010.

[23] 国家技术监督局武汉培训中心 . 计量技术与管理 ［M］. 北京：中国计量出版社，1993.

[24] 李怀林 . 产品认证计量知识及应用 ［M］. 北京：中国计量出版社，2007.

[25] 施昌彦，虞惠霞 . 实验室质量管理 ［M］. 北京：化学工业出版社，2006.

[26] 张斌 . 实验室管理、认可与运作 ［M］. 北京：中国标准出版社，2004.

[27] 李征 . 主导实验室在实验室比对活动中的作用 ［J］. 上海计量测试，2010(6).

[28] 刘红春，刘红运 . 相位噪声测试系统比对方法研究 ［J］. 半导体技术，2008，33(9).

[29] 石春英，钱进，谭慧萍，等 . 二维纳米光栅国际比对结果 ［J］. 中国激光，2010，47(11).

[30] 阿地娜·达吾提 . 浅谈期间核查在计量检定工作中的应用 ［J］. 计量测试与技术，2012(6).

[31] 朱正辉 . 几何量计量 ［M］. 北京：原子能出版社，2002.

[32] 张玉文，陈照聚 . 几何量仪检定/校准技术 ［M］. 北京：中国计量出版社，2004.

[33] 王晓 . 电子天平检定应用及不确定度评定实例 ［J］. 广西质量监督导报，2011(9).

[34] 国家质量监督检验检疫总局计量司 . 长度计量 ［M］. 北京：中国计量出版社，2007.

[35] 国家质量监督检验检疫总局计量司 . 温度计量 ［M］. 北京：中国计量出版社，2007.

[36] 国家质量监督检验检疫总局计量司 . 力学计量 ［M］. 北京：中国计量出版社，2007.

[37] 国家质量监督检验检疫总局计量司 . 电磁计量 ［M］. 北京：中国计量出版社，2007.

［38］ 国家质量监督检验检疫总局计量司．无线电计量［M］．北京：中国计量出版社，2008．

［39］ 国家质量监督检验检疫总局计量司．光学计量［M］．北京：中国计量出版社，2008．

［40］ 国家质量监督检验检疫总局计量司．声学计量［M］．北京：中国计量出版社，2008．

［41］ 国家质量监督检验检疫总局计量司．时间频率计量［M］．北京：中国计量出版社，2008．

［42］ 国家质量监督检验检疫总局计量司．电离辐射计量［M］．北京：中国计量出版社，2008．

［43］ 国家质量监督检验检疫总局计量司．化学计量［M］．北京：中国计量出版社，2008．

［44］ 翟造成，张为群，蔡勇，等．原子钟基本原理与时频测量技术［M］．上海：上海科学技术文献出版社，2009．

［45］ 李宗扬．时间频率计量［M］．北京：原子能出版社，2002．

［46］ 马凤鸣．时间频率计量［M］．北京：中国计量出版社，2009．

［47］ 漆贯荣．时间科学基础［M］．北京：高等教育出版社，2006．

［48］ 郭天太，陈爱军，沈小燕，等．光电检测技术［M］．武汉：华中科技大学出版社，2012．

［49］ 宋明顺，方兴华，马爱文，等．论国际单位制（SI）的"秒制"特征及其未来发展［J］．计量学报，2019，40（4）．

［50］ 段宇宁，吴金杰．国际计量开启新纪元：基本单位的量子化定义［J］．自动化仪表，2019，40（4）．